U0263128

本书由以下项目资助出版：

国家自然科学基金项目“西江流域传统聚落防灾形态与适应性发展研究”（51608338）

教育部人文社会科学研究规划基金项目“西江流域传统聚落防灾史研究”（16YJAZH082）

广东省普通高校人文社会科学重点项目“北江流域传统聚落历史防灾形态研究”（2018GWZDXM001）

广东省普通高校“服务乡村振兴计划”重点领域专项“粤西堤围防灾格局进化与聚落形态演变关系研究”（2019KZDZX2019)

西江流域传统聚落防灾史研究

周彝馨　著

科　学　出　版　社

北　京

内 容 简 介

西江流域是岭南历史上灾害高发的地区，自然灾害（洪涝灾害、旱灾、风灾、地震等）与人为灾害（战争、流民灾祸等）使这一地域的防灾问题更为复杂。本书在对西江流域的自然灾害和人为灾害历史进行分析的基础上，厘清区域性防灾方略和聚落防灾的历史源流，并详细阐述西江流域传统聚落的防灾格局形态、聚落中的防灾建筑和工程设施、建筑单体的防灾设施、聚落的防灾信仰和心理补偿，最终总结出西江流域传统聚落的防灾策略。

本书可供建筑设计及其理论研究人员、城市规划设计研究人员及相关专业师生等参考。

图书在版编目（CIP）数据

西江流域传统聚落防灾史研究/周彝馨著.—北京：科学出版社，2020.3

ISBN 978-7-03-064207-3

Ⅰ.①西… Ⅱ.①周… Ⅲ.①西江－流域－村落－防灾－历史－研究 Ⅳ.①X4

中国版本图书馆CIP数据核字（2020）第023344号

责任编辑：李轶冰／责任校对：樊雅琼
责任印制：吴兆东／封面设计：无极书装

科学出版社 出版

北京东黄城根北街16号

邮政编码：100717

http：//www.sciencep.com

北京虎彩文化传播有限公司 印刷

科学出版社发行 各地新华书店经销

*

2020年3月第 一 版 开本：787×1092 1/16

2020年3月第一次印刷 印张：20

字数：474 000

定价：258.00元

（如有印装质量问题，我社负责调换）

作者简介

周彝馨，1977 年生，华南农业大学建筑系教授，建筑设计及其理论博士，毕业于华南理工大学和华中科技大学。国家一级注册建筑师，高级景观设计师，广东省技能大师工作室“周彝馨广府古建筑技能大师工作室”负责人。广东省高等学校“千百十工程”省级培养对象，全国文物保护职业教育教学指导委员会委员。主持 1 项国家自然科学基金，2 项教育部人文社会科学研究规划基金，3 项省级课题。出版《移民聚落空间形态适应性研究——以西江流域高要地区“八卦”形态聚落为例》《佛山历史村落》等专著 7 部。

前　言

人逐水而聚，而后有村，村聚生镇，合镇而成城。人类聚居离不开水源，水深刻地影响着人的生存、生产和各种社会活动，并进而影响到人的更深层面的思想观念。常言一方水土养一方人，实则一方水土亦成就一方聚落，每一个水源地带与其他水域均会有不同特质的聚落形式。

西江水系自云贵高原起，为云南、贵州、广西、广东等地主要水源，称其为以上地区的母亲河亦不为过。于此方水土上讨论聚落问题，必应以全局视野建宏观之架构，取西江水系为纽带以系之，将此区域之上各种相关信息融会而构建完整之体系。

今日之研究，着重于从西江流域宏观、共性方面探讨传统聚落之防灾史问题，亦期许从所建研究体系中将各看似独立、不相关之问题串联起来，以求明晰探寻之路。

祖国河山之美神往已久，望于韶年踏遍心之所向，遍寻奇幽古史，待豁然开朗之时，一一记之。

周彝馨

2019 年秋于华南农业大学

目　　录

1

绪 论

西江水系是贵州南部、云南东部、广西大部、广东西部的母亲河，在这方水土上讨论聚落问题，必然要以宏观的全局视野，以西江水系为思考纽带，以西江流域为区域依托来进行思考。

1.1 研究意义

以往的防灾史研究主要是从防御自然灾害角度来研究城市的防灾史，而传统聚落的防灾史，尤其是较少被关注的自然灾害与人为灾害多发的西江流域传统聚落的防灾史，甚少被涉及。乡土聚落的面积、人口数量远超过城市，希望通过本研究能厘清聚落防灾的历史源流，从新视角进行乡土聚落历史研究，并通过对自然灾害与人为灾害两方面的防灾史研究为当代的聚落防灾提供理论依据。

（1）西江流域是岭南历史上灾害高发地区

西江古称郁水、浪水和牂牁江，是华南地区长度最长、流量最大、流域最广、航行里程最长的河流，为珠江水系中最长的干流。西江是华南地区的水上大动脉，也是仅次于长江的第二条黄金水道。但西江流域同时是岭南历史上灾害高发的地区，包括自然灾害与人为灾害。

洪涝灾害是西江流域影响最大的自然灾害。珠江流域大部分洪涝灾害发生于西江流域，因此西江流域是岭南洪涝灾害发生频率最高的地区。依据996~1989年对西江流域洪水的记录，西江流域发生流域性大水163次，大水年的发生率为16.4%。据《宣统志》与《民国志》的记载，1586~1949年，西江流域决堤淹浸10万亩以上的有26次，其中堤尽决的有4次；1747~1949年，西江流域发生决堤的时间长达56年，灾害发生率为27.7%。另外，洪涝灾害与旱灾伴随相生，常常是洪涝灾害过后，旱灾随之而来。其他风灾、雷灾、虫灾等灾害亦时有发生。

自秦汉始西江就是岭南的交通要道，灵渠连通了湘江与漓江，然后沿西江而下，可到达岭南腹地，西江走廊成为中原文化进入岭南的第一站。西江上游的柳州、南宁，中游的梧州和下游的肇庆、佛山等地区，历来为兵家必争之地，是岭南重要的交通枢纽和军事重镇，是兵燹主要发生之地。另外，中原移民与土著居民在生存空间的争夺中不断发生摩擦。因此在人为灾害方面，西江流域也是岭南的高危地带。

综上所述，西江水系对岭南意义重大，西江流域是岭南腹地，但也是岭南历史上自然灾害与人为灾害的高发地区，研究西江流域传统聚落防灾史对了解岭南的防灾史和聚落历史有重要意义，对指导制定岭南聚落今后的防灾与发展策略有重要意义。

（2）聚落防灾史是聚落史研究的重要补充

在传统聚落历史的研究领域，对聚落的形成、演变动因还缺乏有力的揭示。聚落防灾在聚落形成与演变过程中是关键一环，关系到聚落的存亡问题。聚落防灾史是聚落史研究中一个未被深入涉及的领域，然而其重要性毋庸置疑。

聚落是人类在大自然环境中营造的人工环境，是人类对自然环境的应对策略，也是保护人类生活的基本空间。本书旨在探索这种在“寻求最优生存方式”思想影响下形成的聚落空间形态，以及在发展变化过程中聚落空间形态的变迁。

（3）研究聚落防灾史对指导当代聚落更新具有积极意义

对聚落防灾史的研究，是对聚落源流、演变的一种侧面反思。本书对聚落防灾史的研究，最终目的是揭示聚落应对灾害的策略。而西江流域传统聚落防灾史，是一个典型的切入点。

聚落是有生命的，其演变也遵循生物适应性的规律。聚落的形态千变万化，其核心是聚落对多样的自然环境与社会环境的适应性。这点在聚落防灾形态中表现得尤为明显。聚落从建立开始，就不断地发挥防御功能，应对不同时代、不同环境的各种灾害，至今遗存的聚落仍具有典型性。

在地区经济发展与城市化进程中，聚落环境发生了重要变化，当代乡土聚落形态出现许多重大转变，众多的聚落抛弃了其千百年来形成的防灾模式。研究西江流域传统聚落防灾模式的变迁及其原因，对于应对当代乡土聚落的防灾与更新问题有积极意义。

1.2　研究对象概念与范围界定

1.2.1　西江流域

西江是珠江水系干流之一，是珠江水系中最长的干流，全长 2197 公里。据清光绪五年（1879 年）成书的《广州府志》载：“在省治之西，故谓之西江”。

流域是指分水线所包围的集水区，包括地面分水线和地下分水线[①]。

西江流域总面积为 30.49 万平方公里，占珠江流域总面积的 79%。在行政区划上，包括云南、贵州、广西、广东、湖南 5 个省（自治区）、28 个地级市、5 个民族自治州。

西江流域各省（自治区）内的县级以上行政区划见表 1-1。

①河海大学《水利大辞典》编辑修订委员会．2015. 水利大辞典．上海：上海辞书出版社。

表 1-1　西江流域各省（自治区）内的县级以上行政区划

省（自治区）	市（自治州）	县（自治县、区、县级市）
云南省	昆明市	宜良县、石林彝族自治县、晋宁区、呈贡区
	曲靖市	富源县、罗平县、师宗县、陆良县、麒麟区、马龙区、沾益区、宣威市、会泽县
	玉溪市	红塔区、江川区、澄江市、通海县、华宁县、峨山彝族自治县
	红河哈尼族彝族自治州	弥勒市、泸西县、开远市、个旧市、蒙自市、建水县、石屏县
	文山壮族苗族自治州	文山市、砚山县、丘北县、广南县、富宁县
贵州省	贵阳市	观山湖区、南明区、云岩区、花溪区、乌当区、白云区
	六盘水市	盘州市、水城县、六枝特区
	安顺市	西秀区、平坝区、关岭布依族苗族自治县、镇宁布依族苗族自治县、紫云苗族布依族自治县、普定县
	毕节市	威宁彝族回族苗族自治县
	黔西南布依族苗族自治州	兴义市、兴仁市、晴隆县、普安县、册亨县、望谟县、贞丰县、安龙县
	黔南布依族苗族自治州	独山县、荔波县、平塘县、惠水县、罗甸县、三都水族自治县、长顺县、贵定县、都匀市、龙里县
	黔东南苗族侗族自治州	从江县、榕江县、黎平县、丹寨县、雷山县、剑河县、锦屏县
广西壮族自治区	南宁市	青秀区、兴宁区、西乡塘区、江南区、良庆区、武鸣区、隆安县、马山县、上林县、宾阳县、横县、邕宁区
	柳州市	柳北区、柳南区、柳江区、城中区、鱼峰区、鹿寨县、柳城县、融安县、融水苗族自治县、三江侗族自治县
	桂林市	象山区、秀峰区、叠彩区、七星区、雁山区、临桂区、阳朔县、灵川县、全州县、平乐县、兴安县、灌阳县、荔浦市、资源县、永福县、龙胜各族自治县、恭城瑶族自治县
	梧州市	长洲区、万秀区、龙圩区、岑溪市、苍梧县、蒙山县、藤县
	贺州市	八步区、平桂区、昭平县、钟山县、富川瑶族自治县
	河池市	宜州区、金城江区、南丹县、天峨县、凤山县、东兰县、巴马瑶族自治县、都安瑶族自治县、大化瑶族自治县、罗城仫佬族自治县、环江毛南族自治县
	百色市	右江区、靖西市、田阳区、田东县、平果县、德保县、那坡县、凌云县、乐业县、田林县、西林县、隆林各族自治县
	玉林市	玉州区、福绵区、北流市、容县、陆川县、博白县、兴业县
	来宾市	兴宾区、合山市、象州县、武宣县、忻城县、金秀瑶族自治县
	贵港市	港北区、港南区、覃塘区、桂平市、平南县
	钦州市	灵山县、浦北县
	崇左市	江州区、凭祥市、扶绥县、宁明县、龙州县、大新县、天等县
	防城港市	上思县

续表

省（自治区）	市（自治州）	县（自治县、区、县级市）
广东省	佛山市	三水区、高明区
	肇庆市	端州区、鼎湖区、高要区、四会市、广宁县、怀集县、封开县、德庆县
	云浮市	云城区、云安区、罗定市、新兴县、郁南县
	茂名市	信宜市
	江门市	恩平市
湖南省	永州市	江永县、江华瑶族自治县
	邵阳市	城步苗族自治县
	怀化市	通道侗族自治县

1.2.2 关于“传统”

本书中的“传统”是一个时间和文化的概念。

《逻辑学大辞典》[①]中对“传统”的释义：它指一种文化现象，即植根于一个民族生存发展的历史过程中，是这个民族所创造的经由历史凝结而沿传至今并不断流变着的诸文化因素的有机系统；不仅表现为一系列的文化观念，也广泛地存在于这个民族的社会制度、政治生活、经济生活、伦理道德、文化艺术、行为规范、社会习俗之中。其核心部分是作为这个民族的价值体系或民族心理，是一个民族区别于其他民族的文化标志。具体而言，传统是一种文化头绪（系统）代代相续的变动着的动态过程；在不同的社会历史条件下，传统的流变有着不同的形式，或渐变，或变革；传统又是多样、复杂的文化综合体，对现实来说，它良莠杂陈、瑕瑜相间。

《美学百科辞典》[②]中对“传统”的释义：一定集团或共同体在历史发展中形成的精神倾向或性格通过若干时代承续，往往构成一种规范的力量，这种规范力就叫作传统。它有时是指从过去传下来的思想、行为、习惯、技术等样式，有时是指在根基上流传的精神，但不管怎样，传统对民族生活来说，是构成人类历史存在并从根本上规定后代文化创造性质的重要因素。艺术的传统，在趣味、感情、思考态度、技能等方面具有一定的持续特征，这些特征贯穿民族的艺术精神，为民族样式奠定基础。

这两个释义均指出，“传统”是有时间性的，其自身是不断流变的动态过程。所以，要研究传统，就必须掌握传统的流变历史和方向。

① 彭漪涟，马钦荣 . 2010. 逻辑学大辞典 . 上海：上海辞书出版社。
② 竹内敏雄 . 1988. 美学百科辞典 . 长沙：湖南人民出版社。

1.2.3 传统聚落的范围界定

传统既然是不断流变的，传统聚落的内涵也必然是不断变化的。传统聚落并不特指某一时期某一朝代的聚落，因此要解读传统聚落，必然要掌握历史聚落的流变历史与趋势。

本书的传统聚落，是指在中华人民共和国成立之前建村镇的聚落，并要求其必须保留有一定数量的物质文化遗产和非物质文化遗产，在更新的过程中保留有原聚落的部分价值。

1.2.4 防灾研究

防灾是为预防灾害事故发生，排除或减少灾害事故损失所采取的措施。华南理工大学的龙庆忠（1903~1996 年）教授开创了建筑和城市防灾领域的研究，涉及城市防洪、建筑防雷、防风、防火、防震等方面，倚重科学。

已有研究在聚落防灾方面仍然鲜少涉及。人类聚落中，乡土聚落作为原生态的聚居形态，是最具有代表性的人类聚居形式，数量亦最为庞大。而多年来的研究主要关注城市防灾方向，对广大的农村、乡镇等聚落的防灾历史及现状，仍缺乏系统的研究与总结。

1.3 西江流域自然环境

西江流域平面轮廓近似长方形，中轴约在北回归线上，自西向东沿纬向展布。流域全境在亚热带范围内。

流域周缘为分水岭山地环绕，北以南岭、苗岭山脉，西北以乌蒙山脉，西以梁王山脉等，与长江流域分界；西南以哀牢山余脉与红河流域分界；南以十万大山、六万大山、云开大山、云雾山脉等，与桂粤注入南海诸河分界。

流域地势大体上是西高东低，北高南低。前者造成西江水系主干西江及其最大支流郁江大体上呈西—东流向，后者造成西江上源南、北盘江及主要一级支流柳江、桂江、贺江等皆自北向南流入西江干流。

西江流域自西至东由云贵高原、广西盆地、珠江三角洲平原三大地貌单元构成。三大地貌单元间均有山地、丘陵作为过渡区或分隔区，其中，广西盆地是流域主体①。

1.3.1 地貌类型

西江流域包括山地、丘陵、平原、岩溶（喀斯特）地貌 4 种基本类型。

西江流域可分为 3 个地貌区：云贵高原区、黔桂高原斜坡区、桂粤中低山丘陵和盆地区。

① 水利部珠江水利委员会，《珠江志》编纂委员会 . 1991. 珠江志（第一卷）. 广州：广东科技出版社。

云贵高原地形破碎，山川分割，交通不便，尤其贵州，旧有“地无三分平”之说，虽然在各小河流域或坝子中有适于人类生存与文明发育的条件，然而缺少交流，使得当地文化缺乏同一性和向心性，难以形成较大规模的统一文化。另外，云贵高原高差大，社会经济有垂直格局。山顶、山腰、山脚的风俗各不一样，住在山区的是“高山苗”，住在平坝的是“河边苗”，文化风格有异，经济水平也不相同。黔桂高原斜坡区山脉走向多变，地貌景观以峰林、峰丛、溶洼等为主，常形成吊谷和瀑布，蕴藏着丰富的水力资源。古代利用跌水来推动水车灌溉或农产品加工。桂粤中低山丘陵和盆地区中，盆地和谷地沿河分布，在山地、丘陵、盆地并存并借助于河流连通的背景下，文化有一定的共同性，又有相对的独立性，古代曾形成许多土邦小国。该区河流众多，水量充沛，也是人类早期开发利用的土地，阡陌纵横，聚落连绵，文化兴盛①。

1.3.1.1 山地

西江流域山地以海拔为1000~1500米的中山为主，大部分山脉呈北东—北东东的华夏走向，以褶皱山脉为主。北东向山脉以桂东南地区的山脉表现最为清晰。桂东南的十万大山、六万大山、云开大山、云雾山脉等呈平行岭谷排列。

弧形山脉自西而东横贯流域中北部。其中滇东高原通海以北的山脉大致呈东西向展布，流域西侧的梁王山、牛首山大致呈北北东走向，流域西北部的乌蒙山呈北东东走向；流域中部广西弧形山脉规模巨大、表现清晰。西翼北段为都阳山，南段为大明山，呈北西走向。弧顶段为镇龙山（南宁附近），呈东西走向。东翼南段为大瑶山，北段为猫儿山，呈北东走向。

纬向（东西向）展布山脉，以南岭、苗岭山脉表现最为清晰，其中南岭山地由一系列北东走向为主的褶皱山脉组成，规模巨大。

云贵高原的构造山地、山原和石灰岩峰丛山地、洼地等山地地貌形态，山坡陡峭、山顶平坦或起伏不大。这些山地深刻地影响了当地居民的生活方式，其以耕山为主，在山地封闭的环境之下，很多少数民族发展缓慢。这些山地格局交通不便，影响或阻碍了交通联系。例如，壮语“那”字地名在珠江三角洲、潭江、漠阳江、鉴江流域很常见，而很难越过广东南路与西江分水岭即信宜高原所在的云雾山脉，故云浮市境内“那”字地名绝少，显然这些隆起带起到了约束文化传播的作用。

在西江流域众多山脉中，南岭山地对流域自然和人文地理环境影响最大。南岭山地东起武夷山南端，西至八十里大南山，东西绵延600公里，南北宽约200公里，构成长江、珠江两水系分水岭的东段。南岭山地可分为三段：①西段，包括八十里大南山、猫儿山、越城岭、海洋山和都庞岭，是南岭最高部分，山峰海拔2000米左右，均呈北东—南西走向。在越城岭与海洋山之间有低谷地，兴安县城处在谷地的中心，称为兴安通道，是南北气流通过的缺口，尤其冬季寒流经此南下，使广西北部冬季气温下降程度超过同纬度的其他地

① 水利部珠江水利委员会，《珠江志》编纂委员会. 1992. 珠江志（第二卷）. 广州：广东科技出版社。

区。②中段，包括萌渚岭、香花岭、骑田岭和瑶岭，地势比西段低，一般山峰海拔1000多米，多呈东西走向，其中瑶岭走向近南北。③东段，不属于西江流域范围，包括大庾岭、滑石山、青云山和九连山。

南岭山地地处海陆变性气团交互要冲，山地走势杂乱，山势起伏较大，使锋面降水停滞于南岭一带，延长了梅雨雨季，增加了流域的降水量，是我国南亚热带与中亚热带的天然分界线，也是南北生物分布的一条重要界线。基于此，南北作物熟制、物产、土地利用、聚落形态、建筑风格、人类生活、文化特点等都有显著差异，所以南岭山地又是一条重要的自然、文化分界线①。

1.3.1.2 丘陵

西江流域丘陵一般分布于山前地带，或盆地周边和河谷两侧，介于山地和现代河流冲积平原之间，分布面积次于山地。丘陵比高多在80米以下，一般所见均有齐顶现象。这些丘陵，多开垦为梯田，为旱作文化分布区，犹以云南、贵州、广西为常见。西江流域有代表性的丘陵区或丘陵类型有郁江丘陵区——盆地巨陵、右江丘陵区——河谷丘陵、花岗岩丘陵。

郁江丘陵区包括左江、右江下游和南宁盆地一带。丘陵顶面高程在300米以下。邕江河道在该丘陵区内由西向东绵延，地形微波起伏，但都成齐顶状态。整个郁江丘陵区内红色丘陵面积近5000平方公里，是珠江流域最大的一片红岩丘陵区，属盆地丘陵，兼有山地和河谷的特点，后发展为壮族文化分布区。

右江丘陵介于右江河谷平原与山地之间，海拔为200~250米，相对高度为50~80米。自百色盆地以下，沿江展布连续数百公里，是西江流域典型的河谷丘陵，也是主要农耕文化区之一。

德庆一带丘陵形态浑圆，厚度在10~80米，表层红土层不透水，表层下结构松软，遇水即崩解，冲沟的发展速度很快，崩岗后退速度惊人，是西江流域容易发生水土流失的地区①。

1.3.1.3 平原

西江流域平原面积较小，有海拔较高的中上游山间盆地小块高平原和河谷平原。山间盆地小平原广泛分布于流域山地地区，这类平原在云南高原被称为坝子，南盘江流域的沾曲盆地的坝子是云南东部和西江流域西部最重要的农业生产基地。形成于这些高平原或盆地的文化，被称为小流域或盆地文化。河谷平原一般分布于河流中下游，主要有柳江下游、黔江平原及郁江、浔江平原②。

宜良高平原在云贵高原宜良附近，地势平坦，田畴阡陌一望无际，南盘江流经宜良高平原。包括宜良平原在内的滇东和黔东南地区，古代生活着百越、百濮③族人。例如，属骆

① 水利部珠江水利委员会，《珠江志》编纂委员会.1991.珠江志（第一卷）.广州：广东科技出版社。
② 水利部珠江水利委员会，《珠江志》编纂委员会.1992.珠江志（第二卷）.广州：广东科技出版社。
③ 濮族，即远古至秦汉时期繁衍生息在百濮之地的族群，原散居于湖北江汉一带，后迁徙至川、黔、滇，在黔为夜郎，在滇为滇濮，百指族群多种姓。

越[①]一支的今布依族，生活在南北盘江、红水河流域，颇具稻作文化特质，以“纳”（水田）、“董”（田坝）为起首地名甚多，与两广“那”字地名同义，是稻作文化将西江流域文化连成一个整体的鲜明表现[②]。

西江谷地平原在右江（百色以下）—郁江—浔江河段连线形成一片区域。自百色以下沿河连续分布，其中右江自百色至田东沿程280公里均有较大面积的冲积平原。南宁盆地右江汇流处，冲积平原也较广阔。贵县至平南沿线长约400公里、南北宽40~80公里的河谷大部为冲积平原。西江谷地平原是珠江流域延续最长的河谷平原，其中桂平至平南浔江两岸的冲积平原是珠江流域面积最大的一片河谷平原。梧州以下进入广东河段直至三水思贤滘，为狭义西江，冲积平原虽较窄，但在广东也是一片较大的河谷平原。据研究，中国“那”字地名主要集中在北纬21°~24°，而西江恰在这个地带之内，故西江河谷平原是珠江流域主要稻作文化区，尤其西江在广西河段地区，历史上一向以稻米供应广东，即为其稻作文化发达的一个表现[②]。

1.3.1.4 岩溶（喀斯特）地貌

岩溶（喀斯特）地貌占西江流域总面积比例很大，主要连片分布于西江流域中上游地区。岩溶是影响流域自然环境的重要因素之一。各个岩溶演化阶段的典型地貌，在西江流域均有分布。其中石林、峰林型地貌以路南石林、漓江峰林为代表，为世界所罕见。峰丛－洼地地貌，以广西的靖西、德保等地为代表。孤峰－溶原地貌以柳州、肇庆七星岩为代表。残丘－溶原地貌以黎塘—宾阳一带为代表。岩溶地区的秀水、奇峰、异洞构成西江流域十分重要的旅游资源。

西江流域岩溶洞穴极多，为古人类的繁育、进化提供了极有利的条件，是人类最早的发祥地之一，也是我国远古文明最早的发祥地之一。著名古人类学家裴文中指出：“从地质地理条件方面看，广西更有发展古人类学的独特条件……中国可以成为世界上古人类学的中心，广西是中心的中心。”[③]

西江流域石灰岩山地，特别是峰丛山地，自然环境险恶，给农业生产和交通事业的发展带来许多困难。石灰岩地区水土流失严重，交通和用水仍很困难，人民生活仍比较贫困[②]。

1.3.2 水文[④]

西江是珠江水系的主干河流，发源于云南省曲靖市乌蒙山余脉的马雄山东麓，自西向东蜿蜒流经云南、贵州、广西、广东，流至广东省三水区思贤滘与北江相汇后，流入珠江三角洲，以后经8个入海口入注南海。西江从源头至与北江汇合的思贤滘全长2075公里，集水面积为353 120平方公里，其中341 530平方公里在我国境内，11 590平方公里在越南境内。西江干流是沟通两广的重要水道 。

① 骆越，是古百越的其中一支，是今天壮族、侗族、黎族、毛南族、仫佬族、水族等民族的祖先。骆越活动于今越南北部至广西南部一带，时间为公元前1300年～公元前206年。骆越古国的范围北起广西红水河流域，西起云贵高原东南部，东南至越南的红河流域。

② 水利部珠江水利委员会，《珠江志》编纂委员会 . 1992. 珠江志（第二卷）. 广州：广东科技出版社。

③ 司徒尚纪 . 2009. 珠江传 . 保定：河北大学出版社。

④ 水利部珠江水利委员会，《珠江志》编纂委员会 . 1991. 珠江志（第一卷）. 广州：广东科技出版社。

1.3.2.1 珠江源

南盘江为珠江的源流，云南省曲靖市沾益城北马雄山东麓的珠源洞（即刘麦地伏流大锅洞出口）为珠江源。珠江源头的马雄山，是乌蒙山系的余脉，是南盘江和北盘江的分水岭。分水岭北盘江一侧山势陡峭，几条溪涧在山脚下汇成北盘江的上游革香河。分水岭南盘江一侧山势平缓，从马雄山的鞍部和老高山方向，各为一条较大的沟涧，分别称为大冲沟和高山沟。两沟涧分别进入大锅洞，伏流约 1.2 公里，从一个名为“水洞”的洞口流出。“水洞”终年流水不断，被勘定为珠江水源起点。从洞中奔涌而出的河流，即为南盘江的上游河道。

1.3.2.2 干流

西江干流从上至下河段的名称不同，源头至贵州省南盘江汇合北盘江后称红水河，至广西与柳江汇合后称黔江，黔江流至广西汇合郁江后称浔江，至梧州市与桂江汇合后称西江（梧州至思贤滘是狭义西江河）。河段划分以南盘江至红水河为上游，黔江至浔江为中游，西江为下游。

（1）南盘江

南盘江从源头至贵州省望谟县蔗香双江口全长 914 公里，其中云南省境内长为 651 公里，流域面积为 56 880 平方公里。南盘江集水面积在 100 平方公里以上的一级支流有 44 条，其中较大的有龙潭河、樟子河、贾龙河、六郎洞河、小江、补党河、红染河、新洲河、百口河、百乐河等；集水面积在 1000 平方公里以上的有 8 条，即海口河、巴江（巴盘江）、华溪河（曲江、九甸河）、泸江、甸溪河、清水江、黄泥河、马别河（又名清水河，上游为褚场河），其中黄泥河是汇入南盘江的最大支流，发源于云南富源县梁口子，河长 278 公里，集水面积为 8264 平方公里。其次是清水江，发源于云南丘北县老阴山，河长 181 公里，集水面积为 5376 平方公里。

（2）红水河

南盘江和北盘江汇合于蔗香双江口即为红水河的起点，至广西来宾市象州县石龙三江口，全长 659 公里，区间集水面积为 59 870 平方公里。红水河在贵州罗甸县南流入广西，成为广西境内的一条西江主干流，是广西文明的摇篮。红水河高峡夹岸，坡陡水急，耕地狭小、分散，加上河水夹带大量浑浊泥沙，自古城镇稀疏闭塞。

红水河集水面积在 100 平方公里以上的一级支流共有 29 条，其中集水面积在 1000 平方公里以上的有北盘江、涟江、牛河、布柳河、清水河（南丹河）、赐福河、良岐河、平治河、刁江、清水河、北之江。北盘江集水面积最大，达 26 590 平方公里，河长 444 公里。其次是发源于贵阳市的涟江，集水面积为 8607 平方公里，河长 241 公里。牛河仅次于北盘江、涟江，发源于贵州独山县戛加山，集水面积为 5843 公里，河长 235 公里。

（3）黔江

红水河与柳江在广西来宾市象州县石龙三江口汇合后称黔江，从三江口至桂平市郁江口河段全长 122 公里，区间集水面积为 2210 平方公里。

黔江集水面积在1000平方公里以上的支流有1条，即柳江。集水面积在100平方公里以上的支流，左有新江、旺村河、东乡河，右有濛江、武赖水、马来河（黄来水），以马来河较大，集水面积为471平方公里，河长80公里，发源于贵港市天平山林场，在武宣县马来河口汇入黔江。

（4）浔江

黔江和郁江在佳平附近汇合后称浔江，至梧州市桂江口全长172公里，集水面积为20 570平方公里。

除郁江外，北流河是一级支流中最大的一条，发源于北流市三山顶，其上游称圭江河（绣江），有杨梅河、黄华河、义昌河等较大的二级支流汇入北流河。北流河全长259公里，集水面积为9359平方公里。蒙江发源于金秀瑶族自治县三山村，河长189公里，集水面积为3895平方公里，较大的支流有大同江、沙街河、勒竹河等。白沙河发源于桂平市沙坡乡天顶岭，河长102公里，集水面积为1155平方公里。除以上一级支流外，浔江还包括石江、大湟江等11条集水面积在100平方公里以上的一级支流。

（5）西江（狭义西江河）

浔江与桂江在梧州交汇后称西江（狭义西江河），西江河段从广西梧州市向东流13公里至界首大源涌口即进入广东省境内，至广东佛山三水思贤滘西滘口，主流向南进入珠江三角洲。河长208公里，区间集水面积为43 860平方公里。西江一般河宽700~2000米，水流平稳，两岸为丘陵台地。

西江河段有集水面积在100平方公里以上的一级支流14条，其中集水面积在1000平方公里以上的大支流有桂江、贺江、罗定江和新兴江。罗定江发源于广东信宜市鸡笼山，河长201公里，集水面积为4493平方公里。新兴江发源于广东恩平市大露山，河长145公里，集水面积为2355平方公里。

在广东肇庆上下游有三榕峡、大鼎峡和羚羊峡。现在西江自三榕峡至思贤滘之间是沿两岸修筑了堤围的单一河道，但历史上并非如此。古代西江出三榕峡后在肇庆市桂林头有河汊分水经一连串的洼地由后沥水再入干流，此外还有肇庆市、广利至四会市大沙镇的古河道及南岸宋隆以南可通往金利水和高明河的古河道等。宋朝以后河道淤塞及修堤才使上述河汊消失并形成了目前西江的主流河道。

1.3.2.3 支流

西江水系支流众多，集水面积在10 000平方公里以上的一级支流有5条：北盘江、柳江、郁江、桂江、贺江。集水面积介于1000~10 000平方公里的一级支流有23条，集水面积在100~1000平方公里的一级支流有86条。

本章着重介绍对本研究影响较大的几条支流。

（1）北盘江

北盘江发源于云南曲靖市马雄山的西北麓，其上游即法耳以上称革香河。北盘江全长444公里，集水面积为26 590平方公里。河道在云南省境内长122公里。石岗至宣威市盘龙村河段长 50 公里，沿河地形平整，耕地集中，是北盘江沿岸最富裕的地区。

北盘江的主要支流有亦那河、清水河、可渡河、格所河、阿志河（法那河）、麻沙河、打帮河、乐运河、洛帆河（大田河）等。其中较大的为可渡河，发源于上大梨树村，河长 157 公里，集水面积为 3058 平方公里。其次为打帮河，发源于广枝县大坪子山，河长 136 公里，集水面积为 2877 平方公里，在打帮河上有闻名中外的黄果树瀑布群。

（2）柳江

柳江发源于贵州独山县南部里纳九十九滩，源头海拔 1333 米，其上游老堡口以上河长 366 公里称都柳江，中游老堡口至柳城长 164 公里称融江，柳城以下河长 225 公里称柳江，为其下游段，最后在象州县石龙三江口汇入黔江。柳江全长 755 公里，集水面积为 58 270 平方公里。柳江上游为高山峡谷区，两岸多为崇山峻岭，河道滩多水急。中下游属低山丘陵平原区，岩溶广布，山水幽奇，风景秀丽。

柳江支流众多，集水面积在 1000 平方公里以上的支流包括寨篙河、双江、寻江、浪溪河、贝江、牛鼻河、龙江、洛清江、运江。其最大的支流是龙江，龙江的上游称打狗河，发源于贵州三都水族自治县甘务村。龙江较大的支流有大环河、小环河、天河（东小江）等。龙江干流流经贵州三都水族自治县、荔波县，广西南丹县、环江毛南族自治县、宜州区、柳城县等，全长 358 公里，集水面积为 16 740 平方公里。柳江第二大支流为洛清江，发源于广西临桂区大坡山，河长 275 公里，集水面积为 7592 平方公里。柳江的第三大支流为浔江，发源于广西资源县金紫山，河长 227 公里，集水面积为 5098 平方公里。

（3）郁江

郁江发源于云南广南县九龙山，河长 1145 公里，集水面积为 89 870 平方公里，其中在我国境内集水面积为 78 280 平方公里，在越南境内集水面积为 11 590 平方公里。流域纵贯广西和云南 9 个地区 35 个县市，是西江最大的支流。百色以上为郁江上游，百色至南宁为中游，南宁以下为下游。下游为丘陵平原区，河床平缓。郁江的上游称驮娘江，进入广西，其下称右江，在邕宁区宋村汇合左江，其下称邕江，穿横县县城，其下称郁江。

郁江集水面积在 100 平方公里以上的支流有 47 条，最大支流为左江。左江发源于越南枯隆山，其上游为奇穷河（平而河），从越南流入我国凭祥市。第二大支流为西洋江，发源于广南县那老村，河长 221 公里，集水面积为 5070 平方公里。第三大支流为武鸣河，发源于马山县城厢东伦，河长 198 公里，集水面积为 4131 平方公里。集水面积在 1000 平方公里以上的支流包括西洋江、那马河、普宁河、乐里河、澄碧河、百东河、鉴江、乔建河、武鸣河、左江、八尺江、武思江、蒙公河。

（4）桂江

桂江发源于广西兴安县猫儿山北老山界南侧，上游称大榕江，到大榕江镇与古运河灵渠相汇后称漓江，与恭城河汇合后称桂江（平乐以下也称抚河），最后在梧州市汇入西江。桂江全长 438 公里，集水面积为 18 790 平方公里。漓江自桂林至阳朔长 83 公里，素称“百里画廊”。

桂江集水面积在100平方公里以上的支流有22条，较大的有恭城河，发源于恭城瑶族自治县，长170公里，集水面积为4348.5平方公里。其次为荔浦河，发源于金秀瑶族自治县，河长98公里，集水面积为2008.3平方公里。

（5）贺江

贺江发源于广西富川瑶族自治县的蛮子岭，上游称富川江。到钟山县西湾纳西湾河后称贺江，至石岐桂粤交界处与金装水汇合后进入广东省境内，最后在封开县江口镇流入西江，全长338公里，集水面积为11 590平方公里。

贺江集水面积在100平方公里以上的支流有17条，第一大支流为东安河，发源于广西贺州市大桂山，长127公里，集水面积为2400平方公里。第二大支流为桂岭江，发源于湖南江华瑶族自治县，长106公里，集水面积为2313平方公里。

（6）罗定江

罗定江又称南江，位于西江右岸，发源于广东茂名信宜市高排岭，流经罗定、郁南等县区，在郁南县南江口汇入西江，干流长201公里，流域面积为4493平方公里。流域地形复杂，以山丘为主，山间盆地与沿河平原较少，集水面积在100平方公里以上的支流有15条。汛期常现洪灾，而枯水期大部分河流出现断流。就地区来说，一般上游易发生暴雨山洪灾害；中游雨量偏少，春、秋常有干旱；在郁南连滩以下近河口段，则受西江洪水泛滥影响。罗定江流域水土流失严重，在省内有“小黄河”之称。

1.3.2.4 古运河

西江水系有非常著名的两条古运河：灵渠和相思埭[①]（桂柳运河），灵渠更是对中国的历史有重要影响。

（1）灵渠

灵渠又名陡河、兴安运河、湘桂运河，始建于秦始皇二十八年（公元前219年），由秦监御史禄主持修建，是引长江水系的湘江水入珠江水系的桂江、沟通长江与珠江水系的古运河，与四川的都江堰、陕西的郑国渠同为中国秦代的三大水利工程。

灵渠位于广西兴安县境内，地处越城岭与都庞岭之间的湘桂走廊。湘江上游海洋河经这里向东北流经洞庭湖汇入长江，桂江上游漓江的支流始安水经这里向东汇漓江向南流入西江。海洋河与始安水由太史庙山、始兴岭、排楼岭等一系列低矮的小山岭隔开，两河最近处只有7.7公里。灵渠就是自此上溯2.3公里处，即兴安县城东南2公里的海洋河渼潭筑滚水坝壅高水位，再劈开约300米的太史庙山，开挖渠道，将海洋河水引入始安水，沟通珠江和长江两大水系。

灵渠建成之后，首先有军事水运之利，成为联结岭南与中原的水路交通要道，其次有灌溉农田与生活供水之利。至1937年湘桂铁路通车之后，灵渠军事水运遂停，但仍有

①音 dài，坝，多用于地名。

灌溉农田与生活供水之利。历代对灵渠的整修改建达 20 多次，使灵渠的水利作用经历了 2000 多年而不衰。

（2）相思埭（桂柳运河）

相思埭又名桂柳运河，也称临桂陡河，始建于唐代武则天长寿元年（692 年）。相思埭位于广西临桂区良丰镇至大湾村之间，为连通桂江支流良丰江与柳江支流洛清江支流相思江的人工运河，全长 16 公里，控制集水面积为 59.8 平方公里。相思埭建成后曾发挥 4 种作用：①承担军事运输任务；②使都柳江、柳江、洛清江与桂江连通，成为黔桂之间航运的通道；③对两岸农田有灌溉之利；④平衡河水、调节流量。

1.3.2.5 高原湖泊

西江流域上游南盘江流域内分布着许多高原湖泊，主要有抚仙湖、星云湖（江川海）、阳宗海、杞麓湖（通海）、异龙湖（石屏海）、大屯海、长桥海等。以上湖泊总水面面积为 388 平方公里，控制集水面积为 2742 平方公里，多年平均来水量为 6.17 亿立方米，总容积为 197 亿立方米。

抚仙湖环湖的澄江、江川、华宁三县各有部分耕地在湖边，耕地面积 13.7 万亩[①]，人口约 15 万，农作物以水稻、小麦、玉米、蚕豆、油菜为主，经济作物有优质烤烟，此外还盛产抗浪鱼、大头鱼、莲藕等。阳宗海为宜良盆地的蓬莱、狗街镇、南阳村提供灌溉用水，三个区耕地面积约 12 万亩，是滇东高产稻区之一。长桥海南面由于岸坡极缓，雨季淹没农田较多。

1.3.2.6 地下水

西江流域很多地区地下水丰富。西江中下游河谷平原区、南北盘江的湖盆地和一些规模大小不一的坝区（山间盆地或平原）的地下水埋藏浅，流量丰富，开发利用比较方便，为流域中上游地区农业灌溉、居民生活用水来源，对农业历史发展贡献匪浅。西江流域下游，地表水充足，而孔隙水这类地下水农业上利用较少，但其中一部分肥水，富含有机质，是重要的肥料来源，如三水、四会一些地区，即有利用肥水灌田的习惯，也因此形成了一种罕有的土地利用景观。

西江流域降水频繁，雨量丰沛，是地下水补给的主要来源。在碳酸盐岩类分布区，降水多通过岩溶洼地、漏斗和落水洞转入地下，形成各地各具特色的地下河系。有些河水进入岩溶洞穴区后，部分或全部漏失，形成“地表水贵如油，地下水滚滚流”的状态，因此石灰岩地区往往地表干旱。西江流域人民利用地下水资源，在溪流筑陂[②]、蓄水灌田或利用竹筒等工具引水，灌溉梯田，把许多荒山旷野变为膏腴富饶之地。南盘江上的六郎洞、黔南独山南部的地下河系、桂西南丹拉友地下河、红水河边地苏地下河系，这些地下河所蕴藏的水资源，自古以来就为西江流域人民所开发利用。其开发利用形式，

① 1 亩≈ 666.67 平方米。
② 音 bēi，池塘。

包括在地下水出露处开凿湖池，筑陂蓄储，筑陂堰开渠引泉，围泉凿井，运用水车、桔槔[1]汲取泉水等[2]。

1.3.3 气候

气候是人类生存的一个重要条件，它不仅深刻影响着一个地区农作物培育、生长，动物的驯化等为标志的农业文明的起源与进步，而且对城镇聚落选址、布局、建筑形式选择及人类一切生产、生活，乃至精神文化各个层面都有决定或制约作用。气候的地域差异，更是导致文化区域差异的一个最突出要素。西江流域能够作为多元一体的中华民族及其文化的发祥地之一，与该流域非常适宜的气候、丰沛的水资源及其良好的时空分配格局有不可分割的关系[2]。

西江地处亚热带，气候温和，雨量充沛。流域内河流纵横，植被繁茂，土地肥沃，物产丰富，有众多的岩洞、奇峰、断层湖等自然景观和名胜古迹，美妙壮丽，是北回归线上少有的一块绿洲。植物群落景观为亚热带季风雨林和常绿阔叶林。流域内冬季多为偏北风，夏季多为偏南风，春秋换季时风向极不稳定。部分地区受台风影响。最大风速多出现在受台风直接影响的地区。台风地区聚落多筑围墙或防护林，建筑物低矮，水稻、甘蔗等作物也采用矮秆种植[3]。

1.3.3.1 气温

西江流域位于热带、亚热带，夏无酷暑，冬无严寒，气候温和，多年平均气温为14~22℃，年际变化不大，极有利于喜温作物生长，如两广地区水稻一年三熟。西江流域是我国稻作文化最发达的地区之一。生长在这个地区的土著百越族人早就将野生稻培育成人工稻，并以古越语“那”字命名水田。现今有这类地名的地区是水稻分布区，大多数又在平原河谷，以两广地区最多，显然气候因素使这些地区的稻作文明远胜于其他地区。西江流域终年可以耕作，农民少有农闲，因而他们创造的物质文明也较丰富[2]。

南岭山地西段，在越城岭与海洋山之间有低谷地，兴安县城处在谷地的中心，称为兴安通道，是南北气流通过的缺口，尤其冬季寒流经此南下，使广西北部冬季气温下降程度超过同纬度的其他地区。

1.3.3.2 日照

流域的多年平均日照时长为1282~2243小时，其中南盘江的陆良为2243小时，红水河的天峨为1283小时，以南盘江的陆良、开远日照时长较长。年内日照分配最多的是7月、8月，最少的是2月、3月。日照时间深刻影响作物光合作用，进而影响作物质量，很多地方名优特产即得益于此。流域内如云贵烤烟、茶叶，广西肉桂、香米等农业特产，无不与日照有关[2]。

---

① 音jié gāo，俗称吊杆，古代汉族农用工具，是一种原始的汲水工具。商代在农业灌溉方面，开始采用桔槔。
② 水利部珠江水利委员会，《珠江志》编纂委员会. 1992. 珠江志（第二卷）. 广州：广东科技出版社。
③ 水利部珠江水利委员会，《珠江志》编纂委员会. 1991. 珠江志（第一卷）. 广州：广东科技出版社。

1.3.3.3 降水

西江流域全年雨水丰沛，成为世界上的绿洲地区，与非洲、阿拉伯北回归线附近的沙漠或干旱地带形成鲜明对照。流域受夏季季风气候影响时间长，流域内大气水汽含量充足，为全国水汽含量最高的地区之一。流域降水分布的特点是：沿海多于内地，山地多于平原，迎风面多于背风面及河谷、盆地。

西江流域的降水以锋面雨和台风雨为主。降水的水汽来源于南海、西太平洋及孟加拉湾。热带气旋及其他天气形势下的偏南风也可带来相当多的水汽，西太平洋和南海海面的热带气旋所生成的台风，每年夏秋常侵袭或影响西江下游，台风所经之地和波及范围内出现狂风暴雨，台风雨多出现于7~9月。西江流域地势西北高东南低，有利于海洋气流向流域内地流动，但流域内的山脉阻隔又使深入内地的水汽含量减少，导致降水量的地区分布呈现自东向西递减的趋势。此外，降水量具有沿海多于内地，山地多于平原，迎风面多于背风面及河谷、盆地的特点。南岭山地地处海陆变性气团交互要冲，山地走向杂乱，山势起伏较大，使锋面降水停滞于南岭一带，延长了梅雨雨季，增加了流域的降水量，是我国南亚热带与中亚热带天然分界线，也是南北生物分布的一条重要分界线。基于此，南北作物熟制、物产、土地利用、聚落形态、建筑风格、人类生活、文化特点等都有显著差异，所以南岭山地又是一条重要的自然、文化分界线。

西江流域多年平均降水量为1470毫米，全流域可分为多雨带、湿润带和半湿润带。年平均降水量大于1600毫米的为多雨带，包括桂南的十万大山、粤西的云开大山、桂东的大瑶山，以及雷州半岛以北、南岭以南的广大地区。降水高值区主要有永福、融安、资源一带的桂北地区。年平均降水量介于800~1600毫米的为湿润带，包括桂南的十万大山、粤西的云开大山、桂东的大瑶山一线以西地区。这一地区内降水量自东向西明显减少。年平均降水量最低的地区为半湿润带，主要包括南盘江的开远、建水、蒙自地区。年降水量在时间上的分配与季风活动对应，干湿季节明显，年降水量的75%~85%集中在湿季之内。

1.3.3.4 大气湿度

西江流域的多年平均相对湿度为71%~82%。春夏季的相对湿度较大，最大值多出现于5月、6月。春末夏初阴雨连绵，相对湿度有时可达100%。秋冬季的相对湿度较小，最小值多出现于12月或1月。流域内水汽含量很高，在森林覆盖率很高的古代，形成大面积水汽积聚区，加上动物尸体腐烂散发有害气体，以及蛇虫猛兽混杂其中，形成“瘴病”，不利于人们的生活和健康。生活在当地的土著居民，采取“刀耕火种”方式来辟除瘴气，开垦土地，种植旱稻、薯类和其他杂粮；修建上住人、下居畜的“干栏”建筑；食用槟榔散热取凉；采用敞开式“贯头衣”等服饰，这些都是适应这种气候环境的方式。由此可见，西江流域在耕作、建筑、饮食、服饰上表现出独有的文化形态，迥异于其他气候带的文化[①]。

① 水利部珠江水利委员会，《珠江志》编纂委员会. 1992. 珠江志（第二卷）. 广州：广东科技出版社。

1.3.4 土壤

1.3.4.1 自然土壤

西江流域的自然土壤包括红壤、砖红壤、砖红壤性红壤、黄壤、山地草甸土、石灰土等。

红壤是潮湿热带和亚热带的土壤之一，形成于中亚热带气候条件，原生植被为亚热带常绿阔叶林，地形一般为低山、丘陵和高原，土壤呈红色或黄红色，肥力较高。砖红壤性红壤是我国南部亚热带的代表性土壤，分布于流域内的广西南部一带、柳江的柳城县、郁江的横县以下及广东的西部，原生植被为南亚热带季雨林，地形多为低山丘陵，土壤呈红色至棕红色，土层深厚，透水性差，肥力较低。砖红壤性质与砖红壤性红壤相似，含水量变化较大，多分布于横县以上郁江流域及广西南部一带。黄壤形成于湿润的亚热带气候条件，原生植被为亚热带绿阔叶林、常绿落叶阔叶混交林和热带山地湿性常绿林，土壤呈黄色，有机质含量高，保水性较好，肥力较高。以上这四种自然土壤组成红壤系列，适宜发展热带、亚热带经济作物、果树和林木作物。一年可以两熟、三熟乃至四熟，土地生产潜力很大，为流域农业文明提供了强大的自然基础。成书于战国时期的《山海经·海内南经》云："西南黑水之间，有都广之野。爰有膏菽[①]、膏黍、膏稷，百谷自生，冬夏播琴。"

据研究，两广 92 个县市都分布有野生稻。著名水稻专家丁颖认为，岭南应是我国稻作起源的中心地带。另有学者认为云南植物种类多达 1.5 万种，占全国植物种类的一半，云南稻种有 3000 多个，应是我国稻种变异的中心。我国稻作起源于云南的可能性很大，这与这些自然土壤适于水稻生长有密切联系。在云南元谋大墩子、滇池官江、晋宁石寨、剑川海门口等新石器遗址中，也出土了 3000 多年前的栽培稻化石。红壤还非常适宜其他粮食作物和经济作物生长，如宋元之际从海外传入小粒花生，明代又传入大粒花生，明末从海外传入番薯[②]。

山地草甸土的形成受山顶矮林草坡的影响，有机质含量较高，但土层很薄，一般不超过 50 厘米，只分布于海拔 1500 米以上的山地。这种自然土壤虽不适于农业耕作，但宜牧草生长，这种土壤分布的地区一般是畜牧文化发达区。云贵高原少数民族有一部分即以畜牧业为生。

石灰土是发育于石灰岩上的一种岩成土壤，在西江流域内凡有石灰岩出露的地方都有分布，但主要分布于云南，贵州，以及广西的桂林、柳州、南宁、百色、河池等地区的石灰岩区域，云浮市也有少量分布。石灰土的土层薄，含钙多，质地疏松，肥力高，也是主要农耕区。云南的红色石灰土分布面积较大，可用于种植玉米、薯类等旱作物及油桐、杉木和三七等。贵州的石灰岩出露地区有较大面积的黑色石灰土和黄色石灰土，其中黑色石灰土有机质含量高。广西北部多红色石灰土，广西西部多黄褐色石灰土，广西桂南盆地为棕色石灰土。这些性质各异的石灰土多为特种作物产地，如云贵老烟、茶叶，广西肉桂、香芋等，不少为贡品，驰名京师[③]。

---

① 音 shū，豆类的总称。

② 水利部珠江水利委员会，《珠江志》编纂委员会．1991．珠江志（第一卷）．广州：广东科技出版社。

③ 水利部珠江水利委员会，《珠江志》编纂委员会．1992．珠江志（第二卷）．广州：广东科技出版社。

1.3.4.2 耕作土壤

西江流域的耕作土壤主要有旱地土壤、水稻土等类型。

西江流域内旱地土壤主要有红泥土、黄红泥土、黑泥土、潮沙泥土等。黑泥土由石灰土发育而成，其余多由红壤或黄壤发育而成。这些土壤由自然土耕作熟化而成，是农业文明的产物。西江流域西部云贵高原区的旱地土壤主要有红泥土、黄泥土、黑泥土、砂砾土、紫色土、黑色石灰土、黄色石灰土等。这些旱地土壤与广西西部的红泥土一样，适合种植薯类、豆类、高粱、小米等，黄泥土适合种植甘蔗、玉米、豆类及花生。旱地土壤一般土层深厚、养分含量较高，有一定的保水性，作物产量较高。

水稻土的类型主要有黄泥田、胶泥田、粉泥田、潮沙泥田、黑泥田、鸭屎土田、锅巴土田、砂砾土田等。山区的水田水稻土以冷底田、烂湴[1]田及黄泥田为主。宽谷盆地的水田水稻土以潮沙泥田、泥肉田、黄泥田为主。河流下游水田的水稻土大都是泥肉田和潮沙泥田等。潮沙泥田主要分布于河溪两岸的阶地上，肥力较高，是高产水稻土类型之一。泥肉田是长期人为水耕熟化的高肥型水稻土。在西江流域西部云贵高原区内，水稻土多分布于河谷平原（坝区）内。云南的水田中胶泥田居多，其次为沙泥田和鸡粪田，以鸡粪田的肥力最好，土层深厚。广西西部的水稻土多为黄泥田、沙泥田、冷烂泥田等，保水保肥能力较差。流域的东部两广地区的水稻土一般多由旱地土壤经长期种植水稻而形成。沿河一带的水稻土由河流冲积发育而成。发育于小盆地和小河流域的地方文化称为盆地文化或小流域文化，其基础即在于耕耘这些水稻土，历史上建立起自给自足的农业经济，保持相对封闭的社会状态和固有的文化特色。西江流域自宋代以来，主要依靠开发这些农田，特别是围田，奠定了文化肇兴的基础，到明清时期，形成发达的封建农业经济，并发展为中国一个基本经济区[2]。

1.4 西江流域社会文化环境

社会环境指社会发展之现存的全部表现，如社会条件、人与人之间的各种社会关系等。人类在一开始作用于自然时就不是个人的行动，而是群策群力的社会劳动，这一劳动过程形成了一定的生活方式、思想体系、社会规范及等级和阶级制度等。社会环境是随着社会的发展而不断发展变化的。文化环境指文化体系构成的情境。文化环境用以描述人对周围世界的界定、判断和选择过程，解释人的经验和行为互动的实际情境。

社会和文化各是一个特别的体系。社会体系是人们按照一定的社会关系集合成的大小不一的群体，并由一定的角色及其地位联结成社会结构；文化体系是人在社会互动中的风俗、习惯、伦理、道德、宗教、信仰、政治、法律、哲学、艺术等的行为规范、价值观念和具有象征意义的符号所构成的有序状态及其特征的总和，并表现为不同心理、性格、行为取向的文化模式。文化环境和社会环境是分析环境的两种不同模式：社会环境多用来描

---

① 音 bàn，烂泥。

② 水利部珠江水利委员会，《珠江志》编纂委员会. 1992. 珠江志（第二卷）. 广州：广东科技出版社。

述社会互动的过程及其形式，说明社会各种关系及其网络；文化环境则以描述人对周围世界的界定、判断和选择过程，解释人的经验和行为互动的实际情境。一般来说，社会环境的研究是为了说明社会的结构及其功能，而文化环境的研究则是为了说明每个民族自身的生活目的和价值取向。文化环境与社会环境说明的是人类环境的不同层次和侧面，在本质上并没有差别，特别是一些文化现象本身就是社会构成的参数，如社会组织、制度等，因此，一些社会学家常常将其统称为社会文化环境。

1.4.1　西江流域历史分期

西江流域的发展历程，在中华人民共和国成立前大致有 5 个高潮期——汉、唐、宋、明、近现代。汉代之前是雏形期，其他每个高潮期前后均为缓冲期和曲折期，包括南北朝、唐五代、元、清等时期。

（1）旧石器和新石器时期

从迄今人类学与考古学的最新研究成果可见，珠江水系人类族群出现的时间，是与黄河、长江水系人类族群出现的时间大致相近的，甚至有可能历史更长、文化更早。近年国外出现了人类起源于非洲的学说，认为人类进入中国是从南方开始的，这一说法已有人类基因的科学论证。此外还有南亚起源学说。两种起源学说都说明珠江流域是人类进入中国的主要桥梁地带或辐射中心。近 30 年来，在现代中国人起源研究中，从古人类学、体质人类学到分子生物学的研究结果，都证明现代中国人来源于百越族的先民，而且证实百越族的起源中心就在两广一带，尤其是在广东，起源的完成时间在距今 4 万~3 万年前。这个结论，得到了元谋人、百色旧石器、马坝人、柳江人等人类化石和文化的有力支持，尽管学术界仍有分歧，但越来越多的考古发现和研究成果均证实在旧石器、新石器时期，已有珠江人从能人到智人的发展足迹，已开始孕育和体现原始文化观念（表 1-2）。

表 1-2　中华人民共和国成立以来在西江流域考古发现的古人类化石遗址

洞穴名称	地址	洞穴位置（距河水面）	人类化石及其动物群化石	年代	
				地质	年龄
柳城巨猿洞	柳城县寨山	80~110 米	巨猿及巨猿动物群	早更新世	
武鸣巨猿洞	广西武鸣甘圩	80~100 米（地面）	步氏巨猿	中更新世	
通天岩柳江人洞	距柳州市 16 公里	30~40 米	柳江人化石（新人），大熊猫，剑齿象	晚更新世	5 万年
桂林甑皮岩洞	距桂林市 10 公里	15 米	人类化石（其人）及文化层	全新世	1099~7850 年
洞中岩	广东封开渔捞河		人牙化石，哺乳类化石	中更新世	14.8 万年

注：由《珠江志（第一卷）》和《珠江志（第二卷）》整理而来。

（2）夏商周百越时期

近年在西江流域地带，不仅陆续发现先秦时代的青铜器，而且从铸造到造型都有自身特色（如云南海门口、天子庙、李家山、羊甫头等遗址，贵州普安铜鼓山、赫章可乐遗址，广西那坡感驮岩、贺州沙田龙中村岩洞、武鸣马头圩等所发现的青铜器），采用石质铸范与中原陶范铸范明显不同。说明从社会进化上说，珠江人的步伐并不落后于黄河流域和中原地带的“青铜时代”。

在夏商周时期，西江流域地带的族群主要是先越族和后来的百越族，即东周时期出现的百越族群。《汉书·地理志》[①]曰：“自交趾至会稽七八千里，百越杂处，各有种姓。”越人有东部越人和西部越人之分。吴越一带称东部越人，以西一带称西部越人，包括福建的闽越，广东的南越，广西的骆越、西瓯、苍梧，贵州的夜郎，云南的滇越、百濮等。《淮南子》[②]曰：“九嶷之南，陆事寡而水事众，于是民人被发文身，以像鳞虫，短绻不绔，以便涉游，短袂攘卷，以便刺舟。”《淮南子·齐俗训》曰：“胡人便于马，越人便于舟。”《越绝书》[③]曰：“水行而山处，以船为车，以楫为马。往若飘风，去则难从。”

另外，从云南海门口遗址考古发现的青铜器来看，其年代距今3100年左右，其造型和品类虽然简单，但都是加锡的青铜器，可见其铸铜跨越了红铜时代，是在本区新石器文化基础上发展起来的滇式早期形式，与中原的青铜文化不同。其他遗址的青铜器发现，也有类似情况。这也说明百越、百濮族在商周时期进入了青铜时代，并从一开始就有自身的发展与特色。

（3）南越时期

从公元前230年至公元前221年，秦始皇先后平定了韩、赵、魏、楚、燕、齐六国，又于公元前218年派屠睢率50万名大军向岭南进军，兵败，屠睢被越人所杀。后秦始皇任命任嚣、赵佗率军，于公元前214年平定岭南，并同时派将军常额征调巴蜀士卒，修五尺道抵滇东北，经云贵高原且兰[④]、牂柯[⑤]、夜郎等西南夷，遂使整个珠江流域纳入中国版图。

秦始皇死后，农民起义，天下大乱。赵佗自立南越国，扶持夜郎国、滇国自立。南越国立国共93年，连同秦始皇平定后的7年时间，共达百年，版图基本覆盖西江流域。由此，西江流域族群从“百越之际……多无君[⑥]”的奴隶制或部落时代，进入了封建时代，也初步形成了南越文化形态。

南越国的近百年历史，可谓汉越两族从对立到逐步和平“杂处”的历史，也是中原文化与百越文化从对撞到逐步并存与结合的历史。

秦在岭南设南海郡、桂林郡、象郡，并于每郡设若干县。秦始皇派50万名大军进驻岭南成为首批移民，后又允准派15 000名无夫女南下以军人为夫，并鼓励南下中原

---

①（汉）班固．汉书．张永雷，刘丛译注.2016.北京：中华书局。

②（汉）刘安．淮南子译注．陈广忠译注．2016.上海：上海古籍出版社。

③（东汉）袁康，吴平．越绝书．徐儒宗注．2013.杭州：浙江古籍出版社。

④战国时期在今之四川南部、贵州西部及滇桂黔边一带以濮系民族为主体建立的地方民族政权之一。战国时楚庄蹻入滇，已有且兰国，但由于史传缺载，其立国时间当在战国乃至更早。考古资料显示，且兰国大致在今贵州安顺一带。引自《中国少数民族文化大辞典》。

⑤牂，音zāng。亦作牂牁或牂牁。先秦西南夷国名。在今贵州省东境。引自《中国历史地名大辞典》。

⑥《吕氏春秋》．陆玖译注.2011.北京：中华书局。

人与越人通婚，按中原姓氏成家，开启了移民文化和姓氏文化；同时又以“边地贫瘠，使内地商贾经营其地，或可为兵略之助”为由，鼓励商人移民岭南，开启了务商文化；又“谪治狱吏不直者”到“南越地”，将犯法的官吏贬到岭南修城修路，是为后来历代贬官文化之始；秦始皇南下用兵和赵佗称王，均在五岭南北之间筑路设关，其路名为“新道”，有4条，即江西过大庾岭至南雄、湖南郴州越岭至连州市、湖南道州入广西贺州市、湖南入广西全州，设有五关，即严关、横浦关、诓浦关、阳山关、湟溪关，还在四川至云南之间修“五尺道”，尤其是在广西桂林修建连通湘江与漓江的灵渠，开启了岭南乃至中国古道文化、古关文化、运河文化之先河。任嚣平定岭南并任南海郡尉后，于公元前214年建番禺城，此为广州建城之始，亦为岭南古城文化之始。此外，从南越王墓和南越国宫署出土的文物来看，那些明显来自海外的翡翠、象牙、银盒、玳瑁等珍宝，还有疑为当年的船台遗址，均提供了南越国与海外交往的证据。郭沫若在《中国史稿》中称广州是“海上丝绸之路发祥地”。这也是中国海洋商业文化之始。在自立南越国后，赵佗提出“和辑百越”政策，断绝了与中原的来往①。

（4）汉代广信时期

汉代的西江历史文化，进入了第一个高潮期，即初步繁荣期。这个高潮期的文化即“广信文化”。

南越国的百年历史，跨越秦末至西汉。汉元鼎六年（公元前111年），汉武帝灭南越国，从“初开粤地宜广布恩信”的诏示中，取“广信”二字，作为当时创建监察岭南九郡的交趾部刺史部衙署所在地的县名。九郡是从秦代所划岭南三郡中划分，即南海、苍梧、郁林、合浦、交趾、九真、日南、儋耳②、珠崖。交趾部刺史职能虽然主要是监察，但也有皇帝持节的部分权力。西汉后期（一说东汉）演变为州一级政权，名为交州，仍负责管辖岭南九郡，州治所在地仍是广信（今广东封开、广西梧州）。直至三国时期吴国国主因其管辖范围过大，于东吴永安七年（264年）分出南海、苍梧、郁林、高梁四郡与广州，州治番禺；而交州则只管辖交趾、九真、日南、合浦、珠崖，州治龙编（今越南河内附近）。至此一分为二的分割，可说是岭南九郡以交州所辖地域统称的结束，即以广信为州治时代的结束。因此，从公元前111年首建交趾部至公元264年交州分出广州为止，以广信为州治的时间持续近四个世纪，即“广信时代”：这期间，跨越了从西汉、东汉到三国末期的三个朝代，这期间的中国大部分地域，尤其是黄河流域和长江流域，长时间处于战事频繁、改朝换代的动乱之中，唯珠江流域地区远离战事，保持着一方安宁，疆界广阔、政治稳定、经济繁荣、文化兴旺，北方移民纷纷南下避乱定居，文化进一步交流融合，从而逐步形成了有地域特色的文化板块，因其一直以广信府为中心，故谓其名为“广信文化”。

从《汉书·地理志》、民间文化史料和实地考察证实，雷州半岛的徐闻和北部湾的合浦，是西汉海上丝绸之路始发港。当年汉武帝派黄门译长赴日南（今越南中部），就是从交趾首府广信起程，并由徐闻、合浦出海的，与汉武帝派张骞通西域的时间差不多，可见从广

① 水利部珠江水利委员会，《珠江志》编纂委员会. 1992. 珠江志（第二卷）. 广州：广东科技出版社。

② 儋，音dān。郡名，治所在今海南岛儋州市西北，领至来、九龙二县，辖境为今海南岛西部地区。汉始元五年（公元前82年）并入朱崖郡。隋大业三年（607年），一说隋大业六年（610年），析朱崖郡地复置，治所在义伦。唐武德五年（622年）改置儋州。引自《中国少数民族文化大辞典》。

信开始的丝绸之路文化与中原是同步的，同时也标志着广信文化是中国最早具有海洋文化因素的地域文化。研究者还发现，粤语发源于广信，故又称广府语，其语言结构，有古汉语成分，也有越族语成分，是以汉化为主导，与多元文化融合的典型体现。历来称为广东三大民系之一的广府民系及其文化，主要是粤语区文化，即“广信时代”形成的文化，故后来称其为广府文化。

东汉末年的三国时代，尤其是进入魏晋南北朝时期（在撤销广信府治之后），中原一直处于动乱之中，社会动荡、经济萧条。此时的西江流域虽难免战祸影响，但相对而言较为稳定，从而在动乱中出现了南方区域性的小繁荣景象[①]。

（5）南北朝百越遗存时期

被周恩来总理尊称为“巾帼英雄第一人”的冼夫人，传名冼英，纵跨梁、陈、隋三代，是粤西俚族人（百越族后期变异），是高梁冼氏家族后裔。自幼学习汉文化，善读《春秋》。人和善，讲信义，影响甚大。罗州刺史冯融，是汉族名门后裔，执政开明，汉俚和睦，深受俚族人称颂，被尊为“冯都老”[②]。其子冯宝，自幼好学，20岁即考取功名，授高凉太守，慕冼英是有抱负的名门才女，便求结良缘，更增汉俚结合，情意深重。如此冼英在汉俚人群中威望更高。梁朝年间，侯景之乱殃及岭南，肇事者欲拉拢冼英丈夫冯宝参与，设计扣人质而逼其就范，冼英识破其诡计，避过大灾。不久，陈朝首领陈霸先在岭南起兵灭梁，冼英曾设计派兵协助。陈朝建立后，岭南各郡骚乱频繁，冼英以俚族首领身份，劝阻或号令各州县长官不要参与。此时冯宝英年早逝，冼英派年仅9岁的儿子冯仆，率领俚族各峒[③]酋长见陈霸先，遂定大局，冯仆获任阳春太守，冼英辅政，政通人和。陈宣帝太建元年（569年）广州刺史欧阳纥发动叛乱，企图挟持冯仆为人质，逼冼英伙同反叛，被冼英识破，派兵击败欧阳纥，救出冯仆。事后，陈朝封冯仆为信都侯加平越中郎将，转任石龙郡，封冼英为中郎将、石龙太夫人。隋灭陈后，冼英顺应历史发展潮流，全力反对分裂，力主全国统一，七十高龄时仍亲自上阵，率孙子冯盎兵马，平定俚人王仲宣、陈佛智叛乱。事后，隋文帝封冯盎为高州刺史，册封冼英为谯国夫人，设置幕府，配务官吏，授予印章，授权调拨各部及六州兵马，并下诏书表彰其功绩。隋文帝仁寿元年（601年），冼英又以八十高龄奉诏严惩贪官赵纳（广州刺史），平息了民乱。冼英81岁去世时，又被追封为“诚敬夫人”[④]。由此，冼夫人名传于世，代代景仰。自其去世后，历代粤西群众都为其立庙祭拜，形成一种“冼夫人文化”[⑤]，即岭南土著——百越族遗存文化。

（6）唐代盛世和唐五代的南汉时期

唐代的岭南，社会经济的发展重心已从西往东移，即从粤西的广信移至番禺（今广州），珠江三角洲开始开发，并向海外发展，交通路线增多，广州有船队远航波斯湾甚至到达非

① 水利部珠江水利委员会，《珠江志》编纂委员会. 1992. 珠江志（第二卷）. 广州：广东科技出版社。

② 即俚族首领。

③ 古代南方和西南民族群体，也是对广西、贵州、福建部分山区的民族的泛称。早在隋唐以前，南方许多民族往往在山洞中居住，且举峒纯为一姓，保持民族组织，因此对部分地区的村寨，泛称“峒”或“溪峒”，各峒居民被称为“峒蛮”。引自《资治通鉴大辞典·上编》。

④（唐）魏征，令狐德棻. 隋书（第五册）·谯国夫人传. 1973. 北京：中华书局。

⑤ 曾昭漩. 2003. 冼夫人——越人汉化的楷模. 北京：中国广播电视出版社。

洲东海岸，对外贸易和造船业发达；粤北普遍新辟耕地，西江沿岸改进农业耕作，陶瓷、纺织、藤器、竹器、木器等手工业制品和商品均繁多丰富，商业经济繁荣。经济兴旺，自然也带动了文化兴旺。屈大均在《广东新语·文语》中称其为“炽于唐”的兴旺景象。

唐代末年的藩镇在唐灭后纷纷独立，形成了五代十国的混战局面。这在全国来说，是经济、文化的衰退期，即第二低潮期。五代即后梁、后唐、后晋、后汉、后周，十国即前蜀、后蜀、吴、南唐、吴越、闽、楚、南汉、北汉、南平（又称荆南）。其中南汉国是盘踞岭南的独立王国，有五十多年历史①。

南汉（917~971年），位于现今广东、广西，以及越南北部，面积约40万平方公里。唐朝末年，刘谦任封州（今广东封开）刺史，拥兵过万名，战舰百余艘。刘谦死后，刘隐继承父职，逐步统一岭南，进位清海节度使。公元907年，刘隐受后梁封为大彭郡王，公元909年改封为南平王，次年又改封为南海王。刘隐死后，其弟刘龑②袭封南海王。刘龑凭借父兄在岭南的基业，于后梁贞明三年（917年）在番禺（今广州）称帝，改广州为兴王府，国号“大越”。次年11月，刘龑改国号汉，史称南汉，为南汉高祖。971年为宋朝所灭，历四帝，54年。开国初期，刘龑注重睦邻友好，力避战事，社会稳定，兴寺院，办教育，巩固文官制度，举行科举考试，注重海外贸易，发展制瓷工艺；后期腐败残酷，遂遭灭亡。但其前期较注重文化，办实事，在战事频繁时仍保持一方安宁，在一定程度上出现兴旺景象，显示出岭南地域的特有风采①。

（7）宋代

经过唐末五代十国的动乱，赵匡胤建立的统一的宋代王朝，开始了近三百年的相对稳定时期，经济、文化都呈发达新景象，西江文化也进入了高潮期。

这个时期，由于南方受战争影响较小，社会相对稳定，各地注重兴修水利，改进水稻生产技术，农产品丰富，农业商品增加，制瓷和端砚等手工业兴起，盐场、矿场增多，城镇、商业、水陆交通和对外贸易发达，带动了经济的繁荣。这个时期的学术思想也很发达，涌现了学术泰斗及其创立的学术体系，并且出现了学派、流派相互竞争的局面，形成了学术思想热等文化现象。

北宋时期，因北方的少数民族日益强大，先后建立辽、西夏、金政权，多次南下攻宋，又相互残杀；金灭北宋后，金国、大蒙古国相继多次攻南宋，致使社会动荡，大量居民南迁岭南。南迁人口分别从海路和陆路进入，海路以沿海城市（如潮州、惠州、南恩州、雷州）为多，陆路则主要是江西与广东交界的大庾岭路。据史料称，从唐代至宋代，百万人以上的大批移民即有三次，小批或零星移民络绎不绝。直至明清时代近六百年，这些南迁移民将西江流域开发成一块土地肥沃、物产丰盛的富饶地区，创造了移民开垦的奇迹①。

（8）元代抗争

1271年，忽必烈在北方建立了大元帝国并长驱南下，经过崖门海战（1279年）消灭

① 水利部珠江水利委员会，《珠江志》编纂委员会. 1992. 珠江志（第二卷）. 广州：广东科技出版社。

② 音yǎn。指飞龙在天，或者是有我无敌，唯吾独尊的意思。该文字出自五代时南汉刘岩（龑）为自己名字造的字，在《周易》等文献均有记载。

了宋王朝，随即在欧亚确立蒙古族统治帝国。由于与汉族之间本就有较大的文化差异，相互的冲突较为明显。岭南是南宋朝廷最后覆灭之地，冲突的时间更长，从而导致低潮期较长并形成了较强的抗争文化。

另外，在元朝统治时期，海上交通和海外贸易是相当发达的，其原因首先在于南宋中后期，已有较发达的造船业和海外贸易，又在抗元斗争中，从海路节节抵抗，迫使宋元双方都大力发展造船业和海上交通。元定天下后，版图贯通欧亚，更加重视海上交通。

由于元代统治阶级为蒙古族，占人口多数的汉族始终处于被统治境地中，民族矛盾激烈；作为文化精英的知识阶层，即“仕”，在社会等级排列中，被置于第九位，故称“老九”，可见其文化地位之低下，其文化形态和文化成就也自然是低下的[①]。

（9）明清至近代

西江文化在唐宋时代呈现出蓬勃发展的兴旺景象，到明代则进入了更成熟的发展时期。

这个时期的西江流域，社会稳定，经济繁荣，农作物一年两熟或者三熟，粮食增产，农业商品性生产和手工业生产高度发展，城市商业和商舶贸易发达，对外贸易和文化交流增多，初显了商品经济和海洋文明现象。在文化上也出现勃勃生机，层出不穷地涌现出各种文化学说、学派、流派和文化潮流，影响波及全国和世界。正如屈大均而言：“有明乃照四方焉[①]。”

1644 年，驻守山海关的明将吴三桂投降，满族清兵入关，攻占北京。经过相当长一段时间抗争，明代最后一个南明政权在云南灭亡，从而西江流域也全部进入满族统治时代。由于种族间的差异，文化上的冲突是极其剧烈的。岭南的抗争时间特别长，故文化低潮期也特别长，抗争文化在方式上也从白热化的激烈冲突，逐步转化为隐蔽性、曲折性、保守性的抗争。

清朝后期，即鸦片战争（1840 年）后的中国，进入了近代时期（1840~1911 年）。西江流域在这个时期，鲜明地体现出了“西文中化”与“南文北化”现象，即西方文化被大量引入中国，尤其是引入西江文化之中；又从南向北地推进，深入地引起中国传统文化的裂变，最后推翻数千年封建统治，故称该时期为“裂变文化”时期[①]。

1.4.2 民族和方国

西江流域是多民族聚居之地，历史上有很多不同民族的记载，特别丰富多彩。

各民族有自身特色的风俗，衣、食、住、行、玩，生、嫁、病、死、葬等生活要素与生命进程环节，以及聚落、建筑、信仰、生活习俗都有典型差异[①]。

① 水利部珠江水利委员会，《珠江志》编纂委员会. 1992. 珠江志（第二卷）. 广州：广东科技出版社。

1.4.2.1 先秦时代的民族和方国

殷商时期，《伊尹朝献商书》[①]描述西江流域地区，有瓯[②]、桂国[③]、损子[④]、产里[⑤]、百濮等地名与族群。岭南在秦统一之前，曾存在多个土邦小国，如驩兜（头）国、缚娄国、阳禺国、儋耳国、雕题国[⑥]、西瓯国、骆越国、伯虑国、苍梧国等。先秦岭南上层贵族、小国首领都有较强的军事实力，能够带领族人与秦军抗衡。驩兜国，其涉及传说中帝舜放逐丹朱、丹朱族人进入三苗地区与苗蛮的融合等情况，这支族人在商周时期又多经辗转，迁徙地区包括左江流域、郁江流域、珠江三角洲、广东沿海地区等。赵佗立国南越，其国民的主要成分是南越族。

《山海经·海外南经》记述的国家，有的可以大致确定位于广东、广西附近，其中有大量的方国，如结胸国[⑦]、羽民国。在广西红水河流域东部有三苗国和䔻国，在䔻国东边，有贯胸国[⑧]。

此外，还有百越族时代“乌浒人”、西江流域中游的桂南古国、那坡县早期方国、大明山下早期方国等，先秦时代西江流域有多个方国文明还有待考古发现，本书仅着重讨论对本研究影响较大的几个民族及方国。

（1）百越

西江流域古代形成了许多土邦小国，分属骆越、西瓯、南越等部族或民族，后来汉人南来，经过长期民族演化，这些古老民族一部分成为壮族和其他少数民族，一部分融入汉族，发展为广府、客家、福佬民系，形成今天的八桂文化、岭南文化及其广府、客家、福佬文化，以及众多少数民族文化等，西江流域也因此成为珠江文化成分最复杂的一个地区[⑨]。

“百越”一词最早见于《吕氏春秋》。百是指其种姓极多。《史记·吴起列传》说吴起为楚国“南平百越”，吴起是战国人，则可知在战国时期，百越已形成一支力量庞大的、可以威胁楚国的族群，而该族群出现在蛮、苗地区。

由于百越民族分布东西相距几千里，有人将百越划分为东部越人和西部越人。西部越人有西瓯、骆越等。战国末期，岭南秦军在与西部越人作战过程中受到西瓯人的顽强抵抗，主帅屠睢被杀，秦军“伏尸流血数十万”。

从有关史籍记载可知，西江流域先秦时期分布着滇越、夜郎、骆越、西瓯、苍梧、南越等诸多西部越人支系。

---

① 汤的大臣伊尹按商王指令所拟定周边各部落、部族朝献贡品的清单。

② 西瓯，又称西越，是先秦时古百越的一支，西瓯主要分布在今天的广西柳江以东、郁江以北、湘漓以南和西江以西的广大地区。

③ 桂平一带。

④ 损子，指一种人文习俗，《后汉书·南蛮西南夷列传》记乌浒人有损子之俗，分布在广西南部。

⑤ 即车里，今云南勐海、勐猎一带。

⑥ 儋耳国、雕题国是古代海南岛上佩戴耳饰、文身的土著民族。

⑦ 在南山的西北，居民应是南岭山脉西边的濮人。

⑧ 穿贯头衣的居民，贯头衣是海南岛最原始的衣服。

⑨ 水利部珠江水利委员会，《珠江志》编纂委员会. 1992. 珠江志（第二卷）. 广州：广东科技出版社。

（2）牂牁[1]（且兰）

牂牁是出现在贵州高原的最早方国，相关的文献研究可追溯至春秋早期。春秋末年，牂牁江上游一支濮人兴起，占领了牂牁国北部地区，建立夜郎国。贬原牂牁国君及其亲族迁至夜郎东北的且兰国，其仍以且兰为国号，接受夜郎国的统治。秦灭六国后，在夜郎地区设且兰、夜郎两县，属黔中郡（另有秦设夜郎郡的说法）。元鼎六年（公元前 111 年）西汉王朝平南越后，迅速平定西南夷，灭且兰，降夜郎。与此同时在夜郎地区设牂牁郡，实行郡县、侯国并存，实施以夷制夷的统治政策。

据史料记述，当时且兰地域以今福泉一带为中心，东连凯里，南接都匀北境，西至龙里，北抵瓮安的乌江南岸。

（3）滇王国

云南（滇）位于我国西南边陲，是通往东南亚、南亚的重要地区，与太平洋和印度洋地区早有通商来往。有多条由横断山脉切割形成的河流，多为跨越国境流入海洋的长河，如红河、澜沧江、怒江。据《华阳国志·南中志》所记，“昆明人”是云南高原最古老的土著居民。土著居民散布到云南各地，形成距今 4000~3000 年的众多新石器时代的原始聚落。先秦时期云南高原生活着以滇为最大的许多古老族群。他们在青铜时代陆续进入了古国、方国时期，原始社会氏族制度开始瓦解。公元前 600 年开始，诸多族群曾创造了辉煌的青铜文明。

从先秦时代开始，西江源头所在的云南高原慢慢发展，变成一个多民族（族群）频繁活动的地区。文献史籍记载，当时以滇池为中心区域的民族成分，除了土著居民外，还包括三个不同的来源。一是由西北南下的氐羌（黄河上游），公元前 7 世纪，黄河流域的秦国向西开拓、用兵，当地的氐羌人被迫南迁，辗转来到四川西北和云南北部，后来与昆明族融合成彝族，有一支进入洱海后与昆明族、汉族融合成白族。二是百越系族群迁徙，进入云南、贵州、广西交界。其中越人的一支僰人[2]（即濮人），曾参加武王伐纣战争，被封在河南永城建立了僰国，公元前 355 年，东南沿海的越国为楚国所灭，位于楚越对峙中界线的僰国只好向西南迁徙，把百越的稻作文化带进了今天的云南昭通一带（古称僰道县），他们利用这里的千顷湖灌溉稻田，创造了著名的“千顷池文化”[3]。僰人进入滇池地区之后，成为先秦至汉代滇王国的主体民族——滇越族或僚人，他们日后在滇西、滇西南、滇东南与土著居民融合成傣族。三是来自长江中游的百濮系族群，在东周时期，楚国日渐强大，他们受楚人侵逼，离开故土向西南迁徙进入云南，为东周至西汉时期的滇濮或滇族，其后在滇西南与土著居民融合陆续形成南亚语系高棉语族的佤族、德昂族、布朗族。

东周时期，西北的氐羌、长江流域的濮人、东南沿海的越人等族群陆续迁徙和涌入，带来先进的文化、生产技术，使这个最后的青铜王国迅速发展，并在战国—西汉时期达到

---

① 音 zāng kē，古国名。

② 僰，音 bó。僰人，即濮人。

③ 王又光．1993. 滇东北千顷池文化初探 // 云南大学西南边疆民族经济文化研究中心．汉化、历史、民俗．昆明：云南大学出版社。

了高峰，在这里的诸多族群建立起用青铜装备的古王国——滇国。滇国选择了滇池西南的晋宁（西汉时的滇池县）为都邑。滇国建于公元前6世纪，经历了四五百年，由盛到衰，灭于西汉，为郡县制所更替。

公元前3世纪末，灭六国实现大一统的秦帝国曾开五尺道通滇东北，企望控制云南高原，但秦帝国在平岭南之后很快就灭亡了。西汉王朝建立后休养生息，又忙于对付北方匈奴，无力开发西南地区。公元前109年，汉武帝在滇池地区设益州郡，滇王尝羌降汉受封，云南高原才真正进入帝国版图。汉武帝于公元前111年平南越之后，即兵临滇国，对请降的滇王封王授印，在云南实行郡国并存，阻止“昆明人”东进，牵制南夷君长中的夜郎方国。受封金印的滇王，如同虚设，酹金夺爵[①]，裁撤异姓王之举，早在武帝预谋之中，所以滇王授印之时，已预示其地位的朝夕难保。在益州设郡后不久，滇王突然在政治舞台上消失了。西汉末至东汉初，这个“国中之国”和滇王名称在当时文献记载中已很少见到。

在滇东北、滇西、滇西北、滇西南、滇中北部、红河流域发现了多个次一级大小不等的方国或古国，总体来说，滇国成为当时云南高原政治实力强大、经济繁荣、文化发达的中心。滇东北，位于西江源头的曲靖地区（古称味县），是中原至云南的主要通道，历来有“滇喉锁钥”之称。曲靖是滇东最大的坝子。《史记·西南夷列传》中的先秦时期的劳浸、靡莫方国的中心可能就在此地区的沿江乡三军镇。这个方国与滇王国同姓，文化面貌大同小异，并且是滇国东北的屏障。滇文化分布区范围内还有土著民族昆明人，他们“随畜牧迁徙，毋常处”，农业处于粗放的耕作阶段。这里的古国、方国与滇池区的滇王国相比是次一级的族群，有时可能还从属于滇王国。

对司马迁《史记》所记述的庄蹻入滇[②]一事，史学界提出不同的看法，并对其人其事提出质疑。有的研究者认为可能是战国晚期王滇的庄蹻并非楚人而是降楚的越人，他带去的下东国军队（原为越国之地）入滇，也把越人的文化带到了滇池地区。

先秦时期出现的滇文化，融合了陆续进入云南高原的百越、百濮、氐羌三大族群的文化。这个复合型的新族群——滇人，所创造的奇特的青铜文化在西汉中期达到了高峰，并开始影响周围地区，如广西西部和越南北部，顺着红水河扩散到骆越、西瓯地区。滇文化在兴盛时期还不断和外界进行广泛的联系和文化交流，滇文化中有中原文化、巴蜀文化、楚文化及越南东山文化的因素。

公元前109年西汉王朝在晋宁滇池县设立益州郡后，随着郡县制的加强和巩固，内地汉族移民大量移入，原有的土著特色的滇文化也随之减弱消亡。

---

① 酹，音 lèi，以酒洒地表示祭奠。酹金夺爵，汉武帝元鼎五年（公元前112年），武帝为祭宗庙，要列侯献酹金助祭，以所献酹金的分量不足或成色不好为借口，废列侯106人，进一步加强中央集权。《史记·平准书》：“至酎，少府省金，而列侯坐酎金失侯者百余人。”

②蹻，音 qiāo。庄蹻，一作庄豪、庄峤、企足，战国时期楚国将军，楚庄王之苗裔。《史记·西南夷列传》中记载，战国时期楚国向西南扩展影响的一次行动。公元前279年，楚顷襄王派将领庄蹻率军通过黔中郡向西南进攻，经过沅水，向西南攻克且兰，征服夜郎国，一直攻打到滇池一带。黔中郡原曾为楚地，后被秦一度攻占，公元前277年秦派蜀郡守张若再度攻取黔中郡和巫郡。翌年，楚不甘心失败，又调集东部兵力收复黔中郡部分地区，重新立郡以对付秦国。因黔中郡的反复争夺，庄蹻归路不畅，便“以其众王滇，变服从其俗以长之”，融入了当地民族中。

（4）夜郎

红水河在贵州南北盘江形成的盘江流域，先秦时期出现了一个神秘的方国——夜郎。“夜郎”的名字，最早见于司马迁《史记》。司马迁指出夜郎、滇、邛是诸夷中最大的方国，而夜郎排列在西南夷之首。可知在汉武帝时期，夜郎在我国西南地区诸方国之中占有重要地位。

春秋早期在贵州高原出现了牂牁国，同时出现了包括“夜郎”的多个小邦。关于夜郎国存在的年代，根据史料记载出现“夜郎王”的时间可追溯至公元前4世纪之末，因为在公元前355年，楚国灭越，越族后裔子孙四散，其中的一部分经沅水[①]进入了贵州，不久便出现了上述的“夜郎”小邦，并且很快壮大。于是有了公元前279年，楚国庄蹻入滇，经夜郎故土，夜郎君长迎降之纪事。秦灭六国后，在夜郎地区设夜郎、且兰两县，属黔中郡（另有秦设夜郎郡的说法）。公元前111年西汉王朝平南越后，迅速平定西南夷，灭且兰，降夜郎，夜郎王于公元前109年入朝封王授印，受封为诸侯国。与此同时在夜郎地区设牂牁郡，实行郡县、侯国并存。夜郎国继存的时间最晚至汉成帝河平二年（公元前27年），夜郎王兴为汉使陈立（牂牁郡守）所杀，并很快国灭。夜郎国存在的历史有三百余年。

在秦汉之前，夜郎实际上是一个关系时密时疏的族群小邦联盟，诸部各有自己的地盘、政权、君长，区域和中自也有在变化，并不存在跨州连郡、占地广阔的“大夜郎国”。一部成书于清朝中晚期，用彝文写的《夜郎史传》，记述了夜郎属彝族先民武部族家支，在春秋末年分成六个支系，他们在战国中期定都可乐，对内集权专制，对外四方征战，已有夜郎君法规二十条。夜郎君长与其他小国的争战，都为争林地抢牛羊，说明当时是畜牧与种植结合的农业牧业经济。夜郎国强盛时期跨贵州、云南、四川三省，不同时期建有多个经济文化政治中心，并建有数十座城。彝文《夜郎史传》描绘的古夜郎历史就是“大夜郎国”的模式。当时夜郎国县同治，是拥有上万户人口的大县，夜郎的疆域为今天黔西北和黔西南的南北盘江流域。

夜郎与越（骆）同族同源。夜郎族群的形成，与西江流域的西部越人不断向贵州高原迁徙有关。新石器时代中国东南方和岭南生活着先越人，他们沿着西江溯红水河进入贵州高原，他们和土著居民是夜郎族群最早的两个来源，其结果是土著居民被越化而融入越人之中[②]。两周时期，特别是战国晚期的一次大规模的迁徙，融合更为加快，而形成了一种自称为“夜郎”的族群，并由最早的自称转为贵州高原的新越人的定称。他们已不是原来的越人了。

夜郎建立起较为松散的盟长国家，分合无常，经常征战打仗不停。夜郎国强大时跨有贵州、云南、四川三省，以贵州西部为主要区域，建立过几十座城。可乐、安顺、曲靖三城是夜郎盟长国的驻地，曾先后是夜郎的政治、经济、文化中心。

（5）句町

句町，又作朐町。句町国很可能起源于商代，是壮族先民建立的方国实体，位于广西、

①又称沅江，长江流域洞庭湖支流，流经中国贵州省、湖南省。
②朱俊明．1990．夜郎史稿．贵阳：贵州人民出版社。

云南、贵州三省交界处。句町国在史籍记载中称为西南夷，与滇国、夜郎国、漏卧国齐名。战国至西汉时期，是句町方国鼎盛时期，西林县曾是句町国的政治中心之一。

汉武帝元鼎六年（公元前 111 年），句町王亡波率部归附汉朝。汉武帝“平南夷为牂柯郡”，在西南夷实行郡国并治制度，牂柯郡设 17 个县，句町县为其中之一。汉昭帝始元五年（公元前 82 年），句町族首领毋波[①]因协助平定滇和夜郎姑缯、叶榆的反叛有功而被封为“句町王”，享受着国县并置的特殊待遇。凭此优势，句町的势力迅速发展，到西汉末年，句町国继滇国、夜郎国成为横跨桂西、云贵高原的文明古国（即今文山壮族苗族自治州全部、红河哈尼族彝族自治州中东部，以及玉溪市、曲靖市和广西壮族自治区百色市的一些地区），其疆域十分宽广。王莽时期，将句町国变为句町县，句町不服，双方进行了长达九年的战争，句町三次大败，从此句町一蹶不振，内部分裂。东汉依西汉旧制，三国蜀汉时改属兴古郡。西晋亦属兴古郡。据史籍记载，句町国在魏晋时仍存在，晋以后才消失。

（6）苍梧

苍梧，古作仓吾。在距今五千年前后的尧舜时代已出现的最早苍梧古国，势力到达今湖南洞庭湖区，与三苗人接壤交错而居。舜帝采取南抚交趾的政策，多次南巡，南边到达苍梧大地，最终客死苍梧之野，葬九嶷山。春秋时期，岭南与荆楚、中原发展商贸，青铜文化沿着漓江、贺江、桂江注入岭南，古苍梧为湘桂走廊的必经之路，因而使苍梧文化进入了新的发展阶段。古苍梧东周时期的政治重心曾一度在贺州，春秋之后，才转移往古封阳（今贺州铺门河东村一带）。

公元前 391 年，楚悼王南平百越，占领了苍梧国北部领地，部分仓梧族向南转移并入西瓯。古苍梧国实际上已不存在了。但古老的苍梧文化并未衰落，南迁的仓梧族在西江流域，即今天的广东肇庆、德庆、四会、广宁一带建立起百越苍梧，与当地的南越族融合。南越国时期，赵佗任命赵光为苍梧王，在今天梧州境内构筑王城，再次出现苍梧国（南越苍梧）。公元前 111 年，汉武帝平南越后，以苍梧王故城设置苍梧郡郡治广信县，领十县，其分布范围包括今梧州市、贺州市、桂林市东北部、湘东南、粤西北。在很长一段时间里，成为岭南政治、经济、文化的中心，今天在梧州市西江南岸西侧仍设有苍梧县，保留了历史的印记。

古苍梧属地内河流纵横交错，河网稠密，水路交通便利，并有优越的地理位置和适合人类生活的自然环境，分布在西江流域的仓梧族沿西江及其他大小支流而居，依托森林、山谷、河流，从事农业和渔猎，苍梧文化包含滇、吴越、南越、中原等多元的文化因素。

（7）西瓯、骆越

先秦时期珠江流域的广西境内，除了苍梧古国之外，还居住着西部越人，当时活跃着两支既相近又有差别的重要族群，即史籍中见到的西瓯和骆。

①毋波，句町民族（壮族先民），生于西汉中期，为西汉句町王国第一位国王。

西瓯族群源自数十万年前生活在广西的古人类，是珠江流域的土著居民。西瓯的范围"在南越西"郁林郡。郁林郡是汉武帝平南越后，由原秦的南海郡、桂林郡析出的一部分，郡治布山（今贵港或桂平），领安广、阿林、桂林等十二县，辖地相当于今天桂中、桂西南至桂北：战国晚期西瓯曾与苍梧结盟，事实上就并有苍梧之地，这样西瓯人的分布活动范围大致包括汉代苍梧、郁林两郡，相当于今天的肇庆、德庆以西、广西东部，灵渠以南的桂江流域、浔江流域。西瓯方国的中心最早可能在今天的广西玉林一带。西瓯在商周时期，已是南面称王的方国，桂江流域得益于湘桂走廊的便利交通条件，与中原王朝有着商贸、纳贡的关系。殷周青铜文化通过湘桂走廊、潇贺古道传至西瓯。春秋战国时期是西瓯方国最活跃的时期。战国时期，西瓯在珠江流域众多方国兼并战争中很快壮大，最后兼并为西瓯、骆越两大方国，苍梧国在强楚的侵凌之下，日益衰微，最后结盟加入西瓯方国。在兼并了苍梧国之后，西瓯雄踞西江流域。

骆、骆越，越人的一支，骆越与越骆指的是同一个国名，商周时期向中原朝贡竹笋后从事稻作农业。骆越人的活动和分布范围区域包括汉代的郁林、珠崖、交趾、九真诸郡，即今天的广西左右江流域，邕江— 郁江流域，越南北部的红河三角洲一带，在西瓯以西，要比西瓯的面积大。另外，今天的广东茂名地区，广西的陆川、博白、玉林、贵港、灵山、合浦一带则为西瓯和骆越混杂居住地区。

公元前 219 年，秦王嬴政开始了"南征百越之君"的统一岭南战争。西瓯在桂北首当其冲，秦军杀西瓯君译吁宋，西瓯联合骆越奋起抗秦，夜攻秦人，大破之，杀尉屠睢。后由于灵渠修通，兵粮运送不断，秦军得以不断南进。败退的西瓯、骆越人进入红河三角洲，在今越南的北部建造了"古螺城"和建立了瓯骆国。秦始皇三十三年（公元前 214 年），秦军于交趾击败了瓯骆联军，攻灭了瓯骆国，结束了统一岭南战争，大部分瓯骆族溃散于岭南各地。公元前 208 年瓯骆国王族乘中原动乱之机复国，四年后又被南越国赵佗攻破，而臣服于南越国。在南越国统治期间，赵佗奉行和辑百越的政策，使瓯骆联盟依然存在，曾有西吁王、瓯骆左将出现。公元前 111 年，汉武帝平南越，南越国、瓯骆国同时败亡，汉王朝将原来的南海、桂林、象三郡加海南岛另设岭南九郡。

1.4.2.2 汉以后的方国

（1）西南夷

西南夷是中国古代对居住在今川西、云南、贵州境内的少数民族的总称。在西南夷，即在今天的四川西南部，贵州、云南分布着数以百计的少数民族大大小小的部落。其中在西江流域的最大的部落有夜即（在今贵州省福泉市以西至云南省东部地带）、滇（在今云南省中部地带）、嶲（在今云南省保山地区）、昆明（在今云南省大理白族自治州）等。西南夷诸族经济发展不平衡，夜郎、靡莫、滇、邛都等部族定居，主要从事农耕；昆明从事游牧；其余各族或农或牧与巴蜀有商业来往。两汉升其地置八郡进行管辖。这些西南夷中的氐羌部落后来相互融合，百越和百濮分布在云南南部、东南部和西南部。汉武帝在夜郎（今贵州省西北部及与云南、四川两省邻接地区）置牂牁郡，是越人聚居地区。汉初牂牁居民多称为僚。濮水（今红河）流域居民鸠僚就是西汉初的滇越。东汉永平十二年（公元 69 年）设水昌郡（今大理、保山、临沧、西双版纳、德宏等地区），鸿濮已同闽濮、濮等部落杂居。起自今四川宜宾的五尺道，西南和云南接壤，经朱提（今昭通）、乌撒（今威宁）、宣威至曲靖，后又延伸至昆明。

（2）南诏国

唐代，居住于洱海一带的多个少数民族经过整合，形成六个大部落，其酋长按当地土著语言称作“诏”，合称“六诏”。其中居地在巍山县一带的以彝族为主体的地方政权称为蒙舍诏，因其居于南方，因此又称为南诏。南诏的首领细奴逻谋求与唐朝建立关系，永徽四年（653 年），派遣其子逻盛入朝，唐高宗授予细奴逻巍州刺史之职。在唐朝支持下，南诏势力逐渐强大。唐开元二十五年（737 年），细奴逻曾孙皮逻阁率领南诏攻取太和城（今云南大理市七里桥乡太和村）。唐开元二十六年（738 年），唐玄宗册封皮逻阁为云南王。南诏很快统一六诏，在西洱河地区建立南诏国。次年，南诏定都太和城。

地处西江源头与澜沧江流域的南诏国，建于唐开元二十六年（738 年），灭于唐天复三年（903 年），历时 166 年，是云南第一个集合各土著民族的统一国家。其领土北至今云南维西县北，东北到大渡河畔，东至今云南、贵州两省之间，西抵缅甸境内的亲敦江，南抵缅甸的东部，以及老挝和泰国境内。南诏国的建立，改变了过去分散封闭的状况，使“西南丝绸之路”得以畅通。“西南丝绸之路”经过的地区，居住着数十个土著民族，包括白蛮、乌蛮、和蛮、磨些蛮、金齿蛮、茫蛮、朴子蛮、望蛮等。

南诏文化形成西南地区第一个“文化盛世”，既承袭了中原文化的传统，又受天竺（印度）传入的佛教文化的浸染，同时还融合了吐蕃文化、骠国（缅甸）文化及东南亚诸国文化因素，是唐代珠江“文化盛世”的一个表现[①]。

（3）大理国

公元 937~1253 年，在唐代时期的南诏国版图内（大致云南境内外洱海地区），再兴起了一个地方政权——大理国。其性质与南诏国基本一致，都是由多民族构成，除汉族外，尚有乌蛮、白蛮、施蛮、顺蛮、磨些蛮、和蛮、僚子、白衣金齿、银齿、绣脚、绣面、寻传蛮、裸形蛮、林子蛮、望蛮、茫蛮、穿鼻蛮、长鬃蛮、栋峰蛮等。区别是南诏由乌蛮、白蛮所建，大理由白族建立。

大理国基本上继承了南诏的疆界，实际势力却局限在以洱海为中心的云南西部，不再像南诏那样敢于向外攻掠。白族封建诸侯各有领地，辖有今云南全境和四川西南境，分为八府、四郡、三十七部，境内少数民族众多。三十七部多数是乌蛮，也有几部是瑶人。三十七部居地在滇池东、北、南三方。大理官员多受封为云南各地土司。

南诏国和大理国都是民族文化共同体，唐、宋、汉文化是其统治基础。其文化是由儒、释、道、土著等文化融合为一体的复合性文化，既承传南诏国文化，又有新的发展，建筑艺术极其发达，民居、宫殿、寺庙、石窟等都甚有特色[①]。

（4）其他方国

漫长的历史时期，还有很多其他的方国留存于史籍中。例如，自杞国，建于南宋时期，

① 水利部珠江水利委员会，《珠江志》编纂委员会. 1992. 珠江志（第二卷）. 广州：广东科技出版社。

为彝族先民于矢部所建。辖地为今滇、桂、黔交界处，即今贵州省盘县、兴义、普安等地和云南省罗平、师宗、弥勒、泸西、丘北等地。居民以彝族先民为主，当时属东爨乌蛮。南宋时大理国势衰，逐渐强大的乌蛮三十七部中的师宗、弥勒二部兼并邻部，脱离大理统治，自立为自杞国，南宋末年灭亡。再如，罗殿国，又名“罗甸国”“罗国”“罗施鬼国”。蜀汉及蜀汉前罗殿国在今安顺一带。蜀汉时默部后裔被蜀汉封为罗殿国王。唐开成元年（836 年），乌蛮鬼主阿珮内附，受封为罗殿王，所领之地称罗殿国。北宋乌蛮普里部首领则额自号“罗氏鬼主”，其后代所居黔西北水西地区称“罗氏鬼国”。

1.4.2.3 当前西江流域的民族分布

西江流域是我国多民族地区，除汉族以外，聚居着壮族、瑶族、苗族、彝族、侗族、布依族、毛南族、仫[①]佬族、仡佬族、水族、畲族、傣族、哈尼族、蒙古族、白族、回族、土家族、满族、纳西族、黎族、京族、傈僳族、拉祜族[②]、佤西族、景颇族、布朗族、阿昌族、怒族、普米族、德昂族、独龙族、基诺族、朝鲜族、锡伯族 34 个少数民族。人口超过 100 万人的少数民族有壮族、瑶族、彝族、苗族和布依族。

少数民族主要分布在流域的中上游地区。流域内已建立起县级以上民族自治地方政府 28 个（其中广西壮族自治区及其 12 个自治县、云南省 4 个、贵州省 8 个、湖南省 3 个），涉及 1 个自治区、5 个自治州和 22 个自治县（表 1-3）。

表 1-3　西江流域民族自治地方的名称

省（自治区）	市（自治州）	自治县
广西壮族自治区	桂林市	龙胜各族自治县 恭城瑶族自治县
	来宾市	金秀瑶族自治县
	柳州市	融水苗族自治县 三江侗族自治县
	百色市	隆林各族自治县
	河池市	都安瑶族自治县 巴马瑶族自治县 罗城仫佬族自治县 大化瑶族自治县 环江毛南族自治县
	贺州市	富川瑶族自治县
云南省	红河哈尼族彝族自治州	
	文山壮族苗族自治州	

① 仫，音 mù。
② 祜，音 hù。

续表

省（自治区）	市（自治州）	自治县
云南省	玉溪市	峨山彝族自治县
	昆明市	石林彝族自治县
贵州省	黔东南苗族侗族自治州	
	黔西南布依族苗族自治州	
	黔南布依族苗族自治州	三都水族自治县
	安顺市	镇宁布依族苗族自治县 紫云苗族布依族自治县 关岭布依族苗族自治县
	毕节市	威宁彝族回族苗族自治县
湖南省	怀化市	通道侗族自治县
	永州市	江华瑶族自治县
	邵阳市	城步苗族自治县

西江流域人口数量最多的民族仍然为汉族。汉族移民至西江流域的历史非常久远，早在秦代就已有中原军队进驻岭南，并落地生根。每次改朝换代、外族入侵所引起的动乱，每次瘟疫流行、虫、旱、洪水所造成的灾难，都造成移民潮。

据史料记载，从唐代至宋代，西江流域的大批移民有三次，小批或零星移民络绎不绝，难计其数。北宋时期，大量中原居民南迁岭南。直至明清时代近六百年，这些南迁移民将西江流域开发成一块土地肥沃、物产丰盛的富饶地区。

当今在西江流域地带聚居的汉族人群，主要是两个民系：广府民系、客家民系。广府民系是汉武帝平定南粤时开始，经多次南下大军及中原移民与土著百越族结合，在唐代基本形成的民系；客家民系主要是两晋年间开始，尤其宋元以来自中原南下的移民。西江流域从古至今都有传统的移民文化。

从总体上看，历史上进入西江流域的移民大致包括军事政治移民、商贾移民、文人移民等。军事政治移民以汉文化为主，融合土著文化，起到南北文化融合的作用。商贾移民造就了繁荣的商业文化，遗存了迄今在各地乡镇仍处处可见的圩场市集。文人移民则促进了南北文化的融合和繁荣[①]。

壮族是西江流域内各民族人口中仅次于汉族的第二大民族，民族语言为壮语。壮族源于先秦秦汉时期汉族史籍所记载的居住在岭南地区的西瓯、骆越等民族，是我国南方的古代越人。主要聚居在南方，范围东起广东省连山壮族瑶族自治县，西至云南省文山壮族苗族自治州，北达贵州省黔东南苗族侗族自治州从江县，南抵北部湾。壮族主要聚居在桂西和桂西北的左江、右江、郁江、红水河流域。

① 水利部珠江水利委员会，《珠江志》编纂委员会. 1992. 珠江志（第二卷）. 广州：广东科技出版社。

瑶族是中国最古老的民族之一，是古代东方“九黎”中的一支，是中国华南地区分布最广的少数民族。瑶族主要聚居在西江流域的桂、粤、滇、黔、湘毗邻的山区里。瑶族的名称最早出现在《唐书》中，原居住在今湖南湘江、资江、沅江流域和洞庭湖沿岸地区，隋、唐以至元、明时期，先后南迁，部分进入两广腹地。瑶族与苗族、壮族、汉族长期杂居，交往密切，瑶族人民一般都会讲汉语、壮语和苗语。瑶族没有本民族文字，通用汉文。

彝族民族语言为彝语，主要聚居在南盘江和北盘江流域，分布在云南境内红河哈尼族彝族自治州、石林彝族自治县、峨山彝族自治县和贵州境内威宁彝族回族苗族自治县和水城县、盘州市、六枝特区等地。彝族是氐羌的一部，历史悠久。商、周以来，主要分布在甘肃、陕西等地，以后逐渐扩展到滇东北、滇南和黔西北等地。彝族有自己的文字，是一种象形的音缀文字，称为爨[①]文。西江流域内的彝族人民一般都会讲汉语和壮语。

苗族是一个古老的民族，有悠久的历史，有自己的语言，无文字，与汉族长期交往，通用汉文。根据历史文献记载和苗族口述史资料，苗族先民最先居住于黄河中下游地区，其祖先是蚩尤，三苗时代又迁移至江汉平原，后又因战争等，逐渐向南、向西大迁徙，进入西南山区和云贵高原。苗族主要聚居在西江流域的黔南布依族苗族自治州、黔东南苗族侗族自治州、黔西南布依族苗族自治州各县和安顺地区的紫云苗族布依族自治县、镇宁布依族苗族自治县、关岭布依族苗族自治县等地，滇东南的文山壮族苗族自治州各县，桂西北的融水苗族自治县、三江侗族自治县、隆林各族自治县、龙胜各族自治县、环江毛南族自治县、西林县、南丹县、资源县等地。苗族妇女擅长刺绣、蜡染。

布依族是中国西南部一个较大的少数民族，民族语言为布依语，与骆越有密切的历史渊源，通用汉文。布依族源于古“百越”，自称“濮越”或“濮夷”。布依族由古代僚人演变而来，布依族祖先很早就开始种植水稻，享有“水稻民族”之称。布依族主要分布在贵州、云南、四川等省，其中以贵州省的布依族人口最多，主要聚居在北盘江流域，分布在黔南州、黔东南州、黔西南州、安顺等地。

侗族民族语言为侗语。一般认为侗族是从古代百越的一支发展而来。侗族种植水稻已有悠久的历史，其农业以种植水稻为主，兼营林业，农林生产均已达到相当高的水平。侗族地区的万山丛岭中夹杂着许多当地称为“坝子”的盆地。侗族在西江流域的分布主要有贵州省的黔东南苗族侗族自治州，广西壮族自治区的三江侗族自治县、龙胜各族自治县、融水苗族自治县等地。

另外还有哈尼族、水族等民族，为本书涉及较多的西江流域少数民族。哈尼族民族语言为哈尼语，主要分布于中国云南元江和澜沧江之间，在西江流域红河哈尼族彝族自治州等地也有分布。水族有本民族的语言和传统文字，其古文字体系保留着图画文字、象形文字、抽象文字兼容的特色。水族因发祥于睢水流域而得名，故民间有“饮睢水，成睢人”之说。关于水族的来源，有殷人后裔说、百越（两广）源流说、江西迁来说、江南迁来说等说法。水书是夏商文化的孑遗，属水族的精神支柱。鱼是水族的图腾，饭稻羹鱼是水族的重要社会习俗。水族主聚居在黔桂交界的龙江、都柳江上游地带，贵州

①爨，音 cuàn。

省黔南布依族苗族自治州的三都水族自治县、荔波县、独山县、都匀市为水族主要居住区，黔东南苗族侗族自治州的榕江、丹寨、雷山、从江、黎平等县为水族主要散居区，此外在广西北部的南丹县、环江毛南族自治县、融水苗族自治县等及云南省富源县也有水族聚落分布。

1.4.3 文化通道

西江流域发源于中国西南地带，北部有连绵山脉与长江流域相隔，南部毗邻海洋，流域大部分穿梭于崇山峻岭之间，丘陵盆地亦大都有山脉相围，有些山脉直伸南海。如此地势，造成西江流域的交流和交通多靠水路和山路往来，从而形成文化通道多、古道文化积淀深厚的特点。

以汉武帝派张骞通西域为标志的中国对外交通线路，通称为丝绸之路。在汉代，从长安出发的通道称为陆上丝绸之路，从徐闻、合浦出发的海上通道则称为海上丝绸之路，此外，还有云南、贵州边境的西南丝绸之路，以及陆上与海上丝绸之路的对接通道等。

（1）海上丝绸之路

由于汉代管辖岭南九郡的交趾部首府设在广信（今广东封开县、广西梧州市），广信也就成为当时岭南的政治、经济、军事、文化中心。所以，汉武帝派他的黄门译长，从广信到雷州半岛的徐闻（今广东徐闻县），乘船从合浦（今广西合浦县）到日南（今越南中部）出海，开拓了海上丝绸之路，也开拓了海上丝绸之路的珠江文化篇章。

东汉后南北朝分治，到隋才得以南北统一，国际的海外交通和海外贸易才得以恢复。唐代的经济繁荣，更需要海外交通和贸易的发展。珠江流域有历史传统和地理优势，加之又逢其时，由此而出现海上丝绸之路文化前所未有的兴旺现象。

（2）陆上丝绸之路

西江流域有两条陆上丝绸之路：云南、贵州的边境丝绸之路，以及四川经贵州到广西梧州的西南丝绸之路。

此外，还有部分海上与陆上丝绸之路的对接点或通道。

（3）古道

古代人们多靠河流交通往来，因此很多有历史文化价值的古道，都在国家或省区交界的河流地带，如广西中越边界的北仑河、云南中缅边界的澜沧江、广西桂林的灵渠等。陆路古道则多穿山越岭，经悬崖绝壁之地。古代交通多靠马和马车，故古道又称马路或马道。由于古代开辟陆路交通的能力有限，古道多沿河岸开凿，或者水陆联连、舟车换行，如云南的五尺道、云贵的马帮道、广西的潇贺古道、云浮的南江古道、怀集的绥江古道、封开的贺江古道等。

古道与古代的关隘密切相关，因古代封建割据、战争频繁，常在地域交界或军事要地设置水陆关卡，也随之修建古道，如广西玉林的鬼门关（桂门关、天门关）古道、贺州的鹰阳关古道等。

秦始皇在云南曲靖修建五尺道，在广西修建连通长江与珠江两大水系的桂林灵渠。这两项工程，与在北方修建的万里长城并列为秦始皇的“三大贡献”。

西江流域内自西而东分布着云南东部山脉、广西中部和北部山脉，其中以广西部分的山脉规模最大。此外，还有贵州的普安和桂西德保等一些小型山脉。这些山脉呈南北走向，广西大瑶山、镇龙山、大明山、海洋山、都庞岭等，均山体险峻、多有陡崖、中有小路可通，为南北文化交流孔道。秦代所筑灵渠，即在海洋山通过，中原文化自此进入岭南。

1.4.4 文化环境

一方面，珠江流域北有南岭横亘，在古代，限制了与中原、北方往来，故少受中原、北方正统文化影响，利于保留较多的土著文化；另一方面，因南临大海，故对外是开放的，可以借此假道海洋，纳四海之新风，使海外文化在这里交流、整合，形成多元融合的文化风格。

（1）宗教信仰

梁启超在《论中国学术思想变迁之大势》一文中指出：中国传统文化“实以南北中分天下，北派之魁厥为孔子，南派之魁厥为老子，孔子之见排于南，犹如老子之见排于北也”。道教实为对西江流域地区影响最深远的宗教。葛洪及其代表的道教文化，特别是医药、养生方面的道教文化，对西江流域地区特别是广府地区的民俗影响尤其深远，该地区聚落中常有玉虚[①]宫、洪圣[②]宫、文武庙、真龙庙[③]、龙母庙、南海神庙等各种道教宫庙。

岭南可谓中国禅宗始发地，广信时代牟子便于岭南首传佛教，是依靠沿海地理环境而为天下之先。牟子[④]的论著《理惑论》[⑤]，证实了佛教传进中国有两条路线，其中一条路线是由海上传入岭南地区的[⑥]，显示了广信文化的开创地位和融合多元文化而创新的特点。南朝梁武帝普通年间（520~527年），印度佛教禅宗菩提达摩，从海上丝绸之路来，在广州西来初地登岸，并于广州建华林寺，在中国首传禅宗佛，是中国禅宗初祖。此后历代承传，直到六祖惠能。惠能⑦则代表了佛教的禅学，是禅宗的领袖，又是作为一种思想哲学的首创哲圣。在佛教的传播与成型上也是领潮流之先的，在佛寺和其他相关建筑的建造上岭南也极具特色，如隋代文物广州的南海神庙、高要地区供奉观音与供奉祖先并行的祖堂

①道教称玉帝所居之处。

②洪圣据称本名洪熙，是唐代官员，倡读天文地理，立气象台以观天候，后因辛劳早逝，皇帝追封他为广利洪圣大王。相传洪圣死后英灵不灭，屡次拯救居民于灾难中。后朝中士人纷纷建庙奉祀为南海神，以表彰他的功德。

③道教庙宇，道光重修。

④东汉牟子，广信人，原是儒军学者，又通道家学说，在广信研究自海外传入不久的佛教，又成了精通佛教的学者。他以“佛”字翻译佛教“般若”之音义，首创“佛教”之名，又是“三教合流”的首创者。

⑤中国首部佛学专著。

⑥另一路为从陆上传入长安。

⑦禅宗六祖惠能，广东新州（今新兴）人。著有《六祖坛经》，这是中国人著的唯一的佛经。

等。图 1-1 和图 1-2 为黎槎村不同祖堂中供奉的观音像，其均位于祖堂最后一进正中最高的位置。

图 1-1　黎槎村某祖堂中供奉的观音像 1

资料来源：吕唐军摄

图 1-2　黎槎村某祖堂中供奉的观音像 2

资料来源：吕唐军摄

儒家的科举文化、教育思想、书院文化等对西江流域传统聚落的影响非常深远。西江流域第一位进士是广西藤县人李尧臣，唐太宗贞观七年（633 年）考中；第一位状元是莫宣卿[1]，唐大中五年（851 年）制科夺魁。书院文化是科举文化的基础，西江流域的书院文化源远流长。三国时代，不少名人学士因避战祸南下安居著书立说讲学，史称“汉之名士往依者以百数”，形成文化黄金时代，也开启了书院文化。史书记载正式办书院者，乃《宋书·礼一》所载：东晋咸和九年（334 年），征西将军庾亮领江、荆、豫三州刺史，首于武昌开学宫，二讲舍，并在他所管辖的广西临贺郡办官学，称“近临川、临贺二郡，并求恢复学校”。可见学校本有之，复办而已。至隋唐时，开始了科举制度，尤其规定参加科举考试者，必须经过书院修读，官学才走向正规化，唐代大兴。开办书院更是蔚然成风，从而书院文化与科举文化更是紧密相连，盛衰与共。尤其是，西江流域在宋代以后的学术思想特别发达，学派流派如雨后春笋，层出不穷。而这些学派流派，都是以书院为平台发展出来的[2]。

天主教为利玛窦从澳门传入广东肇庆的。利玛窦从明万历十一年（1583 年）开始，在肇庆传教长达 6 年，后北上，直至逝世，他是第一位成功进入中国内地传播天主教，也是时间最长、贡献最大的西方传教士[3]。

（2）民间信仰或少数民族信仰

西江流域民间信仰众多，蔚然成风。该地区有一种民间崇拜文化，对某些受人尊敬的人物，赋以神的尊称而对其信奉崇拜，如西江流域崇拜龙母，尊其为“江神”，称其为“西江神源”；粤西人崇拜冼夫人，尊其为“圣母”等。有些地方还为本地的历史名人建庙设祭崇拜，如康王庙、张公庙、包拯神位等。此外，还有动物和图腾崇拜等，如石狗、蛙婆等。西江人对这些不同类型的民间信仰是互不排斥、相互尊重包容的，诸多神祇共处一村，关帝、财神、门神、灶神等崇拜遍及各个聚落。

西江流域同时是多民族地区，少数民族多达 34 个，具有大量的少数民族信仰，如贵州黔东南和广西北部侗族聚落的“圣祖母”（萨玛）信仰，广西贺州富川瑶族自治县独一无二的马楚大王信仰、生根石信仰等。

（3）水文化

水文化，是人类受江河湖海影响而形成的受制于水而又利用水的观念意识及其相应的思维方式和行为方式，是人群受水影响衍生的人文特性与精神，以及由此而体现在人的思维活动和经济、政治、文化、生活中而产生的行为准则及方式。

水文化在西江流域有数千年历史，源远流长。其大致可划分为三个时期。

百越族水文化时期，或称自然生态时期。在秦始皇统一南粤之前，西江流域是百越族

① 莫宣卿，唐大中五年（863 年）制科夺魁。封州（今封开）人，7 岁能吟诗，12 岁中秀才，17 岁中状元。唐宣宗李枕很器重这位南方首魁，特赐宴并赐诗。

② 水利部珠江水利委员会，《珠江志》编纂委员会 . 1992. 珠江志（第二卷）. 广州：广东科技出版社。

③ 林雄 . 2007. 东土西儒 . 广州：南方日报出版社。

生息之地。现已证实，百越族是中国南方沿水一带栖居的民族。有史料称：越人“水行而山处，以船为车，以楫为马，往若飘风，去则难从”。又称：越人“识水，善舟”，“食海中鱼”，“不畏风雨禽兽”。人多文身，刺龙图样，以求在水中为其护佑。居住的是杆栏式屋，离地有至层，以防蛇虫侵袭。在高要市金利镇茅岗村，尚存有水上结构建筑遗址，在发现的文物中，除陶、木、竹器和人兽遗骸之外，还发现一批渔猎工具和一条由贝、蚌、蚝堆积成的墙，现已证实是3000年前水上居民遗址，是广东近江河最大的一处水上木结构建筑遗址。由此可见，百越族时期的广东先民尚处在滨水为生的状态中，江河湖海是他们生存的条件和希望，所以，此时期是自然生态时期，是水文化在广东的萌生期。

古代水文化时期，也是海上丝绸之路时期。广东在秦代已有与海外国家的贸易和交往。广东是海上丝绸之路历史最早、年代最全、港口最多、线路最长的古代海洋文化大省。

近代时期，亦称海洋文明时期。西方海洋文化从澳门进入肇庆，沿西江传遍广东，再北上内地，遍及大陆，而中国文化也从广东传入西方，因此近代也是中西方文化大交流时期。清末“放眼看世界”的有识之士，倡导并督办向西方派儿童留学生等活动，更使西方海洋文明大量传入，使广东成为东西方文化交流的桥头堡[①]。

西江流域人们的生活离不开水，两广地区水乡聚落处处皆是，人们既喜爱水又恐惧水的威力，地域文化中水占有重要地位。西江流域传统聚落的水文化可以从依赖水运、利用水产、建筑亲水、敬畏水灾、崇拜水神等方面体现。

水运是历史上西江流域中下游传统聚落最重要的交通运输方式。水运的发达使货流的成本降低，使很多聚落具有了通商、货运的条件，产生了很多商贸发达的聚落。由于水运的发达，西江流域中下游很多传统聚落都是物流通畅、经济发达的。

发达的水网还带来了丰富的淡水水产资源，传统聚落中水产捕捞业发达，不仅使西江流域地区的美食出现了大量的河鲜，发展了富有特色的粤菜，更加因为物产丰富拉动了本地的经济发展。

为了更好地利用水网资源，传统聚落中产生了很多与水相关的建筑，埠头、河堤不胜其数，临河的建筑亦以亲水的方式构筑，如临水的吊脚楼。

历史上，西江流域的水灾不断，对人们的生活造成了很大威胁，众多的自然灾害中，水灾可谓影响第一。所以在传统的农业社会形成了一套对水神的信仰，希望借助神灵的力量来对抗天灾。对水的敬畏是西江流域宗教信仰的重要组成部分。在西江流域传统聚落中，大部分的信仰和神祇都与水有关，如北帝庙、天后宫、南海神庙、龙母庙等，可能一个聚落内就有数个水神信仰的宗教建筑。人们祈求这些神祇保佑国泰民安、无灾无难，并在做与水相关的工作和出行前均要祭拜水神以求平安。

（4）贬谪文化

西江流域处于中国南方边陲，历代皇朝往往将贬谪的官员发配南来，由此形成一种贬谪文化。因为在这些被贬人员中，多包括有影响力的文人，他们带着中原文化南来，在南

① 水利部珠江水利委员会，《珠江志》编纂委员会. 1992. 珠江志（第二卷）. 广州：广东科技出版社。

方传播北方文化；同时他们又在南方吸取当地文化，并在返回中原后传播南方文化，有效地促进了南北文化交流。这些人物被贬南来，能以有限职权和威望为地方做实事；无官职者也能以自身的才华和影响力，为地方留下佳话或诗文。

唐代贬官南来最多，唐代南贬的文人中，柳宗元（773~819 年）是与西江文化渊源最深的一个。他先是被贬为永州司马，后任柳州刺史，先后在湖南、广西共生活了 14 年，直至 46 岁辞世。他深受人们爱戴，尊他为“柳柳州”。他的名作大都写自永州和柳州①。

（5）南北文化交流

自唐代开始的贬谪文化引起了“北文南化”现象和南北文化的大量交流，唐代以后还有大量的中原文人到岭南为官，影响颇为深远。“北文南化”有两层含义：一是北方（中原）文人为南方传来北方文化；二是北方文人在南方生活受到南方文化的熏陶感化。宋代的南北文化交流已相当密切，这也是珠江文化在宋代“炽热”的重要原因和重要标志。

北宋的包拯（999~1062 年），年轻时曾任端州（今肇庆）知州三年。包拯不是被贬文人，但他作为南来的中原文人，为西江文化在宋代的兴旺做出了不可磨灭的贡献。

（6）东西文化交流

在中国五千多年历史上，中外文化交流有过几次高潮，最后一次也是最重要的一次是西方文化的传入，这一次传入的起点是明末清初，开创人就是利玛窦。这位传教士进入广东肇庆后，穿上中国儒服，用粤方言传播外国宗教，建起了中国内地第一座天主教堂，创建了中国第一所西文图书馆和近代博物馆，绘制了世界上第一幅中文世界地图，研制了中国第一座机械自鸣钟，成为“西学东渐”的先锋；同时，他又在广东将中国传统文化经典“四书”译为拉丁文，在意大利出版发行，这是中国典籍在西方的最早译本；还编纂了世界上第一部中西文辞典《葡汉辞典》，既沟通了中西方语言，又开创了汉语拉丁拼音音标，成为“东学西渐”的开山人。自此之后，西方传教士向中国传入了大量西方近代科学著作，包括数学、天文学、历法学、物理学、地图学、地理学、西医学、西药学、水利学、建筑学，又向西方传入中国的儒家哲理、古典经籍、语言文字、工艺美术、文学艺术、风俗特产等的著作，在知识阶层中掀起了中国热，兴起了汉学。如此壮观的东西方文化交流现象，从广东开始，北上不断发展，又以广东为始发港，向海外传播，使这股潮流遍及中国乃至世界。这一现象，正是屈大均所说的珠江文化“有明照四方焉”的有力注脚和生动写照②。

① 水利部珠江水利委员会，《珠江志》编纂委员会 . 1992. 珠江志（第二卷）. 广州：广东科技出版社。
② 林雄 . 2007. 东土西儒 . 广州：南方日报出版社。

2

西江流域灾害

西江流域是岭南灾害的高发地区，但西江流域频发的天灾与人祸却少被关注。

2.1 自然灾害

西江流域有历史记载的自然灾害有水灾、旱灾、风灾、地震、冰雹、霜冻、疫灾、火灾（自然因素导致）等，其中水灾是比较频繁、范围广、影响深远的头等自然灾害。

2.1.1 水文灾害

水文灾害包括河道演变、洪灾、涝灾和渍害等。洪灾又分局部性洪灾和流域性洪灾两种。

西江水量丰沛，在全国各大河流之中仅次于长江。广东高要站平均年径流量为2215亿立方米，其中来自云南、贵州、广西等地的客水量为每年2160亿平方米，为广东提供了丰富的水源。浔江及西江两岸低洼地带洪水泛滥成灾，而以三榕峡以下的西江下游及西北江三角洲地区的灾害最为严重。

西江流域径流量的年内分配与降水的年内分配相应，季节性差异明显。西江中上游，夏季径流量占全年径流量的48%~56%；柳江、桂江和贺江，夏季径流量占全年径流量的37%~60%，变幅较大；西江下游，夏季径流量占全年径流量的42%~57%。

2.1.1.1 河道淤塞与河道演变

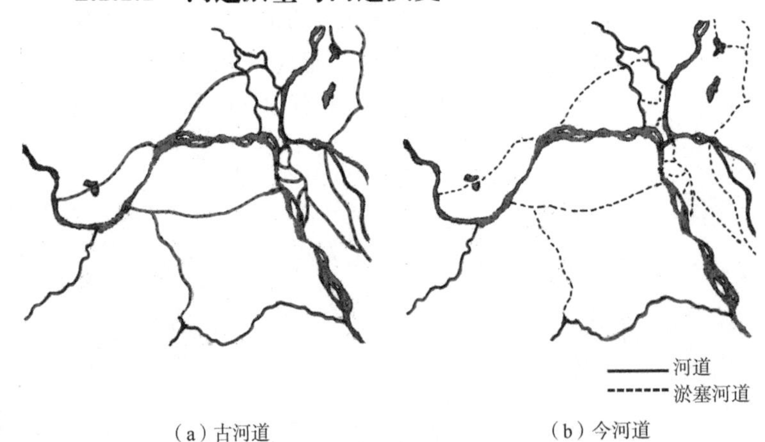

图 2-1 西江水系古河道与今河道对比图

资料来源：周彝馨绘，参考《珠江三角洲历史地貌学研究》（曾昭璇和黄少敏著．1987. 广州：广东高等教育出版社）

西江水系中下游古河道原本非常密集，但其后逐渐淤塞（图2-1），至今只遗留了部分河道。西江河道历史上原有集水面积在100平方公里以上的支流8条，中华人民共和国成立后只有5条。

战国时代西江干流出三榕峡后有9条古河道：北面有大沙古河道和羚羊旱峡古河道，南面有东门坳古河道和白土古河道。这四条古河道都自三榕峡口呈放射状，为当时西江下游河口区。汉代西江在三水以下分两汊入海，北江为西江的支流。晋代北方大量人口南迁，不少河滩地和河汊被截断屯垦。其中旱峡的宽度不大，被两岸山地所产生的冲积扇淤断于揽江堤（今长利围）处，东门坳古河道在唐代亦被淤塞。宋至道二年（996 年）起，西江沿岸相继筑堤，大沙古河道、白土古河道被截断。至此，9 条古河道全被截断，西江下游河道固定在三榕峡、大鼎峡、羚羊旱峡中流动。

元代西江沿岸筑堤增多，绥江三角洲向南发展，思贤滘变浅，西江和北江汇流区变窄，王公围、蔡坑围、大路围相继筑成，使西江的干流东流不畅，主流转向南流。明代时，绥江三角洲向南发育并形成汊道，即今青岐涌和南津涌，青岐涌带来的泥沙形成西江的琴沙，南津涌带来的泥沙形成北江的老鸦沙，琴沙和老鸦沙成为当时思贤滘的滘口沙。绥江冲下的泥沙形成竹洲沙、灶岗沙和三水沙，形成了五沙成片的状态。由于大量修筑堤围、固定河道，西江、北江分流形势逐渐明显，河系开始定型。

清代以后，思贤滘水流转向，大量北江水经思贤滘入西江，西江主流向南出马口峡，五沙也合并成围。由竹洲至思贤滘间残留了竹洲、青岐、小海、沙寮、二滘 5 条古河道，这些古河道今已成为低田或长塘①。

聚落的水源供给、耕种、交通等都与河流息息相关，河流改道或者淤塞严重影响了传统聚落的生存环境。同时河道淤塞后下游河道变少，洪水位日渐抬高，洪泛区随之扩大，造成了从宋代至民国时期愈演愈烈的洪涝灾害。

2.1.1.2 洪灾

自汉代以来，珠江流域已有水灾记载，但史书及志书的记载都很简略，定量的记载甚少。云南、贵州、广西、广东四省（自治区）的水灾记载见表 2-1。

表 2-1 西江流域四省文献记载的重要水灾年数及频率

省（自治区）	大水灾年数	大水灾频率	小水灾年数	小水灾频率	总年数	备注
云南省	35	1/16	210	1/(2~3)	245	自元代起
贵州省	17	1/27	66	1/7	83	自明代起
广西壮族自治区	16	1/40	290	1/2	306	自汉代起
广东省	33	1/30	402	1/(2~3)	435	自宋代起

注：数据来自（1）云南省地方志编纂委员会 .1998. 云南省志・水利志 . 昆明：云南人民出版社。
（2）云南省防汛抗旱总指挥部办公室，云南省水文水资源局 .1999. 云南水旱灾害 . 昆明：云南地质矿产局印刷厂。
（3）贵州省地方志编纂委员会 .1997. 贵州省志・水利志 . 北京：方志出版社。
（4）广西壮族自治区地方志编纂委员会 .1998. 广西通志・水利志 . 南宁：广西人民出版社。
（5）广东省地方史志编纂委员会 .1995. 广东省志・水利志 . 广州：广东人民出版社。
（6）广东省文史研究馆 .1999. 广东省自然灾害史料 . 广州：广东科技出版社。
（7）广东省地方史志编纂委员会 .2001. 广东省志・自然灾害志 . 广州：广东人民出版社。

洪灾是西江流域内危害最大的自然灾害。由于流域内气候条件和地形的差异，各地洪灾的类型、严重程度有所不同。洪灾可分局部性洪灾和流域性洪灾两种类型。

① 水利部珠江水利委员会，《珠江志》编纂委员会 . 1991. 珠江志（第一卷）. 广州：广东科技出版社。

干支流的上游地区多发局部性洪灾，其特点是局部地区暴雨造成山洪暴发，水位陡涨，水势汹涌，破坏力大，但历时短，灾害范围不大。山洪的灾害程度与暴雨量、土壤的透水性和森林覆盖程度等因素密切相关。山洪暴发还常常造成山崩、崩岗、沙石淹埋田地等后果。1947 年红水河支流清水河山洪灾害淹地 54. 8 万亩；1947 年右江支流武鸣河山洪暴发，武鸣县城 15 公里内水深 6 米，淹地 36. 8 万亩，损失粮食 2815 万千克，受灾人口 17. 2 万人。以上均是西江流域内较严重的山洪灾害。左江支流黑水河、浔江支流北流江、北盘江贵州省内地区、都柳江贵州省内地区、柳江支流龙江、左江支流明江、贺江中上游等均发生过严重的山洪灾害。

流域性洪灾（外洪灾害）主要发生于每年雨季，西江流域进入汛期、水位涨高，造成整个西江流域的水灾危险。加上河道淤堵和堤围欠坚固，会造成大灾难。流域性洪灾来势猛、时间短，极其危险。西江流域是岭南流域性洪灾发生频率最高的地区。流域性洪灾发生在干支流的中下游盆地和平原地区。由于西江中下游平原地区经济发达，人烟稠密，洪水灾害所造成的损失十分严重。西江谷地、西江沿岸、浔江两岸、郁江的南宁附近及横县、贵港市一带等都是容易发生大范围洪灾的地区。此外，红水河、柳江、黔江三江汇合地区和南盘江的坝子区也是常受洪水威胁的地区。

西江流域地处低纬度地区，靠近海洋，有丰富的水汽来源，降水量较多，但降水在时间和空间上分布不均。降水多集中于夏季，5~8 月的降水量占年降水量的 70%~80%，在此期间常发生暴雨。洪水多成因于两类天气降水：一类为锋面或静止锋、西南槽等类型的天气降水；另一类为多受热带低压、台风影响形成的暴雨。西江干流的红水河中游及支流柳江、桂江等处于静止锋活动地带，常发生暴雨，柳州地区北部和桂林地区中部是这种暴雨分布较集中的地区。受热带低压、台风影响形成的暴雨主要分布在西江的郁江流域。

西江水系的洪水约从 4 月下旬起出现；柳江则在 6 月和 7 月；红水河在 6 月至 8 月中旬；郁江较迟，为 6 月下旬至 9 月中旬。

中华人民共和国成立以前，造成西江流域较大水灾的洪水出现于 1535 年、1833 年、1881 年、1902 年、1914 年、1915 年、1924 年、1931 年、1947 年。1915 年 7 月发生的洪水是我国南部历史上一次特大洪水，波及范围包括西江、北江、东江水系及流域外粤西沿海诸河、韩江，长江流域的湘江支流潇水和春陵水、赣江上游、闽江的沙溪河等，影响水域面积达 50 万平方公里，呈东南至西北方向的长条状分布。这场洪水重现期为 200 年，导致西江中下游及三角洲地区发生了较严重的水灾，下游数百万亩耕地受淹。

西江流域 1949 年以前文献记载的重要洪灾次数见表 2-2。

表 2-2　西江流域 1949 年以前（含 1949 年）文献记载的重要洪灾次数

地区	元代以前年数	明代年数	清代年数	民国年数	总年数
曲靖市	1	4	29	5	39
红河哈尼族彝族自治州	2	3	24	3	32
文山壮族苗族自治州	1	0	12	—	13
玉溪市	1	5	24	5	35

续表

地区	元代以前年数	明代年数	清代年数	民国年数	总年数
昆明市	2	11	42	7	62
六盘水市	—	—	3	3	6
安顺市	—	3	2	2	7
贵阳市	—	—	3	4	7
黔西南布依族苗族自治州	—	3	7	11	21
黔南布依族苗族自治州	—	1	4	7	12
黔东南苗族侗族自治州	—	1	5	9	15
毕节市	—	—	3	5	8
桂林市	2	—	1	3	6
贺州市	—	—	—	1	1
南宁市	4	12	7	—	23
梧州市	6	15	39	—	60
玉林市	3	7	26	3	39
贵港市	3	2	11	2	18
钦州市	—	6	31	2	39
云浮市	5	13	40	15	73
肇庆市	9	72	112	24	217
佛山市	6	89	101	25	221

注：数据来自 (1) 云南省地方志编纂委员会 .1998. 云南省志・水利志 . 昆明：云南人民出版社。
(2) 贵州省地方志编纂委员会 .1997. 贵州省志・水利志 . 北京：方志出版社。
(3) 广东省地方史志编纂委员会 .1995. 广东省志・水利志 . 广州 : 广东人民出版社。

2.1.1.3 涝灾和渍害

除了洪水灾害之外，降水集中、排水不畅还造成涝灾。低洼地区，地下水位高造成渍害。涝渍灾害造成农作物根部缺氧而减产。

涝灾原因有两种：一为西江水涨、闭窦期长，内水不能外泄；二为台风暴雨、宣泄不及时造成淹浸。闭窦期遇台风暴雨，灾害更为严重。内涝灾害来势较慢、时间长，危害大。

流域中下游平原地区地势较低，遇到较大的降雨过程，低平地方积水不易排泄而造成涝灾。浔江沿岸的桂平市（县级市）、平南、藤县、苍梧四县和梧州市是广西最大的涝灾区，易涝耕地面积为41. 1万亩，该地区在浔江沿岸虽筑有防洪堤可以防御外江洪水的侵入，但由于没有截洪渠及排涝站等配套工程，在汛期外江中水位以上的持续时间长，当堤内降大雨或暴雨时，堤内积水很难向外江宣泄而造成涝灾。西江沿岸梧州至三榕峡的封开县、郁南县、云浮市、德庆县、高要区部分地区易涝耕地面积为 16. 85 万亩。中华人民共和国成立初期，涝灾年年都有发生，农民为了减少损失，只有选种高杆低产的水稻品种或种单季水稻，产量很低。

滨江渍害严重的有高要区金利镇、蚬岗镇，三水区河口镇萃庄乡等地区。

2.1.2 旱灾

旱灾其实也是一种水文灾害，是西江流域水文环境年际变化和不利的地理环境引起的水资源短缺现象。西江流域的旱灾与流域所处纬度的气候、降水和季风活动关系非常密切。季风的异常变动会引起大范围的雨水失调进而导致旱灾。流域上游北盘江一带，秋冬降水主要与印缅低槽影响次数和范围密切相关，影响次数少时，春旱突出。遇西太平洋高压强东南季风来迟和北方没有冷空气入侵时，雨季相应来迟而造成这一地区春夏连旱。西江水系中游地区冬季干旱与蒙古高压的持久盘踞有关，春夏干旱与副热带高压长时间下沉有关。西江下游在春季和夏初副热带高压强盛时很少下雨，常发生春旱。

在碳酸盐岩类分布区，岩层多为裸露和半裸露的岩溶，大气降水多通过岩溶洼地、漏斗和落水洞转入地下补给，有些河水进入岩溶洞穴区后，部分或全部漏失，使该区地表成为干谷，形成“地表水贵如油，地下水滚滚流”的状态，此为流域岩溶山区中地表水与地下水互相转化、相互补给的特点，但这并不能改变这些石灰岩地区地表的干旱环境。

流域内常发生干旱的地区有云南省的蒙自、开远、建水等低洼、河谷、坝子（盆地）。这些地区雨量少，气温高，土壤渗透明显，常出现干旱；文山壮族苗族自治州的北部和曲靖地区东部是喀斯特地貌区域，土壤保水不良，往往出现旱灾。广西岩溶地貌分布广，约占总面积的 40%，雨量稀少时，降水迅速渗入地下，地表径流减少，亦常形成干旱，春旱多分布在桂西、桂中、桂南及桂东地区，以桂西较严重；秋旱多分布在桂东、桂中等地区，以桂东较严重。广东春旱以南部为重，秋旱以北部为重。

旱灾也是西江流域内频繁发生的灾害之一，自汉代有历史记载以来，全流域性的大旱灾共有 77 次，以清光绪二十一年（1895 年）旱灾最为严重，其他严重旱灾年有明嘉靖九年（1530 年）、明崇祯十六年（1643 年）、清咸丰十一年（1861 年）、清光绪十二年（1886 年）及民国三十二年（1943 年）。

云南、贵州、广西、广东四省（自治区）文献记载的重要旱灾年数及频率见表 2-3，有记载的旱灾年份见表 2-4。

表 2-3 西江流域四省（自治区）文献记载的重要旱灾次数及频率

省（自治区）	大旱灾年数	大旱灾频率	小旱灾年数	小旱灾频率	总年数	备注
云南省	40	1/14	75	1/(7~8)	115	自元代起
贵州省	24	1/20	50	1/10	74	自元代起
广西壮族自治区	17	1/38	261	1/2	278	自唐代起
广东省	17	1/39	237	1/(2~3)	254	自明代起

注：数据来源同表 2-1。

表 2-4　西江流域内主要省（自治区）有记载的旱灾概况

时期	云南	贵州	广西	广东	严重旱灾年概况
宋朝			1184 年	1146 年	
元朝	1322 年，1323 年，1326 年，1334 年，1343 年，1355 年				
明朝	1412 年，1444 年，1453 年，1456 年，1470 年，1527 年，1530 年，1547 年，1568 年，1569 年，1601 年，1604 年，1610 年，1615 年，1621 年，1624 年，1634 年，1643 年	1476 年，1477 年，1506 年，1528 年，1632 年，1643 年	1518 年，1617 年，1618 年，1641 年	1530 年，1595 年，1596 年，1628 年	
清朝	1689 年，1714 年，1747 年，1764 年，1765 年，1817 年，1861 年，1885 年，1888 年，1889 年，1885 年，1897 年，1905 年，1906 年，1907 年	1659 年，1660 年，1661 年，1682 年，1686 年，1708 年，1728 年，1736 年，1770 年，1779 年，1802 年，1839 年，1861 年，1862 年，1877 年，1895 年	1721 年，1777 年，1865 年，1886 年，1895 年	1680 年，1681 年，1742 年，1786 年，1787 年，1830 年，1886 年，1902 年	清光绪二十一年（1895 年），流域内四省（区）有 33 个县发生旱灾。上游雨季来迟，贵州的镇宁、独山、兴仁等县迟至五六月才下雨，广西郁江流域崇左、邕宁、宾阳、龙州等县大旱，“宾州人携妇女摆卖者成行”。柳江流域从端阳至重阳无雨 清光绪三十二年至三十四年（1906~1908 年），云南连续三年大旱。1905 年，南盘江水量剧减，人可以步行过河。1906 年，“亢旱成灾，赤地千里，迫呼吁者数十州县之多，遍地哀鸿……”
民国	1931 年	1924 年，1937 年	1928 年，1936 年，1943 年	1943 年，1946 年	民国十三年（1924 年），贵州省旱灾，为历史有名的“甲子干旱年”，北盘江流域内定番（今惠水县）“旱魃为虐，田土开裂，禾苗枯槁”。盘县“春夏之交，久苦亢旱，播种失时……”。普安县“亢旱，斗米售价至六元。石谷陡增至二十块（银圆）”。关岭县“春亢阳过甚，沟渠尽涸，栽插无水，人民觅食艰难”。册亨县“四月前大旱，栽秧无水，灾区收成平均不过四分” 民国三十二年（1943 年），广东大旱，5 月以前广州一带雨水稀少，到 5 月才有较多雨水，但已失农时，早稻秧苗枯死。罗定县春旱，禾稻失收，农民逃荒，饥民食草根树根。台山县年初至谷雨都没有水插秧，至 5 月 28 日才降大雨

资料来源：水利部珠江水利委员会，《珠江志》编纂委员会 . 1991. 珠江志（第一卷）. 广州：广东科技出版社

2.1.3　风灾

风灾包括台风灾害和其他大风灾害。西江流域的风灾主要是热带风暴（台风）灾害，其影响范围在西江下游地区。影响西江流域的台风主要产生于西太平洋和南海，台风登陆后出现的狂风暴雨常造成很大的破坏。每年 6~10 月是主要的台风期，尤以 8 月和 9 月最多。

台风登陆后造成的灾害，除暴雨造成水灾外，风力还造成对自然环境、人居环境的破坏。通常，距离台风中心五六百公里处的风力可达6级，每年因台风影响而出现6级以上大风的区域，其北界为信宜—云浮—清远—佛冈—河源—丰顺一线。

广东省地方志书自公元798年起已有风灾的记录。此外还有少数地区性突发风灾的记录。

2.1.4 地震

西江流域地震记录不少，但成灾范围不大。

西江流域的地震区域分中强震带、中震带和弱震带3种共6带。其中，中强震带位于中国南北强震带南端的东翼，即晴隆—沾益—玉溪—通海—建水一带；中震带有西江流域中震带（南宁—高要一带）、右江流域中震带（包括左江部分地区）；弱震带有桂江流域弱震带、柳江流域弱震带、红水河流域弱震带（包括南盘江、北盘江中下游地区）。

自西而东分布有3个活动构造地震带。

1）通海—石屏地震带。位于流域最西边，包括云南玉溪、通海、峨山、曲江、建水等地区，呈北西向展布。自明正统十一年（1446年）至今共记录到4.75级以上地震49次，活动强度和频度均高。

2）东川—宜良地震带。北起云南巧家，经东川、嵩明入寻甸、宜良、开远至个旧，即顺南盘江开远以上河段，呈南北向展布。自明弘治十三年（1500年）至今共计录到破坏性地震36次，活动强度较高，频度也较高。

3）灵山地震带。北起广西平南，南至北海、东兴。自明嘉靖三十七年（1558年）至今共记录到破坏性地震4次。本带地震有南强北弱的特点。

为了防震减灾，震区过去多采用木构建筑，如西南地区“十栏”建筑广为流行。在风俗、民间信仰、民间文学等方面，人们会以不同形式表现地震这个主题，从而形成物质文化和精神文化景观。

历史上西江流域各地震带发生5级以上地震情况见表2-5。

表2-5 历史上西江流域各地震带发生5级以上地震情况

水系	发生时间（年.月.日）	震中位置	震级	震中烈度
南盘江、北盘江上游中强震带	1500.01.04	宜良	6.3级	9度
	1571.09.09	通海	6.0级	8度
	1588.08.09	通海、曲溪	6.0级	8度
	1606.11.30	建水	6.5级	8~9度
	1725.01.08	嵩明、宜良	6.0级	8度
	1755.02.08	石屏东	6.0级	8度
	1761.05.23	玉溪	6.0级	8度
	1761.11.03	玉溪	6.0级	7度

续表

水系	发生时间（年.月.日）	震中位置	震级	震中烈度
南盘江、北盘江上游中强震带	1763.12.30	通海、江川	6.8 级	8 度
	1789.06.07	通海、华宁	6.5 级	9 度
	1799.08.27	石屏	6.5 级	8~9 度
	1814.01.11	石屏	6.0 级	7~8 度
	1887.12.16	石屏	6.8 级	9 度
	1909.05.11	弥勒	6.5 级	8 度
	1929.03.22	通海附近	6.3 级	8 度
	1940.04.06	石屏西北	6.0 级	8 度
西江流域中震带	1485.10.10	北流—玉林	5.2 级	7 度
	1507.03.22	北流—容县	5.2 级	7 度
	1558.06	封开	5.5 级	7 度
	1604.12	高要	6.0 级	8 度
	1665.09.19	罗定	5.0 级	6 度
	1686.01.01	容县—信宜	5.2 级	7 度
	1860.01.25	玉林、北流、陆川	5.6 级	7 度
右江流域中震带	1875.06.08	田东、平果	5.6 级	7 度
	1893.11.26	扶绥（旧县）	5.0 级	6 度
	1962.04.20	田林	5.0 级	6 度
	1962.04.23	云南富宁	5.5 级	
柳江流域弱震带	1510.11.18	柳州以北	5.0 级	6 度
	1695.02.15	融水、罗城	5.5 级	6~7 度
	1935.09.25	柳州	5.0 级	6 度
桂江流域弱震带	1372.05.24	苍梧、贺县、恭城、蒙山	5.1 级	6 度
	1520.07.11	梧州、平乐、蒙山、藤县	5.1 级	6 度

资料来源：水利部珠江水利委员会，《珠江志》编纂委员会 . 1991. 珠江志（第一卷）. 广州：广东科技出版社

2.1.5 其他自然灾害

西江流域其他自然灾害包括火灾（自然因素导致）、虫灾、冰雹、霜冻、雪灾、雷灾、疫灾等。

2.2 人为灾害

据典籍统计数据，西江流域的人为灾害几乎是自然灾害数量的两倍。西江流域人为灾害形态多样，最常见的是战争、匪乱、流民等，还有偶然的火灾（人为因素导致）、爆炸等人为灾害。

2.2.1 战争

在本书的研究中，战争指一种集体、集团、组织、民族、派别、国家、政府互相使用暴力、攻击等行为，是敌对双方为了达到一定的政治、经济、领土的完整性等目的而进行的武装战斗。匪乱特指匪寇集团、匪寇组织使用暴力进行掠夺等行为。流民指因战争、受灾等而流亡外地、生活没有着落的人群。

本书通过对文献的整理，统计了明清两代西江流域具有重大影响的战争（表 2-6）。这些战争影响了区域聚落的分布，也影响了聚落的空间格局，如“太祖平滇”就是典型的案例。

表 2-6 西江流域明清两代历史上重要战争一览表

时代	名称	波及范围	战争情况
1378~1385 年	侗族吴勉[①]起义	贵州、广西、湖南。起义的中心地区是五开洞（今黎平一带）。活动范围在今之黎平、从江、榕江、锦屏、天柱、三江、靖县、通道、绥宁、武岗等地	侗族、苗族人民大规模的武装反抗运动，席卷”八洞”。起义分为两时期，前期是明洪武十一年(1378 年)六月，吴勉在五开发动武装起义，因寡不敌众，率部回师五开，在黎平茅贡的流黄、高近、寨头一带的深山密林中继续活动。后期是洪武十八年（1385 年）六月，思州侗族诸部发动武装抵抗起义，吴勉组织群众，再次举行更大规模的武装反抗，声势震惊整个侗族聚居的湘、桂、黔边区。明廷集 30 万大军剿灭
1381~1388 年	太祖平滇	云南、贵州	明洪武十四年（1381 年），驻守云南的元朝降臣梁王举兵叛乱，朱元璋派 30 万大军征讨，于次年攻克云南。叛乱平息后，实施屯田制。江淮亲军屯守在云贵两地，尤以“滇之喉、黔之腹”称誉的安顺居多，形成了调北征南的军屯。洪武二十一年（1388 年），朱元璋发动了第二次南征，随军带来了一大批赣、皖、苏一带无田地房产的无产者，在贵州一带形成了以“调北填南”形式安置的民屯，称为“堡”
1442~1539 年	广西大藤峡瑶民起义	广西腹地的浔江上游藤县、平南、桂平、贵县、武宣、象州等县之间方圆六百里的大藤峡地区	明正统七年（1442 年）到嘉靖十八年（1539 年），反抗明王朝统治的瑶民起义连绵不断，迫使明王朝数易将帅，并牵制了广东、广西、湖南、贵州、南京、江西和京师的官兵数十万。明朝政府于成化元年（1465 年）、嘉靖七年（1528 年）、嘉靖十八年（1539 年）三次派兵征讨平定叛乱
1449~1461 年	贵州、湖广各族人民大起义	贵州、湖南、广东	明正统十四年（1449 年）三月至明天顺五年（1461 年）正月，贵州、湖广以苗族、布依族为主体的各族人民大规模武装起义

① 吴勉（1334~1385 年），侗族，元末明初五开洞（今贵州省黎平县中潮镇上黄村兰洞寨）人，领导了反抗明朝暴政和抵御外族入侵性质的吴勉起义，被侗族人民尊称为王勉。

续表

时代	名称	波及范围	战争情况
1630~1646年	张献忠起义	江西、湖南、湖北南部、广东北部、广西北部、四川	明崇祯三年（1630年），张献忠据米脂十八寨起义，号八大王。崇祯十六年（1643年），取武昌，称大西王，旋克长沙，攻占永州，次年再取四川，在成都建立大西政权，即帝位，年号大顺。大顺三年（1646年）末清兵南下，张献忠在西充凤凰山中箭死
1644~1662年	南明抗清	云南、贵州、广东、广西、湖南、江西、四川、湖北	明崇祯十七年（1644年），明朝宗室先后在南方建立政权抵抗清兵，包括弘光政权、鲁王监国、隆武政权及永历政权，前后共历18年
1664~1666年	彝族起义	六盘水、安顺	清康熙三年（1664年），六盘水水西彝族安坤起义，吴三桂合云贵之军围剿数月。清康熙五年（1666年）六月，起义军退守的郎岱城被攻破，降兵万余人，郎岱划归安顺府管辖
1673~1681年	三藩之乱	贵州、广东、福建	康熙十二年（1673年）春，康熙做出撤藩决定。吴三桂军由云、贵而开进湖南，几乎占据湖南全省，进而占据四川。福建（耿精忠）、广东（尚之信）、广西、陕西、湖北、河南还有台湾一些地区迅速响应。耿精忠、尚之信投降后，吴三桂于康熙十七年（1678年）在衡州称帝，立国号周，建元昭武。康熙二十年（1681年）冬，历时8年的三藩之乱被平定
1851~1872年	太平天国	中国南方	清道光三十年（1850年）末至咸丰元年（1851年）初，由洪秀全、杨秀清、萧朝贵、冯云山、韦昌辉、石达开组成的领导集团在广西金田村发动武装起义，后建立“太平天国”，并于咸丰三年（1853年）攻下江宁（今南京），定都于此，改称天京。咸丰四年（1864年），天京被湘军攻陷，同治十一年（1872年），最后一支太平军部队，石达开余部李文彩在贵州败亡
1852~1864年	两广天地会起义	广西、广东、湖南、贵州	清咸丰二年（1852年），广西天地会首领朱洪英[1]、胡有禄[2]率会众在南宁起义，次年克湖南永明县城。咸丰四年（1854年）攻占广西灌阳，建立“升平天国”，朱洪英称镇南王，胡有禄称定南王。咸丰五年（1855年），攻湖南，克东安，走新宁。咸丰七年（1857年）克柳州。次年夏，败走贵州古州，转战湘、桂、黔三省边区。同治三年（1864年）战败。 咸丰四年（1854年），广东天地会由首领陈金釭等人率领下在三水范湖镇竖旗起义，攻下三水、四会、广宁、入广西贺县等地。咸丰十一年（1861年）攻占了信宜县城——镇隆，建国号“大洪”。陈金釭被拥为南兴王。同治二年（1863年），大洪国农民起义运动失败
1855~1868年	号军起义（清末贵州农民起义）	主要活动地区是铜仁、思南、石阡、湄潭、瓮安、开阳以及贵阳外围地区各州县，黔东北是根据地	清咸丰五年（1855年），红号首先在铜仁起义，首领为举人徐廷杰等，占领10余州县。次年，黄号军首领何得胜所部活动于贵阳外围地区。号军主力白号由刘义顺领导，在思南英武溪起义。同治七年（1868年），湘军席宝田、川军唐炯等率军向号军基地进攻，号军起义失败
1855~1872年	贵州苗民起义（张秀眉起义）	贵州、湖南	清咸丰五年（1855年），张秀眉等人率领苗族各寨起义，被推为元帅。三年多时间，占领了贵州东南的千里苗疆，攻占丹江厅城，六年就相继占领台拱、黄平、清江、清平等厅州县，与侗族义军合攻古州（今榕江）厅城，兵锋直指贵阳。同治元年（1862年），苗族义军东联委应劳侗族义军攻打湖南。清同治十一年（1872年），张秀眉兵败被杀
1856~1873年	云南回民起义	云南	清咸丰六年（1856年），云南汉回人民因争矿起衅，杜文秀[3]在蒙化（今巍山）起兵，攻占大理，建立“回教国”，自立为“总统兵马大元帅”。政权极盛时，占有东至楚雄，西至腾越，南至耿马，北至丽江等地。同治十二年（1873年），云南回民起义失败

① 朱洪英，即朱世雄或朱洪胜、朱声洪。

② 胡有禄，即吴有禄。

③ 杜文秀（1823~1872年），是清朝咸丰、同治年间云南回民起义领袖。道光十九年（1839年）考中秀才。通晓伊斯兰经典。

续表

时代	名称	波及范围	战争情况
1858~1872 年	白旗起义	贵州	清咸丰八年（1858 年），回民张凌翔、马河图领导普安、平彝（富源）两县回民千余人举行起义。进占亦资孔城。附近苗、汉、彝、布依等各族群众纷起响应。起义军派人与太平军及云南回民起义军联系，先后占据今安龙、贞丰、册亨、兴义、兴仁、盘县、普安、紫云、晴隆、望谟等县城，起义军发展到两万余人。咸丰十年（1860 年），太平军石达开派将领曾广依率军千余人来援，起义军攻占贞丰。同治十一年（1872 年）起义失败
1911~1912 年	辛亥革命	广东、广西、贵州、云南、湖南等 15 个省	1911 年武昌起义胜利后短短两个月内，广东、广西、贵州、云南、湖南等 15 个省纷纷宣布脱离清政府宣布独立

2.2.2 流民灾祸

西江流域的流民灾害众多。如万历年间明朝用兵平定播州土司杨应龙之乱时，许多苗族、仡佬族逃走。明王朝在黔东和贵阳、安顺等地大量安屯设堡，强使许多苗族人民迁居。贵州苗族迁往云南的不少，如《邱北县志》第二册载该县“苗人二千余，明初由黔省迁入”。清雍乾年间，黔东南苗民起义失败后，不少苗民四处逃跑，贵阳、安顺、黔西南操中部方言的苗族，多是在这段时间从黔东南迁逃过去的。乾嘉年间，湘黔边苗族起义失败后，湘西、黔东北的苗族不少逃入黔中、黔南等地。“咸同大起义”失败后，贵州“流亡可复者仅十之二三”[①]“其民则逃亡转徙”。黔东南的苗族翻山越岭向黔西南迁徙。其中一部分经兴义转入云南文山地区，一部分经黔中南迁入安顺地区。滇东北的苗族，有的也在这时移入战乱后人少地荒的毕节、大方、黔西一带。清朝政府的苛虐赋敛，苛虐刑法，也使得少数民族人民远徙他方的不少。“叙永、永宁仍为苗人故居，凡土著皆苗人，今皆窜居三谷”[②]，“转徙不恒，为人雇役垦田，往往负租逃去”[③]。清律明确规定：“凡土蛮瑶僮苗人……所犯系死罪，将本犯正法，一应家口父母弟子侄俱令迁徙，如系军流等罪，将本犯照例枷责，仍同家口父母史弟子侄一并迁徙”。如此法律，也使得众多的少数民族族群背井离乡。

2.2.3 其他人为灾祸

在天灾、战争和流民灾祸的同时，往往伴生匪乱、械斗、火灾、爆炸等人祸。

（1）匪乱

匪乱往往因为天灾和战争，饥民与流民众多，而中央政权又无余力清剿导致的。如广东佛山嘉庆十四年（1809 年）“秋季，有洋盗窜入澜石焚烧抢掠，各乡建造炮台、水闸

① 罗文彬，王秉恩 . 1988. 平黔纪略（卷 19）. 贵阳：贵州人民出版社。
② （清）光绪年间邓元惠、万慎修订的《续修叙永永宁厅县合志》卷 20。
③ （清）谢圣纶纂修的《滇黔志略》第 3 辑。

以防御”[①]。曲靖民国八年（1919年）“饥民日增，匪风四起”。玉溪民国十四年（1925年）“8月，匪首蒋世英、鲁春和率匪千余人进犯州城后，窜到郑井村抢劫，防火烧毁房屋一所”[②]。贺州民国十二年（1923年）“11月至12月，钟鸣阶率部两次复入信都，在狮子岭与沈健飞部交战，沈健飞败避祉洞。钟部入端南圩（信都街）掳掠焚烧。在钟、沈混战时，北娄伙匪乘机倾巢而出。信都、沙角、渡南、祉洞等地民团与土匪激战，匪徒攻入端南圩，大肆劫掠民财”[③]。云浮民国十四年（1925年）“罗定县金鸡、平塘的土匪在三岭堡鹏岗村抢劫，掳男女10余人，耕牛衣物无数。西区民团与罗定县围底、平塘陈镜轩团队2000余人围困土匪百余人于罗定县插花山，击毙土匪数十名，缴获枪械数十枝”；民国十五年（1926年）“土匪五六百人侵扰红豆乡岗坪村。西区总局团队、县团队、军队共1000余人进剿，将土匪击退”[④]。

（2）械斗

据成书于民国十五年（1926年）的《赤溪县志》记载：五岭以南，民风强悍，械斗之事，时有闻焉。然有此族与彼族械斗，或此乡与彼乡械斗，杀掠相寻，为害虽烈，然一经邻绅调停或由官吏制止，其事遂寝。但未有仇杀十四年、屠戮百万众、焚毁数千村、蔓延六七邑如清咸同间新宁、开平、恩平、鹤山、高明等县土民与客民械斗（广东土客大械斗，清咸丰四年至同治六年，即1854~1867年）受害之惨也。

（3）火灾

桂林清光绪八年（1882年）“十一月二十九日（公历1883年1月7日）水东门（今解放东路东端）失火，延及王辅坪，300余户受灾，死数人”[⑤]。黔东南苗族侗族自治州民国二十三年（1934年）“1月19日，永从县一区下皮林吴振家失火，烧毁全寨200多户”[⑥]。黔西南布依族苗族自治州民国三十二年（1943年）“12月15日，贞丰县者冗大火，烧毁民房115栋，仓房1栋”[⑦]。

（4）爆炸

桂林清雍正十一年(1733年）“八月初二日(9月9日）东镇门内火药局火药爆炸，死27人”。清乾隆二年（1737年）安顺“建火药局于城内东北，同年发生大爆炸”[⑧]。

① 佛山市地方志编纂委员会. 1994. 佛山市志·大事记. 广州：广东人民出版社。
② 玉溪市地方志编纂委员会. 1993. 玉溪市志. 北京：中华书局。
③ 贺州市地方志编纂委员会. 2001. 贺州市志·大事记. 南宁：广西人民出版社。
④ 云浮县地方志编纂委员会. 1995. 云浮县志·大事记. 广州：广东人民出版社。
⑤ 桂林市地方志编纂委员会. 1997. 桂林市志·大事记. 北京：中华书局。
⑥ 黔东南苗族侗族自治州地方志编纂委员会. 2000. 黔东南苗族侗族自治州志·总述·大事记. 贵阳：贵州民族出版社。
⑦ 贞丰县史志征集编纂委员会. 1994. 黔西南布依族苗族自治州志·贞丰县志. 贵阳：贵州民族出版社。
⑧ 桂林市地方志编纂委员会. 1997. 桂林市志·大事记. 北京：中华书局。

3 西江流域区域性防灾方略

如前所述，西江流域受到各种天灾、人祸的威胁，自古生活在此地的人们，早已从区域性防灾方略、聚落防灾和建筑防灾三个层面追求适宜性生存环境。本章从区域性防灾方略层面论述西江流域的宏观防灾策略。古代的西江流域，影响最深远的区域性防灾方略是修筑堤坝，因此本章还以此为重点展开论述。

3.1 防灾机构

3.1.1 水文机构

西江流域的水文机构从清代开始萌芽，民国才出现比较现代的水文机构。

清末至民国初年（督办广东治河事宜处成立前），设站机构主要为海关，次为铁路，此外还有天主教堂、外国领事馆等。水位站主要分布于重要口岸，旨在为外轮、外舰进入内河或铁路运营服务。这一时期的水位站布设，无所谓流域观念或水利工程目的，站点稀疏，更缺乏联系，未能形成站网。广西龙州海关于清光绪二十二年（1896 年）在龙州县城设站观测雨量，同年在海关码头立水尺观测左江水位，成为珠江流域第一个河道水位站。自此，相继由海关设立了梧州（1889 年）、三水河口（1900 年）、南宁（1907 年）等水位站。在西江流域的上游地区，20 世纪初法国领事馆和法国铁路工程处在南盘江流域曾设立一批测候所观测雨量。其中蒙自测候所设立于清光绪三十年（1904 年），为最早，同一时期设立的测候所还有宜良、婆兮（今盘溪）、阿迷州（今开远）、芷村、腊哈等地。

督办广东治河事宜处（以下简称“广东治河处”）于民国三年（1914 年）在广州成立。为满足河道整治防洪需要，于民国四年（1915 年）起在西江的都城至甘竹（12 个河段）及桂林和桂江口（清安乡），北江的清远、芦苞等处观测水位，在西江的梧州和鸡笼洲、七宝莲、贝水、马口观测流量和含沙量。其中水位站统归广东治河处管理，该治河处实为珠江流域最早统管水文工作的水文机构。这是珠江流域由国家水利机构布设水文测站，进行水文测验的开端，同时也是水文工作为流域水利建设服务的开端。民国五年（1916 年）起，广东治河处在各江上游设立少数的委托雨量站以配合下游河道水文测验，着眼从面上布设各类水文测站，初具流域规划观念。民国二十年（1931 年）广东水利局布置的高要水位站（1946 年改为水文站），为西江的总控制站。桂、黔、滇主管水文测验的机构一般为其建设厅。直至中华人民共和国成立前，水文测站基本上是分散独立管理，未形成统一的管理体制。

西江中上游地区，在20世纪30年代中期以前，仅有海关布设的龙州、梧州、南宁3处河道水文测站。民国二十三年（1934年）云南省农矿厅水利局在南盘江布设了沾益、曲靖、陆良3处河道水文测站，这是上游地区布设河道水文测站的开端。民国二十五年（1936年），中游地区开始较大规模地布设河道水文测站。经过此次调整布设的河道水文测站，奠定了西江中游地区水文站网基础。

民国二十六年（1937年），日军南侵。珠江水利局于1938年迁至南宁，日军的入侵对珠江下游地区水文事业造成的破坏异常惨重。珠江水利局水文总站于民国三十五年（1946年）着手对全流域的水文测站重新规划。一方面调整上游水文测站，一方面恢复中下游地区水文测站和增设部分新站，首先恢复交通方便的大江大河的水文、水位站点。民国二十九年（1940年），珠江水利局由重庆迁至广西桂林[①]。

民国九年（1920年）汛期，在西江的青岐涌设置报汛站。珠江水系的报汛工作自此开始。民国二十七年（1938年）、二十八年（1939年），珠江水利局又在西江的封川、扶赖、旧莲塘等地设站观测汛期水位，为防汛提供汛情。民国三十年（1941年），珠江水利局在西江干流开展电报报汛工作。

西江流域在清末民国时期水文站点稀少，资料系列短，无专门机构从事水文计算分析工作。一般兴建水利工程是以依靠经验目估水流情势为依据，以确定工程规模，保证率极低。民国时期，水文站陆续增多，水利部门逐步以短期实测水文资料进行简单的计算分析。1915年以后，广东水利部门曾将各年水文资料进行整理和分析，绘制各种图表。1936年广东治河委员会刊出《廿年来广东治河汇刊》，刊载了一部分逐日水位资料和逐月降水量统计资料；1937年，广东省水利局在《广东水利年刊——水文汇报》中刊载了各年逐月降水量和水位的统计资料；1947年，珠江水利局将所存水位、流量、含沙量及雨量等项目资料，整理成年统计表式，汇编成《珠江水利——水文统计专号》刊出。1947年珠江水利工程总局将梧州1900~1946年各年最高水位，按水位流量关系曲线推算各年最大流量，进行洪水频率分析研究，撰写了《珠江干流洪水频率曲线之研究》一文，为河道整治规划提供了水文分析资料。

3.1.2 测绘机构

据广东省水利电力厅和水利部珠江水利委员会资料室收藏的英、美海军图籍资料，珠江河（航）道测量，始于19世纪中期。自鸦片战争后，英国海军从1856年就陆续派出测量船测量西江河道，一直延续到1938年。1859年，英国海军出版了由其施测的西江水道图（自广东南海县九江镇至广西梧州县的水道图）；1896年出版了自梧州至龙州的浔江、郁江、左江的水道图。20世纪初，美国海军复制出版了英国1902年及1913年施测的梧州至黄湾及由黄湾至甘竹的水道图。

珠江流域最早的测绘机构，为清光绪时期各省成立的舆图局，其曾编制一些简单的省、州、府行政区域图，开流域基本地图测绘之先河。宣统年间，军事部门建立了较为

① 水利部珠江水利委员会，《珠江志》编纂委员会. 1993. 珠江志（第三卷）. 广州：广东科技出版社。

完整的测绘机构，开始应用现代测绘技术，在珠江流域开展测绘工作。经济部门亦开始开展铁路、公路、城市建设、水利、土地地籍等测量工作。1915 年，广东治河处聘瑞典人柯维廉任正工程师，率先应用现代测绘科学技术组织测量队伍，在西江实测与查勘。民国十五年（1926 年）分别实测完成珠江流域约 330 幅测绘图。1915~1916 年，广东治河处组织测量队对西江进行实测与查勘，自梧州至磨刀门，还对高要县大湾起至江门施测，编绘西江梧州至磨刀门的河道图，进行堤围与河床横断面位置标示。西江实测完成后，继而查勘梧州至南宁的水道及桂江上游的兴安运河。因防洪排涝及水路交通的需要，1915~1923 年对西江进行河道测量。此后各个时期的珠江水利机构均组织力量进行珠江河道测量。

抗日战争时期，为适应战时内地水路运输、滩险整治的需要，珠江水利局于 1938 年测绘都城新滩（封川江口至都城）地形图及河床横断面图；继而测量郁江和左江（桂平至龙州）滩险剖面及滩险地形图；同年还测绘黎溪（龙州至平而关）河道地形图及纵横断面图。1939~1940 年测绘黔江与红水河（桂平至蔗香）滩险地形图；同时期还测绘南盘江、北盘江等滩险地形图及断面图。1941~1942 年测绘贺江（钟山至封川江口）河道地形图、滩险地形图及河道纵横断面图。扬子江水利委员会设计队于 1938 年测绘灵渠地形图。抗日战争胜利后，珠江水利局于 1946~1948 年继续测绘柳江（石龙至柳州）河道地形图、滩险图及河道纵横断面图。

珠江水利局于 1938~1940 年组建两个设计测量队承担红水河水道的测量与设计任务。1941 年增设贺江测量队负责贺江水道测量；同年局属广西灌溉工程处设两个设计测量队，办理广西大型灌溉区的查勘和测量事宜；在广东省农田水利处亦成立两个农田水利设计测量队，开展灌区查勘测量。1941 年冬，珠江水利局将测量队整编为第一至第五测量队，分别在粤、桂、黔进行农田水利测量。1943 年缩编为 3 个丙种测量队，继续分别承担粤、桂、黔农田水利测量。

3.1.3 设计机构

1917 年，贵州陆军测量局开始全省 1：20 万地形图的勘测工作。1919 年 6 月全部测成 1：10 万图 164 幅。1920 年，贵州陆军测量局共测 1：5 万地形图 82 幅。1936~1949 年，贵州陆地测量局共测绘 1：5 万地形图 167 幅，其中西江流域 78 幅；1：10 万地形图 111 幅，其中西江流域 27 幅。

云南陆军测地局①于清宣统三年（1911 年）正月成立。1917~1925 年全省完成 362 幅，其中西江流域 71 幅。1912 年，云南陆军测量局开始实测 1：5 万地形图，至 1942 年，共实测 1：5 万地形图 577 幅，其中西江流域 172 幅。1911~1946 年，在滇越铁路线及昆明至建水等地，实测完成 1：2.5 万地形图 89 幅，其中西江流域 43 幅。

1915~1919 年先后出版的三期《督办广东治河事宜处报告书》，内容标题分别为西江

①民国建元后，改为云南陆军测量局。

实测、广州进口水道改良计划及北江改良计划，均附有水系图性质的插图，中英文对照，单色印刷，有“西江系统流域图”，除水系外，还表示了干流、支流流域范围、量雨台的分布情况。

1936 年广东治河委员会编印的《广东二十年来治河报告汇刊》第二十四章附图中，“东、西、北三江流域集水区域图”表示了东江、西江、北江及支流的集水区域，说明了由广东治河委员会设立及办理、由海关或其他机关办理的雨量站及水文站分布情况。还有若干幅表示疏浚、筑堤及防潦计划的专题图。

1937 年广东水利局编印的《广东水利年刊》刊有“珠江流域地文图”，表示了珠江流域及各水系集水区界线、广东水利局及海关或其他机关办理的雨量站、水文站分布情况。

1947 年由珠江水利局编印的《珠江水利》复刊第一期和水利部珠江水利工程总局编印的《珠江水利水文统计专号》分别有附图“珠江流域历年平均等雨量线图”和“卅六年度水文测站分布图”①。

3.2 西江流域堤围史

筑堤防洪，是西江流域历代人民为防护田园庐舍与洪水做斗争的一项主要工程措施。此项围基（指堤防），不特为禾稼之唯一保障，抑亦居民生命财产之所寄托，沿江居民与基围相依为命者由来已久②。

南盘江上中游盆地、都柳江上游、郁江中下游、浔江沿岸、西江沿岸，包括云南的曲靖、沾益、陆良、宜良、开远、蒙自、建水，贵州的三都、榕江、从江，广西的南宁、邕宁、贵县、桂平、平南、藤县、苍梧和梧州及广东的封开、德庆、郁南、云浮、高要部分地方等 20 多个市（县），堤防长度共约 1600 公里，防护农田 200 多万亩、人口 100 余万人。

广西自唐景龙年间开始筑堤防洪。唐景龙四年（710 年），王峻任桂州都督，率民在漓江筑堤开渠。唐景云二年（711 年），邕州司马吕仁高在南宁城建堤防洪。

在广东，位于西江下游金利水的高要市的金西堤（在今金安围内）、长利围（又名榄江堤，在今广利围内）均是在宋至道二年（996 年）成堤。除金西堤、长利围外，西江的赤顶围、盆塘围（均在今广利围内）、桑园围等，均为宋代兴建。明、清两代，水利建设继续发展，至清末民初，江海堤防遍及各地。民国期间，堤防工程有一定的发展，引进西方现代工程技术，兴建了西江宋隆水闸等钢筋混凝土重力式结构防洪排涝水闸工程，但总体上堤防矮小单薄，修筑时没有完善的规划，孤立分散地进行，堤线紊乱，防洪能力低。

在云南，明隆庆年间（1567~1572 年），南盘江上中游曲靖、建水、石屏等地开始修围防治山洪，至清雍正年间，沾益、曲靖、陆良、宜良等地坝子（盆地），陆续建成大小围子 100 多个，防护农田约 36 万亩。清乾隆年间，贵州的都柳江、榕江、从江等地筑堤防洪。

① 水利部珠江水利委员会，《珠江志》编纂委员会. 1993. 珠江志（第三卷）. 广州：广东科技出版社。
② 《珠江流域之防洪》，珠江水利工程总局，1941 年版。

民国时期，云南省南盘江水利工程处在20世纪40年代采用疏浚、裁弯取直、除滩、加固堤防等措施较系统地整治南盘江上中游，防治坝子地区的洪患。

上述各地堤防，中华人民共和国成立前防洪能力一般为5年一遇至10年一遇；较大的堤防的防洪能力为10年一遇。红水河、柳江、黔江三江汇流地带未有堤防。贵州省都柳江上中游虽有为数不多、零星分散的矮小堤防，但防洪标准很低，同属天然洪泛区。

珠江流域自唐、宋、元以迄明、清，即有建堤防洪、筑陂、开渠灌溉的记载，但历代政府无一个统一的治水机构。明、清时代，水利工作为知府、知州的佐官或县丞的工作职能范畴。据《珠江志（第三卷）》，清雍正八年（1730年）10月，铸给县承水利关防，南海、三水、高要、新会四县县承兼治水利 。对防护着广州市的北江石角、六合、榕塞等重要堤防的堵口复堤工作，在清代一向由两广水师提督直接掌管。珠江三角洲一般的民堤管理机构，中华人民共和国成立前是从管理施工的"好长"逐步转移到有一定实权的"围总"，最后设立"围局"，并制定出较完备的管理章程。

民国时期，流域各省的堤防工程一般都设立董事会进行管理，在县政府指挥监督下开展工作。1932年，广东治河委员会制定了《围董会组织规程》。1937年广东省政府颁布《广东省各江基围董事会组织大纲》规定围董会按地理自然区划组织，由堤围区每500人推选1名代表组成围民代表大会以选出围董会。围董会一般下设工程队，或设立工程分队，工程队设队长1人，副职若干人，工程分队设分队长1人，副职若干人，于每年冬由队长在所管辖的堤段内负责指挥布置堤围的维修养护，防汛时布设哨信、防洪抢险、堵口复堤及筹收经费等工作。

中华人民共和国成立前，西江流域重要的堤防包括南盘江上游河道堤防、南宁市堤防、梧州市堤防和联安围等。

3.2.1 南盘江上游河道堤防

南盘江上游为珠江源头地区，河道蜿蜒曲折，陆良县西桥段的石质河床，高出上游河床约1. 5米，江流不畅，易成洪灾。沿江的沾益、曲靖、陆良、宜良是云南省的粮仓和云南烟叶的主要产地之一。受洪水威胁的农田有56万亩，人口约100万。曲靖市历史悠久，是云南早期政治、经济、文化中心之一，有"滇东重镇"之称。

南盘江上游历史上洪灾频繁，1399~1985年，使受灾农田面积超过8万亩的洪水决堤次数近60次。1948年大水，陆良县麦凹决堤，县城被淹，水面与中原泽连成一片，南盘江西岸尽成泽国，受灾耕地面积达13万亩，淹没村庄25个，3300多户房屋倒塌。

对南盘江上游的洪灾，历来采用整治河道、炸滩除险、修建圩堤的治理办法，沿江圩堤的修筑始于明洪武、万历年间。明洪武年间（1368~1398年），指挥刘壁在曲靖寥廓山南麓潇湘江筑堤，年久湮废，知县胡麟徽重修。清代，南盘江上游圩堤继续有所发展，清雍正二年（1724年），总督高其掉在陆良修建中原泽堤，名"高公堤"。今曲靖市、陆良县和宜良县还留存有从明隆庆年间开始延续到清雍正年间先后建成的大小围圩100多个。清乾隆十年（1745年），云南总督张允随奏称，沾益、南宁（曲靖）、陆良县境内亮子口、黑宝滩处炸滩、疏河[①]。清道光年间（1821~1850年），蒋文庆任（曲靖）知府期内提出浚凿亮子口、黑宝滩[②]。民国期间，云南省南盘江水利工程处主持对南盘江上游开展了较有系统的疏浚、除滩、扩河、裁弯取直和整修加固堤防等治理工作[③]。

3.2.2 南宁市堤

南宁市堤（邕江大堤）沿邕江南北两岸分为市区和郊区两个部分。江北堤由石埠区的托洲村起至下游的江滨医院止，包括石埠堤、西明江堤、江北西堤和江北东堤4个堤段。江南堤从上游岭头脚起至下游的南岸砖瓦厂止，堤长46. 7公里。市区堤包括江北西堤、江北东堤和江南堤3个堤段。

南宁市堤主要防护对象为广西南宁市，该市地面高程一般为71~75米，处于邕江20年一遇洪水位以下。古代的南宁称为邕州，"邕"的含义是水中的州邑。唐景云二年（711年），邕州司马吕仁高在邕州城建堤防洪，但终被洪水毁坏，直至清嘉庆、道光年间重修，"堤身面阔丈余，底阔二丈余，长百余丈，辟三水窦，建立水闸，砌以巨石。其闸门用最坚之楠木为之，以时启闭，一以御水灾，一以储水利"[④]。堤重建成数年后又为洪水所毁，至1932年，广西3次动工重修，增长堤线4公里，成为当时邕宁县最大的建设项目，但以后又3次被洪水毁坏。

在古代，南宁是靠城墙御洪。近100年来，南宁市曾经历过3次大洪水，1881年的洪水为最大，查测洪峰流量和水位分别为20 600立方米/秒和79. 65米；1913年大洪水，洪峰流量和水位分别为19 000立方米/秒和77. 95米；1937年洪水，洪峰流量和水位分别为16 300立方米/秒和77. 25米。上述3次洪水重现期分别为百年一遇、50年一遇和20年一遇，市区在这3次洪水袭击下均遭淹浸[③]。

3.2.3 梧州市防洪堤

梧州市是一座具有2000多年历史的工商业城市，市区及郊区面积达307平方公里，浔江、桂江把城市分为河东、河西、河南和长洲岛4片。中华人民共和国成立前，全市未形成一个完整的防洪堤防，筑有防洪堤防的主要为河西和长洲岛两处。苍梧县龙好镇在小河口建有防洪闸，市郊农村还有婆冲、高旺、龙华等小型堤围。其余河东片（老城区）、莲花山工业区、钱鉴片、塘源片、高旺片、大漓口及扶典片共6片，在中华人民共和国成立前，无防护设施[③]。

①《明、清时期南盘江与四湖航运情况》，作者凡西林，云南省水利厅内部资料（1982年）。
②《蒋文庆岁修交河记》。
③ 水利部珠江水利委员会，《珠江志》编纂委员会. 1993. 珠江志（第三卷）. 广州：广东科技出版社。
④《邕宁县志》，由谢祖萃、陈寿民修订，1937年版。

3.2.4 高要地区堤围与联安围

高要地区堤防工程自宋至道二年（996年）兴起，是岭南地区最早筑堤防洪的地区之一，至今逾千年。表3-1反映了高要地区不同时期的堤防情况。

表3-1 高要地区不同时期的堤防情况

时间	成堤范围	筑堤宗数	修筑堤长（公里）	堤防总长（公里）	捍卫耕地面积（万亩）	泛洪总面积（万亩）	捍卫耕地与当时泛洪总面积的比例（%）	备注
宋（960~1279年）	羚羊峡之下	—	29.74	29.74	7.86	—	—	长利围，赤顶围，岔塘围，香山围，竹洞围，腰古围，罗岸围，横桐围，后沥水
元（1271~1368年）	羚羊峡之下	6	38.47	68.21	12.11	49.43	24.5	鸭塘围，金西围
明（1368~1644年）	三榕峡之下	21	119.69	187.90	31.28	58.25	53.7	
清（1644~1912年）	三榕峡之上及新兴江的新桥之上	36	33.80	221.6	35.27	63.21	55.8	
民国（1912~1949年）	三榕峡之上及新兴江的新桥之上	58	61.16	282.76	44.54	68.31	65.2	
中华人民共和国成立后（1949~1987年）	基本覆盖整个流域	51	46.37	180.79	63.72	—	—	

注：表格数据来自广东省高要县水利电力局1990年编写的《高要县堤防志》《高要县水利志》以及《高要县志》（高要县地方志编纂委员会编．广州：广东人民出版社，1996）并经作者统计整理。

图3-1~图3-4显示了高要地区1987年以前的成堤范围。

高要地区堤防建设历经千年，到20世纪终于基本完善，高要地区的洪涝灾害亦得以缓解。

高要地区最重要的堤围是联安围。联安围位于高要县东面西江右岸，干堤始于沙田坑止于羚羊峡口，堤围长6公里，集水面积410平方公里，防护人口13. 33万人、耕地面积15. 9万亩。联安围由大榄围、思霖围、宋隆围联合而成。大榄围建于明初，西起沙田坑口，沿西江到赤顶，以中间基与思霖围为界，东、南、北三面绕宋隆水，止于榄塘村，周长8.57公里。思霖围建于明初，西接大榄围，沿西江到宋隆水，绕宋隆水与大榄围接，周长4.54公里。自清雍正八年（1730年）至民国时期，沿宋隆水一带，陆续建有东垠围、陀垠围、长江围等14宗基围。19世纪70年代，曾进行宋隆围的筹建工作，但邻近地方，以堵塞宋隆水会增高羚羊峡以上水位为由，持反对意见，久未能成。至乙卯大水之年（1915年），几经争议，成立宋隆建筑基闸公所，用股份公司办法筹集资金，同期广东省治河处派员规划，1922年完成计划，主要工程为修建宋隆水闸，改筑大榄围和思霖围，筑西边分水界（河

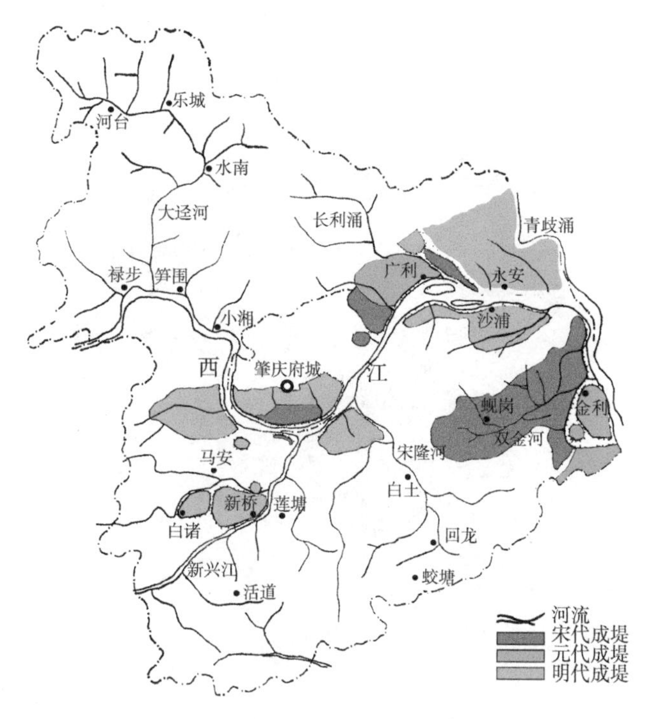

图 3-1　高要地区明代堤防示意图

资料来源：周彝馨绘，参考广东省高要县水利水电局 1990 年编写的《高要县堤防志》中明代以前成堤示意图

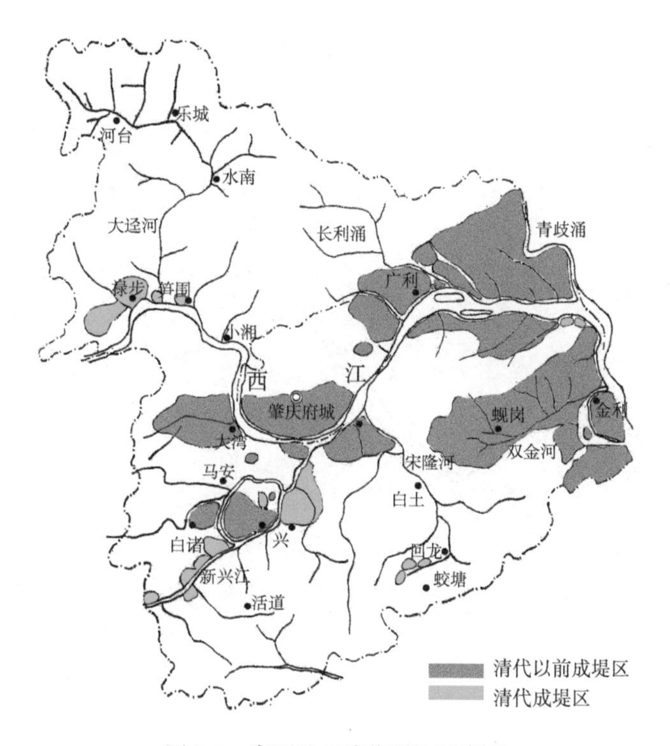

图 3-2　高要地区清代堤防示意图

资料来源：周彝馨绘，参考广东省高要县水利水电局 1990 年编写的《高要县堤防志》中清代成堤示意图

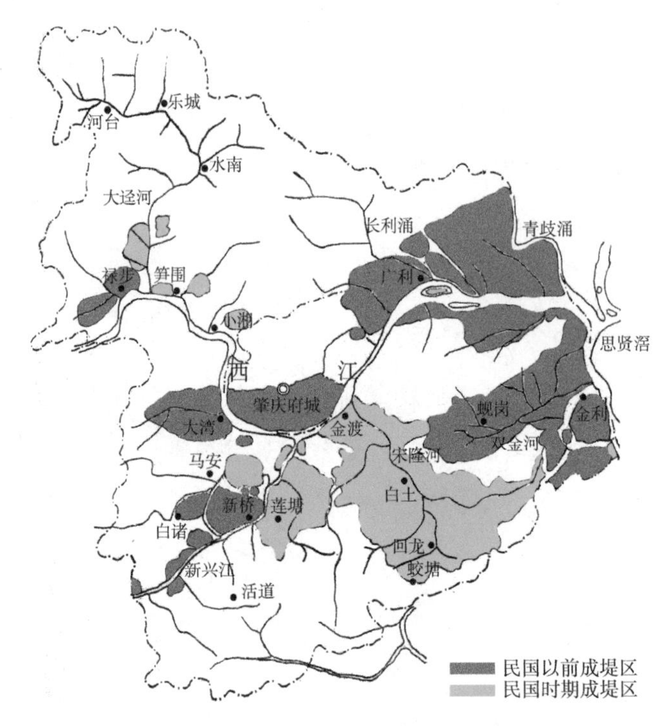

图 3-3　高要地区民国时期堤防示意图

资料来源：周彝馨绘，参考广东省高要县水利水电局 1990 年编写的《高要县堤防志》中民国时期成堤示意图

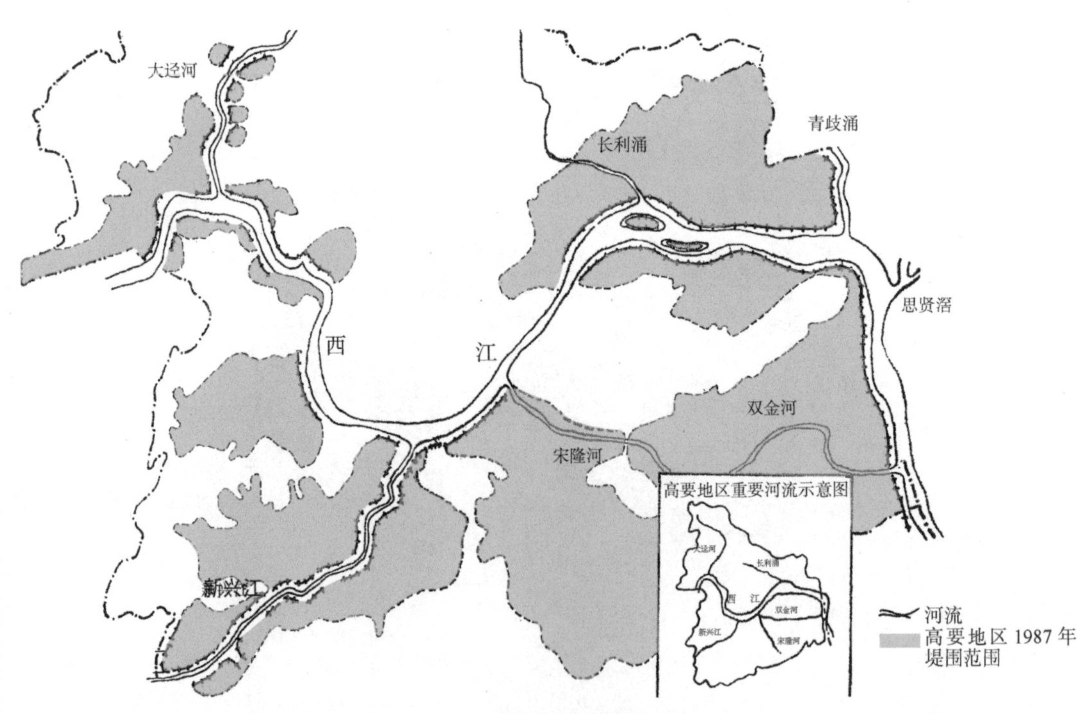

图 3-4　高要地区当代堤防范围示意图

资料来源：周彝馨绘，参考广东省高要县水利水电局 1990 年编写的《高要县堤防志》中 1987 年堤防工程示意图

蛟基等 6 处）及鸬鹚峡、平头峡三段横基。1923 年 10 月宋隆水闸动工，1927 年夏季建成。鸬鹚峡、平头峡横基于 1924 年建成，河蛟等基于 1925~1927 年建成，至此形成联围，称宋隆围。1936 年，宋隆围、大榄围、思霖围联合为联安围[①]。

3.2.5 其他堤围

其他堤围还包括长利围、王公围、蔡坑围、大路围、五沙围等。

3.3 西江流域水利史

明崇祯十年（1637 年），徐霞客对西江中上游各水系源流进行实地考察，著有《盘江考》，论述南盘江是西江的主流，发源于云南省沾益州交水炎方驿附近。清雍正三年至六年（1725~1728 年），鄂尔泰任云贵总督，考察了南盘江，并主持兴建一些水利工程，效益显著，离任前撰写的《兴修水利疏》，描述了云南的自然地理和水利特点，对曲靖、宜良、建水、宣威等州县较大水利工程的布局、兴建、实施办法及效益都进行了较详细的论述和总结。清雍正、乾隆年间山东张允随在云南为官 30 多年，考察过不少地方，主持兴建了一些水利工程。在他向皇帝呈报的许多奏章中都谈到水利问题，在乾隆二年（1737 年）闰九月十九日的奏章中更集中系统地谈及水利，指出“查滇省山多坡大，田号雷鸣，形为梯蹬，即在平原，亦鲜近水之区，水利尤为紧要，且滇省水利与别省不同”。奏章提出要针对不同的地形条件，拟出、寻取不同的工程措施，以利灌溉；对“可通舟楫之水利”的具体河段，“臣次第开浚”。此外还对工程建设的组织领导，资金、器材的筹集使用及受益区的田赋政策等都进行了具体的阐述。

近代，珠江中下游及珠江三角洲地区河道淤积加重，工程失修，洪涝灾害日益严重。1915 年 1 月 30 日至 2 月 11 日，广东治河处督办谭学衡与上海浚浦局瑞典籍工程师海德生，乘江汉炮舰由甘竹上溯至梧州的油炸滩和主要支流及各河口，对地理形势、江河流量、潮水涨落、河道比降、河宽水深、堤围情况 6 个方面进行了考察，提出了治理水患的建议，即“治理西江，无论如何，须从直接防御水患一方面，极力筹划，始为善策。如基围之建筑改良，及其保管之法，完备周密，高度适宜等类是也。”为此，海德生提出以两年为期，组织专人进行测量和工程规划，并就测量、规划内容和财务开支及设备购置等，提出了具体计划预算。

1915 年 3 月，柯维廉就任广东治河处正工程师后，随即按计划开展测量工作，完成《督办广东治河事宜处第一期报告书（西江实测、民国 4 年）》及附图 110 幅，具体提出治河的各项计划：①堵塞通连西江扬子江间之兴安运河（即灵渠）；②开凿新河以泄水入海；③开凿支河于羚羊峡畔；④开阔河床；⑤建筑蓄水池；⑥广植林木。并提出“将数小围合成一大围，而筑一相连不断之干围以绕之，并多建水闸为灌溉及航行之用”[②]。

---

① 水利部珠江水利委员会，《珠江志》编纂委员会 . 1991. 珠江志（第一卷）. 广州：广东科技出版社。
② 水利部珠江水利委员会，《珠江志》编纂委员会 . 1993. 珠江志（第四卷）. 广州：广东科技出版社。

3.3.1 山地丘陵区水利史

山地和丘陵区中，一般基岩裂隙水由高而低向水系切割的当地的基准面排泄而形成河川基流，或在山间渗出而为地表溪流，或在山前的山麓边缘出露成清泉，水量大小不一，还有少量地下水越流排泄。流域人民利用地下水这个特点，在溪流筑陂 、蓄水灌田或利用竹筒等引水工具，灌溉梯田，把许多荒山旷野变为膏腴富饶之地。例如，清初广西境内 53 个州县有陂塘、渠圳、井泉等工程 987 项，其中陂堰 704 项，占 71%，为水利工程的主体。再如，桂林府兴安县陆川江的观陂，灌田 4.5 万亩；阳朔的神陂，灌田达数十万亩；桂林府西北的龙胜县是闻名遐迩的“龙胜梯田”所在，梯田占地面积达 4 平方公里，始建于元而完成于清，高差 500 米，层层叠叠，如龙盘旋，气势磅礴，蔚为大观，震撼人心[①]。

3.3.2 岩溶地区水利史

碳酸盐岩类岩溶地下水，水量丰富，但有区域及深度上的分布不均现象。岩溶地下径流受季节的影响，丰水期水流做水平运动，枯水期水流做垂直运动，形成相似于地表水的快速流和在岩溶裂隙中层流和渗流的慢速流。岩溶地下水排泄集中，排泄量大而又不稳定。这些地下河所蕴藏的水资源，自古以来就为流域人民开发利用，开发利用形式包括在地下水出露处开凿湖池，或筑陂储蓄，或筑陂堰开渠引泉，也有围泉凿井，运用水车、桔槔汲取泉水的。例如，广西临桂县城西光明山下，有地下水涌出为泉，当地人筑陂渠外流，“其水储为于家庄渠，灌田数百顷”。再如，该县有琴潭山，下有地下河出露，“成潭，四时不涸，水流涂涂如琴声，因名，灌田数千亩”。这些事例更不绝书，反映地下水开发利用形成文化景观甚为普遍，是岩溶地区一大特色[①]。

3.4 各类防灾方略

3.4.1 防御水灾方略

依据《中国古城防洪研究》[②]一书中的观点，西江流域对洪水威胁环境的区域战略型防御方略包括了防、导、蓄、迁 4 个方面。

1）防：筑堤坝防洪水，这是千年以来最重要的防洪方法。因此从 711 年始，至今 1000 多年的时间里，西江流域的人民一直在实现和完善此项事业。

2）导：疏导江河沟渠，降低洪水水位。

① 水利部珠江水利委员会，《珠江志》编纂委员会 . 1992. 珠江志（第二卷）. 广州：广东科技出版社。
② 吴庆洲 . 2009. 中国古城防洪研究 . 北京：中国建筑工业出版社。

3）蓄：利用湖、池调蓄雨洪。

4）迁：这一方略是近代技术水平提高才有所运用，主要是迁改河道，使水患减轻。

3.4.2 防御风灾方略

台风地区聚落多筑围墙或防护林，建筑物低矮，甚至使用蚝壳墙体，作物如水稻、甘蔗等也用矮秆品种。

3.4.3 防御旱灾方略

岭南地区聚落外围多有护村池塘，有的多达十几个，称为风水塘，可蓄水度过旱年。聚落中还开凿了大量的井，基本上每个支族均有 1 个以上（如广东省肇庆市高要区白土镇思福村的井有 10 口），可适应水旱不均的气候。聚落聚居的规模与井的数量有直接的关系。

4

西江流域传统聚落的防灾格局形态

笔者调研了西江流域286个聚落，并对其中92个聚落进行了重点复查，初步分类总结了西江流域传统聚落防灾格局形态。

本章重点讨论6种类型聚落的防御性问题，以揭示西江流域传统聚落的防灾格局。包括地形先天优势型聚落、军事防御型聚落、围屋型聚落、迷宫型聚落、“八卦”形态聚落和集聚型聚落。

4.1 地形先天优势型聚落

西江流域内的云、黔、桂、粤的地形地势大不相同。云南、贵州和广西西部、北部以山地为主，地形多变、封闭，广西东部、南部和广东部分则以平原、丘陵为主，平坦、开阔。所以这几个地区的聚落对地形优势的利用方式亦大有区别。云南、贵州和广西西部、北部多为山地型聚落，山地形势易守难攻，聚落擅长直接利用山地的高耸、险峻，山谷的隐秘、路径单一等优势。而广西东部、南部和广东的聚落多为平原聚落，尽占天时地利，多在原有的水体、丘陵环境基础上加以改造，使之适应自身的防御要求。

4.1.1 利用环境的大格局防御

西江流域的部分传统聚落在防灾方面得天独厚，利用了适合防灾的环境大格局，达到天人合一的选址、营建境界。本书将其分为两类：①居高临下的险峻控制型格局；②狭长通道的咽喉控制型格局。迤萨镇、回新村、堂安侗寨、怎雷村、那岩古木寨均为居高临下的险峻控制型格局；镇远古镇、肇兴侗寨、额洞村、长岗岭村、水源头村、茶榕村、杨池古村均为狭长通道的咽喉控制型格局。

（1）云南红河哈尼族彝族自治州红河县迤萨镇

迤萨镇的地理位置让人“匪夷所思”，是典型的位于险峻之地，控制制高点的防御型聚落案例。

迤萨镇位于红河哈尼族彝族自治州东北部、红河南岸迤萨山岭西部，处于红河干热河谷之内的山峰之巅，山下就是红河。面积为3平方公里，海拔为1000多米，周边地形跌宕，高差极大。迤萨镇可谓“云端古城”，雄踞群山之巅，地势雄峻，视野辽阔，气势非凡，初次远望时笔者竟以为是海市蜃楼。

迤萨镇有汉族、彝族、哈尼族等多个民族，汉族占总人口的41%。迤萨古时本缺水，然城内有大龙潭水，彝语称水丰富为“衣索”，故迤萨为“衣索”之意，为彝人对生息之地福祉的期盼。由此可以推测，迤萨最早本为彝人定居之地。当地有民谣：“高高山上是故乡，左有河来右有江；山高难把五谷出，水大难作救命汤。”这个建在红河南岸山梁上的小城，没有土地可供耕种，且向来缺水，本来是不适合人生存的。在明代以前，这里的主要居民是彝族（卜拉），直到明朝洪武年间，分封土司世袭制度，才逐渐有汉族人口迁入。到了清朝乾隆年间，人们在迤萨发现了铜矿，于是，汉族商人纷纷汇集到了这里投资开采铜矿。随着商贾频繁往来，享有通往边疆优势的迤萨，很快形成了热闹繁华的小集镇，汉族人口猛增。后来，由于冶炼铜矿的材料稀缺，这里的铜矿便渐渐关闭了。伴随铜矿业兴盛的商业、手工业也随之衰落。为了在这个建在山梁上的小镇上生存下来，居住在迤萨的人们开始组建马帮“下坝子[①]”。

马帮是迤萨镇发展的关键。清咸丰三年（1853 年），迤萨的先人从南路闯出国门，称为马帮，开赴越南、老挝、泰国等东南亚国家经商，今有近 6000 人侨居老挝、泰国、加拿大、法国等 17 个国家和地区，为云南省第二大侨乡。他们将曾经用来拉矿的骡马集结起来，驮上本地的土布、丝线、衣服等日用百货开始往老挝、越南、缅甸等国家深入，进行贸易；然后再从国外采购棉花、象牙、鹿茸、熊胆等名贵药材回国销售，这就是有名的“下坝子”。在当时，用一根缝衣针就能换得一块兽皮、一只熊胆甚至象牙的故事屡见不鲜。这些山货药材运回中国，利润丰厚。清末迤萨人历时 60 年艰辛，打通了 11 条通往东南亚邻国的跨国商道“马帮之路”。人马同行缔造了南滇的马帮文化，在这样一个本身不生产建筑材料的地方，以马驮来了砖、瓦、木材，营建出一座座依山而建的山城，并创造了独特的集中西建筑文化与马帮文化于一体的古镇迤萨。明末清初，汉族开始由石屏、建水迁入；清乾隆年间，随着炉坊铜矿的开采和元江水运贸易的发展，人口骤增，清末开辟了通往越南、老挝、缅甸、泰国以马帮运输的民间国际贸易渠道，经济迅速发展，迤萨开始形成初具规模的商业集镇。

其中占领迤萨镇地形制高点的是迤萨东门楼建筑群（图 4-1）。迤萨镇东门楼建筑群始建于清代，占地面积约为 1 万平方米，被称为“马帮城堡”。其房屋多为中西式三层楼三进四合院，外观呈方形碉堡状，周围砖包土基墙内与阳台等多处设有射击孔。迤萨镇东门楼始建于 1944 年，是东部进入县城的唯一通道，原城门左部为山沟陡坡树林，右部与姚初民居相连。姚初民居为四合院建筑，占地面积超过 500 平方米，建筑面积近 1000 平方米，其房屋为中西式三层楼三进四合院，瓦顶砖墙，外观成方形碉堡状，周围砖包土基墙内与阳台处多处设防御射击孔，其建筑利用陡坡地形灵活多样地做成高低错落的台状地基，坚固稳重，用水泥灰色沟缝制作。其建筑格局以天井和两边厢房为水平，倒厅一排五间低于天井，正堂的三间两耳则高于天井，正房的第一层为天井的四合院，第二层四面有走道相通，第三层利用倒厅的平面顶做正房的阳台，阳台四壁设有射击孔 30 余个。钱万兴住宅于民国初年建造，建筑面积超过 2000 平方米，其房屋为中西式砖木结构二层楼，双坡瓦屋顶，房屋建设不规则，进门没有明显的导向性，拐弯多，高低不等，天井大小不一，共有六个，60 多间房间，具有迷宫式特点（图 4-2）。钱万兴为甲寅瓦渣土司 24 代钱俊之次弟，他为便利生活经商，故在迤萨镇东门楼附近兴建住宅。

①坝子为云南地区对平原的称呼。

图 4-1　迤萨东门楼建筑群航拍图

资料来源：吕唐军摄

图 4-2　迤萨东门楼建筑群（钱万兴住宅）

资料来源：吕唐军摄

迤萨华侨商人富庶名声在外，迤萨曾是“纺线老奶奶都有四两黄金”的地方，时常有土匪、兵痞虎视眈眈。大约 1925 年春，对门山上业租村匪首孔开甲趁迤萨商队出国经商空隙，率领几百匪兵攻入迤萨，劫走金银财宝无数。浩劫之后，迤萨人对建筑要求甚高，考虑周到。迤萨的古建筑，一是选用当地较好的木料，屋架大都用红椿树、毛木树、黄羊木做成，这种木料虫不吃，连白蚁也不敢吃，是最好的建材。二是具有防御措施，房屋的墙壁用砖和土基砌成，厚度60厘米，最厚80厘米，内墙是土基并放有竹条，以增强拉力，外墙是厚实宽大的青砖，这种结构迤萨人称“金包银”，主要用于防御人为灾害，特别是防范抢劫。在墙体四周广布射击孔，其中以东门楼、姚初民居最为显著。三是建筑速度慢，为了保证质量，规定工匠一天只能砌三层砖，当时没有水泥，用豆浆拌石灰砂浆，以提高黏性。这些近百年的城堡，内部空间纵横、七弯八拐、上下交错，为迷宫型设计。宽大厚实的墙壁上分布有一排排射击孔，面向外部层层叠叠的群山。

迤萨地处滇东南前往滇南的重要贸易通道，大量商人携带财富往来于此，他们需要一座地形险要的城堡以保证自身的安全，而山顶具有天然的易守难攻优势。

（2）云南红河哈尼族彝族自治州建水县回新村（彝族聚落）

回新村是一个规模较小的聚落，主要为纳楼[①]茶甸长官司[②]署的所在地。聚落雄踞红河北岸山腰上，地势险要，纳楼茶甸长官司署建于全村制高点，盛名四方（图4-3）。纳楼茶甸长官司署为纳楼茶甸长官司土副长官普氏的衙署之一。因为此地曾是古时建水通往江外（红河、元阳、绿春等县地）的重要驿站，其占据高势有利防御和固守，以维护长官的统治和地位。

图4-3　回新村航拍图

资料来源：吕唐军摄

①古彝族部名的译音。最早见于《新唐书·地理志》《南诏野史》等唐、宋史籍中。明天启《滇志》卷三十土司官氏记载：“纳楼茶甸长官司土官普少，倮倮人。洪武归附，授副长官。”“普少”为汉姓用字，“纳楼”为家支名。汉以前，滇南彝族大姓为纳楼，踞南盘江水系建水、弥勒、华宁等地区。引自《红河彝族辞典》。

②彝族土司。归属临安府，今云南红河哈尼族彝族自治州建水、个旧沿红河北岸地。元明时为纳楼千户。明洪武十七年（1384年）改置，属临安府，治所在今云南建水县官厅。引自《中国历史地名大辞典》。

（3）贵州黔东南苗族侗族自治州黎平县堂安侗寨（侗族聚落）

堂安侗寨是侗族聚落，据说有700多年历史，是由厦格上寨鼓楼的大家族外迁形成，共由7个姓氏组成（以嬴、陆两姓氏为主，还有潘、蓝、吴、杨、石），坐落于肇兴侗寨东边的关对山坳上，背靠弄报山，民居分散于班柏山、几定山之间，海拔接近1000米，三面环山，另一面形成大面积的梯田，村域面积为4.84平方公里。周边树木密植，植被覆盖率为57%（图4-4，图4-5）。

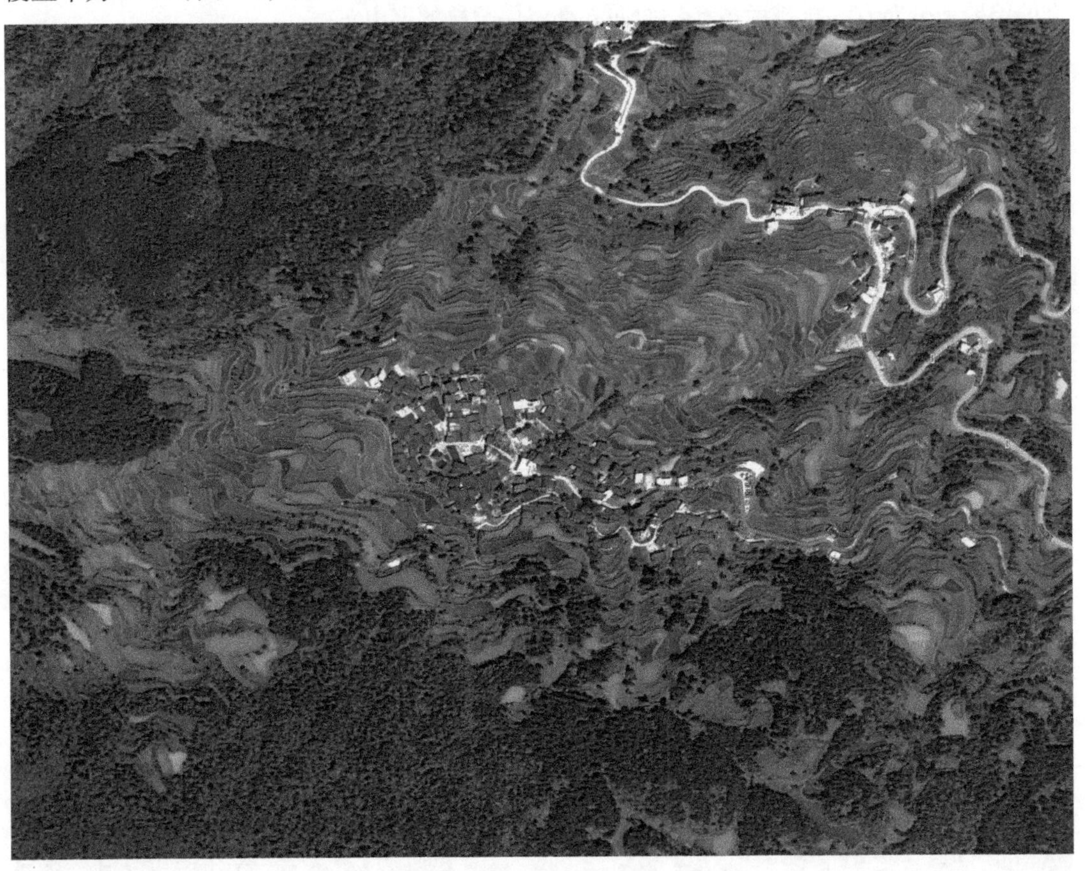

图4-4　堂安侗寨卫星图

资料来源：林耀安制作

堂安侗寨共有7条出寨的路，都建有寨门（原有8处寨门，其中1处烧毁，现余7处）。寨中建筑功能齐备，包括鼓楼、戏楼、风雨桥、歌坪、谷仓、禾晾、水碾、水碓、民居、鱼塘、井亭、祭堂、古墓葬群等建筑物。

（4）贵州黔南布依族苗族自治州三都水族自治县怎雷村（水族聚落）

怎雷村是贵州省唯一的水族文化保护村，地处黔南都柳江与龙江上游分岭的山脉中，东靠大山，西临都柳江支流排长河。海拔为650米，面积为0.52平方公里，为水族文化中心。怎雷村建于山坳缓坡地段，背负青山，前临深涧，与都江古城垣隔河相望，层层梯田，气势恢宏（图4-6~图4-8）。“进山不见寨，入村不见山”是水族聚落对人居环境的追求。

图 4-5　堂安侗寨航拍图

资料来源：吕唐军摄

图 4-6　怎雷村航拍图

资料来源：吕唐军摄

图 4-7 怎雷村卫星图

资料来源：林耀安制作

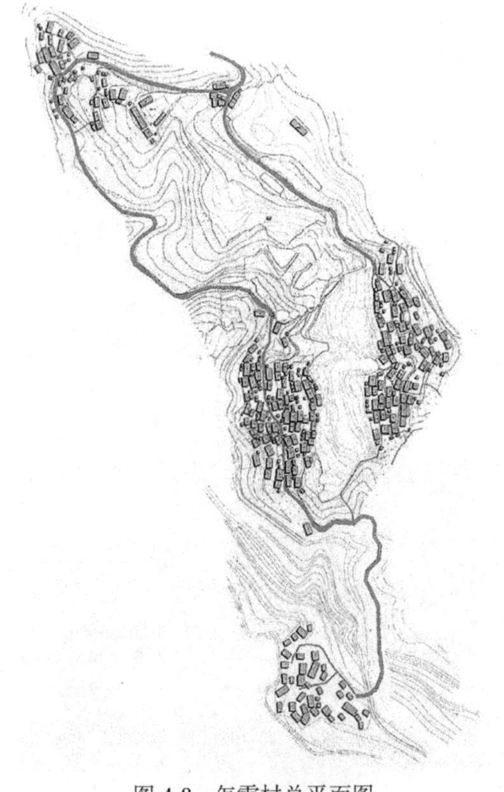

图 4-8 怎雷村总平面图

资料来源：贵州省住房和城乡建设厅. 2016. 贵州传统村落（第一卷）. 北京：中国建筑工业出版社：434

怎雷村先辈约于清康熙年间迁居于此，约在清中期形成今天的村寨规模。全村居民有水族、苗族，分上寨、中寨和下寨，其间间隔着稻田和树林，上寨和中寨主要为水族村民居住，下寨主要为苗族村民居住。水族占65%，苗族占35%。日常生活中使用水语、苗语和汉语，水族能说苗语，苗族也能讲水语。

怎雷村特别注重存放粮食的禾仓，当地水族有一种说法：不管有房、无房，都要先盖禾仓后修房。禾仓建造方式与住宅基本相同，每家都有一个以上禾仓。

（5）广西百色市西林县马蚌镇那岩古木寨（那岩屯）（壮族布依支系聚落）

那岩古木寨（那岩屯）为壮族布依支系聚落，已有1000多年的历史。据寨中老人所述：祖上是古“句町国”头领“承”的后裔，全寨以岑、吴两姓氏为大姓，目前寨中居民仍织土布、穿土布、讲土语，许多习俗都与西林县历史上的古“句町国”有着极其重要的联系，与附近的许多村寨有众多的不同之处。该屯占地面积达 1.86 平方公里，拥有水田 56.23 亩。

那岩屯由坝南、坡玛嵩、小寨 3 个山峰组成。为了更好地发挥防御作用，寨中 109 幢干栏式木建筑均建于山峰顶。聚落下仅有一条上峰顶的路，建筑群位于山梁之上，可望而不可即，可谓一夫当关，万夫莫开（图 4-9~ 图 4-11）。根据寨中的传说，当时那岩屯 3 个山峰均是森林密布，长满刺竹，易守难攻，古夜郎国、古滇国与汉朝都难于管理，使得古句町国战败后在那岩古木寨生存下来。

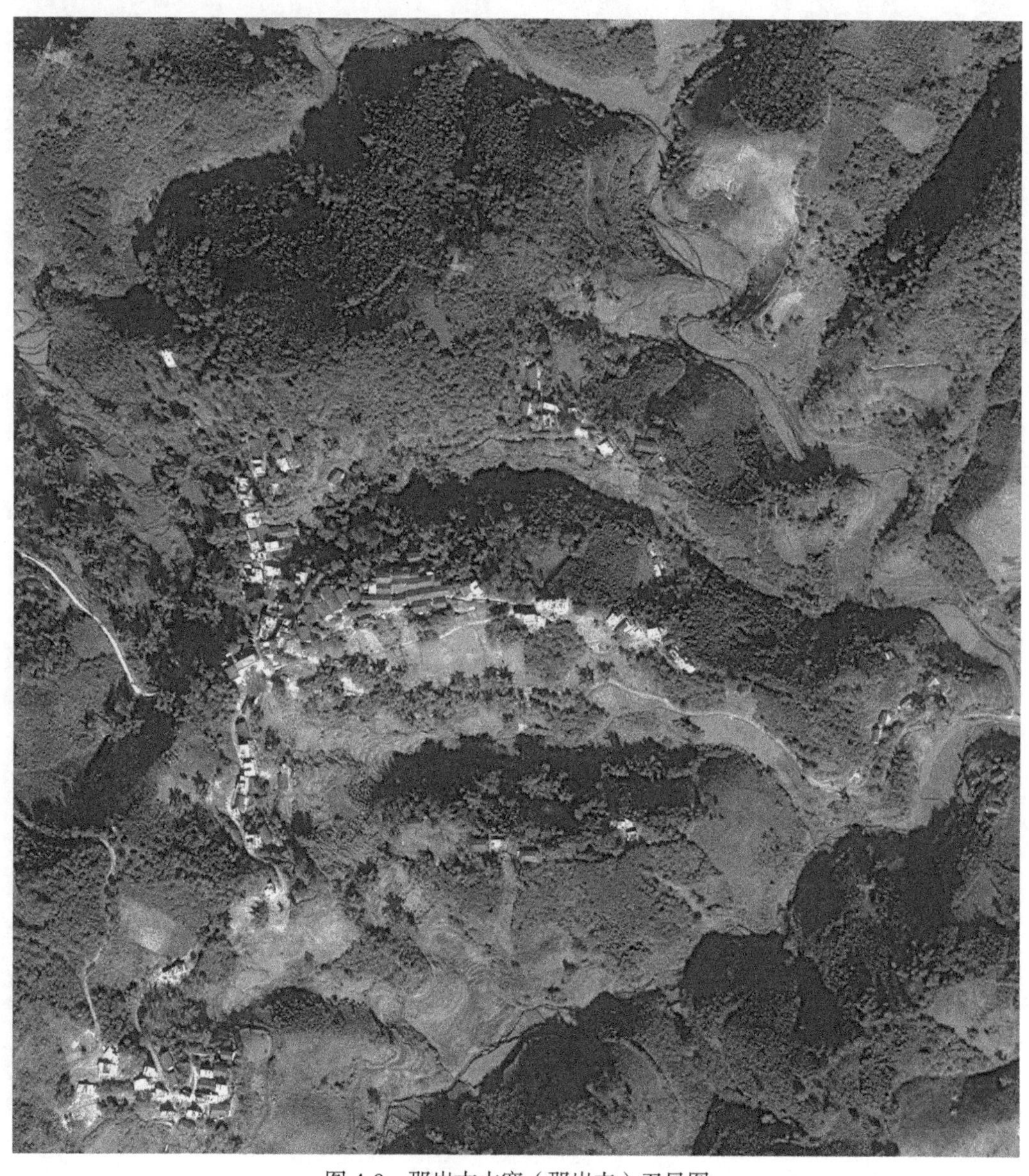

图 4-9　那岩古木寨（那岩屯）卫星图

资料来源：吴桂阳制作

图 4-10　那岩古木寨（那岩屯）的航拍图

资料来源：吕唐军摄

图 4-11　那岩古木寨（那岩屯）的鸟瞰图

资料来源：吕唐军摄

该屯的干栏建筑群被专家喻为“广西壮族的标志性建筑”，坝南仍保存着古时因军事防御而形成的“户户相连、家家相通”的房屋布局，以便于调兵防卫。

1951年6月，在该屯打响了著名的“那岩战役”，战斗时间长达8天之久。当时，人民解放军四野59军219师656团及一个迫击炮营参与了战斗。战斗中敌我双方消耗了大量的弹药和人员，解放军有15人牺牲，匪首林介雄战败自杀。至此，盘踞云南、贵州、广西交界处的最大土匪组织匪滇桂边区九纵队至此瓦解，为全面解放西林、罗平、兴义等周边县市奠定了坚实的基础，该屯现存有战役战壕、掩体等遗址。

（6）贵州黔东南苗族侗族自治州凯里市镇远古镇

镇远古镇是贵州四大古镇之一，地处入黔要道，素有“滇楚锁钥，黔东门户”“苗乡古城”之称。镇远古镇自秦昭王三十年（公元前277年）设县开始至今已有近2300年的历史，其在元代、清代为道、府所在地，达700多年之久。镇远古镇位于舞阳河上游，是黔东南苗族侗族自治州的物资集散地。

镇远古镇是座历史悠久的苗乡古城。据文献记载，镇远建置较早。殷周时期镇远称“竖眼大田溪洞”，属鬼方。春秋属牂牁国，战国属夜郎国，秦代属象郡。当时的镇远地处历史上“五溪蛮”和“百越人”聚居的结合部。汉代设无阳县，隋唐置梓姜县。宋高宗绍兴元年（1131年）在这一带筑黄平城，赐名镇远州，为镇远之名的开始。此后，时而为府、卫，时而为道、县，千百年来一直是黔东咽喉之地。

镇远既是黔东政治、经济、文化中心和交通要冲，也是兵家必争的军事重镇。明弘治初年，镇远太守周瑛有“欲通云贵，先守镇远”之说。《苗疆闻见录》上也有“欲据滇楚，必占镇远”的论述。

镇远自古为湘楚人在夜郎地区舍舟登陆的要冲，也是京城与西南边陲及安南、缅甸、暹罗、印度等国礼物献赠和信使往还的捷径和必经之地，有“南方丝绸之路要津”之美称。明太祖朱元璋兴师入黔，贵州水西宣慰使奢香夫人霭翠派人献牛羊、粮米、毡等物，迎王师于镇远。明正德三年（1508年），理学家王阳明由贵州书院奉诏调任江西庐陵，赴任时取道镇远，买舟由舞阳河下沅水出洞庭。清代缅甸大使直也托纪卸任回国时也是途经镇远。晚清爱国名将林则徐曾三次路经镇远，他在《镇远道中》一诗中对这里雄奇的山川和险要的地势的描述如下：“两山夹溪溪水恶，一径秋烟凿山脚，行人在山影在溪，此身未坠胆已落”。

舞阳河蜿蜒以“S”形穿城而过，将其切为府、卫北南两城，北岸为旧府城，南岸为旧卫城（图4-12，图4-13）。两城池皆为明代所建，均有石砌城墙围护，设两座城门，现尚存部分城墙和城门。清康熙十年重修，城周二里余，高一丈五尺。群山环列，形若无城。

城内外古建筑、传统民居、历史码头数量颇多，有古码头12个，古巷道8条，古驿道5条，亦有古寺观、古祠庙、古民居、古桥、古井、古摩崖、古墓葬等。

（7）贵州黔东南苗族侗族自治州黎平县肇兴侗寨（侗族聚落）

肇兴侗寨，占地面积达18万平方米，居民1000余户，是黔东南侗族地区最大的侗族村寨，素有“侗乡第一寨”之美誉。南宋正隆五年（1160年），肇兴的先民就在这里建寨定居。村名为侗语，“肇”意为开始，“兴”为兴旺。肇兴侗寨分内姓外姓，外姓全为

图 4-12　镇远古镇卫星图

资料来源：王捷达制作

图 4-13　镇远古镇航拍图

资料来源：吕唐军摄

陆姓侗族，分为五大房族，分居五个自然片区，当地称之为“团”，分为仁团、义团、礼团、智团、信团5个组团；内姓有邓、袁、龙、郭、孟、夏、马、白、鲍、赢、满、曹12个姓氏，分为十二大房族，分居十二个自然片区，十二大房族聚居于5个组团内。

黎平地区以山地为主，肇兴侗寨则处于一狭长谷地之中，南北两面群山环绕，仅留中间一狭长走道为唯一的东西交通路线，可谓“扼地形之咽喉”。肇兴侗寨建于山中盆地，两条小溪汇成一条小河穿寨而过，为其提供了必要的生活水源。由于受地形影响，肇兴侗寨的田地都是两边山地上的梯田（图4-14~图4-16）。

图4-14　肇兴侗寨卫星图

资料来源：马桂梅制作

图4-15　肇兴侗寨航拍图

资料来源：吕唐军摄

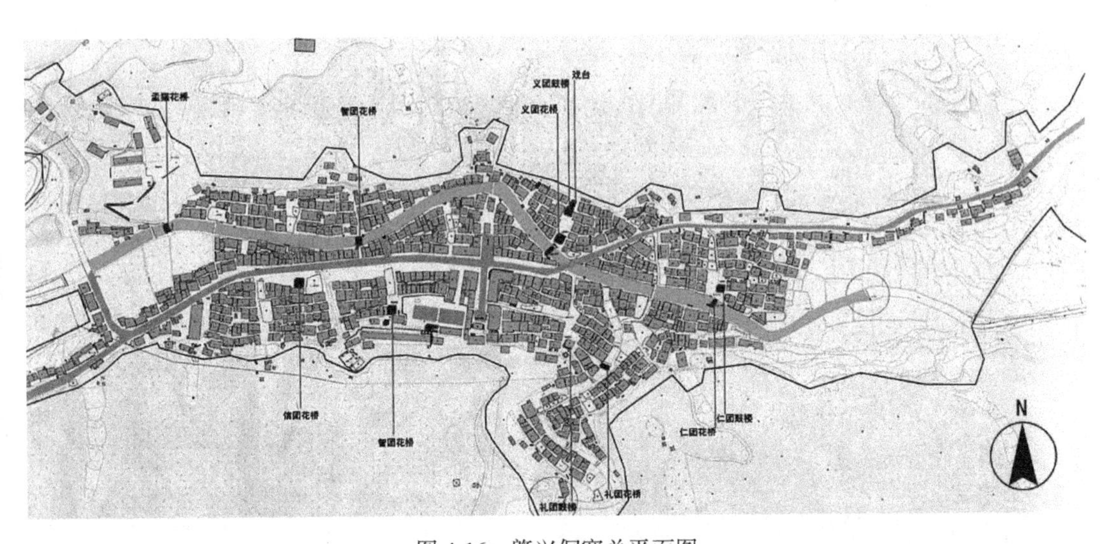

图 4-16　肇兴侗寨总平面图

资料来源：贵州省住房和城乡建设厅 . 2016. 贵州传统村落（第一卷）. 北京：中国建筑工业出版社：326

图 4-17　额洞村卫星图

资料来源：田俐制作

（8）贵州黔东南苗族侗族自治州黎平县额洞村（侗族聚落）

额洞村为纯侗族村寨，所在地原为高近、流芳的田地，坡名称“归额”（侗话），因种田路途遥远，先祖便从高近、流芳搬来此地居住，逐渐形成独立村寨，称为“额洞”。据《黎平县志》记载，元代已在此设有建置，依此推算，聚落已有近700年历史。村内姓氏包括吴、石、杨三姓氏，均为侗族。

额洞村位于山谷之中，地形蜿蜒狭长，两面高山密林，仅留山谷两端的出入口，聚落呈线形形态，中为道路，两边建筑群沿山地建设。额洞村有禾仓275栋，禾仓群分布于聚落中部（图4-17~图4-19）。额洞禾仓群多建于浅水塘中，布局完整，设施齐全，具有防火、防鼠、防虫蚁、防潮等功能；部分粮仓建

图 4-18　额洞村总平面图

资料来源：贵州省住房和城乡建设厅 . 2016. 贵州传统村落（第一卷）. 北京：中国建筑工业出版社：330

图 4-19　额洞村鸟瞰

资料来源：吕唐军摄

于山岗之上，沿山体等高线排列。

（9）广西桂林市灵川县灵田镇长岗岭村

长岗岭村位于桂林市东北部，始建于宋代，原名瑶山岭，明代改称长岗岭，为“湘桂古商道”要冲。聚落辖区总面积为6.47平方公里，住户为400余人。聚落以陈、莫、刘为大姓，分别于明天顺年间（1457~1464年）、明嘉靖（1522~1566年）年间、清康熙年间（1662~1722年）至此。长岗岭村兴于唐宋，盛于明清，号称昔日“湘桂古商道”盐马古道上的“小南京”。明清时期，岭南经济快速发展，沟通长江流域和珠江流域的运河灵渠在商业流通上开始发挥重要作用。随着商品流通的增大，水路不畅，陆路自然通达，灵渠北面的界首古镇成为明代“千家之市”，南面的大圩古镇成为明代广西四大古镇之一。当时的长岗岭村正位于界首古镇和大圩古镇的中央，位于明清时期用于南北通商的湘桂古商道——三月岭盐马古道的中央，得天独厚的地理优势，是经漓江通往梧州、广州最便捷的通道，吸引了大批商贾在此开设商铺，这一“商道明珠”因而成为商人的歇脚点。清代陈姓、莫姓一些居民经营食盐、桐油，在清中期先后成为灵川巨富。长岗岭村也一跃成为当时桂林一带鼎鼎有名的“富豪村”，享有“小南京”的美誉。民国时期湘桂公路开通，古商道逐渐废弃，聚落由盛转衰。

长岗岭村四周山岭连绵，背靠雄狮山，左依挂榜山，右傍天鹅山，前有毛界岭、大观音山。聚落所在地为水源山，位于山岭间的小盘地内，紧扼唯一的通道——三月岭盐马古道的咽喉（图4-20）。三月岭盐马古道穿村而过，古道上接灵渠，下接漓江，是沟通长江

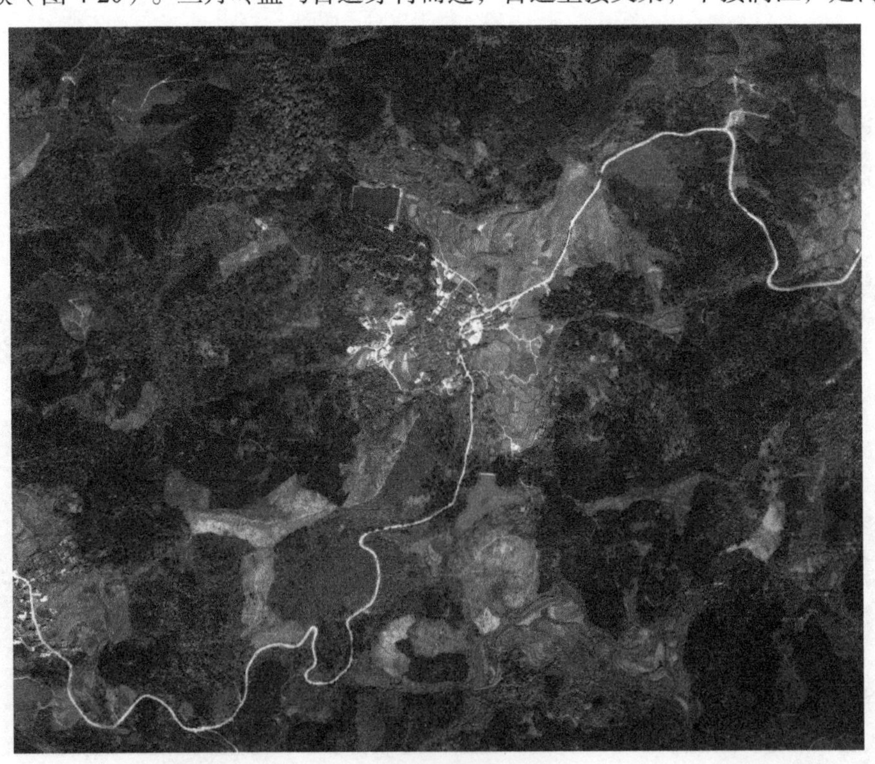

图4-20　长岗岭村卫星图

资料来源：毛梅倩制作

与珠江两大流域商品流通的唯一旱道。聚落内现有明清、民国建筑近60座，建筑多为围屋形态，皆坐北朝南，依山势而建，布局规整，高大宽敞，其跨度、高度和体量堪称桂北民居之首，院落从三进到六进皆有。地下排水系统与各居民天井联成一体。此外，村中还保留有完整的明、清、民国石雕圈墓30余座。距聚落两公里多的三月岭古商道两侧，屹立着数百株百年古松，数座古凉亭、石拱桥。据县志载，村中拥有良田万亩，富豪常有“捐金以筑县垣”，“输财以修圣庙”的善举。今天在村边古商道的这些百年古松及凉亭，都是当年村人捐资种植和修造的。

长岗岭村楚越文化交融非常明显，是汉族文化与桂北原住民文化融合的典型代表，还有与少数民族吊脚楼的融合。桂林文化圈、兴全灌文化圈、山地文化圈在长岗岭村的碰撞与交融，凸显桂东北汉族文化的特点。典型建筑有建于清康熙年间的“卫守[1]副府”“别架[2]第”，建于清道光年间的“莫氏宗祠”“五福堂”等，均呈现围屋形态（图4-21，图4-22）。

图4-21　长岗岭村建筑年代分析图

资料来源：《长岗岭村规划设计方案》，桂林城乡规划建筑设计院有限公司，2003

① 卫守是清代一种空衔，相当于五品，作为赐给名门大户的一种荣誉。

② 别驾是古代的一种官职，相当于秘书长和参谋等的官职，出行时与主官不同乘一辆车，故称别驾。

卫守府俗称官厅，是清乾隆末年村人陈大彪以武生职授卫千总的官名后修建的一幢围屋式建筑。抬梁斗拱形式，以标志主人的官家身份。四进四天井，右边的横屋天井为主人居室，左边的横屋是佣人生火下厨和居住的地方。山墙为两阶马头式样。柱础所用的大理石材料，当年是从千里之外的福建水运过来的，耗资不菲。整座建筑恢宏壮观，用料做工极尽奢华。五福堂，是村中大姓人家集资修建的用于跳神、看戏，以及举办公共活动的场所。抬梁式结构建筑，最早建于清道光年间（1782~1850 年）。“五福”即福、禄、寿、喜、财，这都与当年长岗岭村发达的商业活动有关。建筑前后两进，前进上下两层，二层是戏台。第二进为观戏的大殿，两进之间没有天井，这是村中民居唯一没有天井的院落。村中另有一座戏园子，戏台木结构，三开间，歇山顶，周围建有完整的青砖院墙，典型清代风格，村中有一个完整的戏院，实为广西乡村之仅见。陈氏大院则坐落在村子的西南方，四进四天井。正堂最上面隔间里设有神龛，上有“金玉满堂”牌匾。整个房屋的木门都有结构独特的具有防盗用途的暗栓，村人称之为“鬼栓”。屋内配备有石质水缸（太平缸），平常用来养鱼，但主要功能是防火。

图 4-22　长岗岭村航拍图

资料来源：吕唐军摄

（10）广西桂林市兴安县水源头村

水源头村坐落在桂北群山环抱的都庞岭山系之中，是一个隐藏在山谷里的聚落。明洪武年间，山东一名被贬的秦姓官员千里跋涉，举家迁至桂北地区，他们是唐朝名将秦琼的后人。后来，秦氏的一支看中了白石乡水源头四周的山形地势，于是选择定居于此。村头清澈的小溪从田峒中流过，注入上桂峡水库，成为湘江的主源，故而得名水源头村。村中有三百多株古银杏树。

水源头村四面环山，位于两条干道的交汇处，聚落建于后龙山山脉脚下缓坡之上，坐西北向东南，依山而上，前临山间盆地，可谓扼东西、南北道路的要冲，倚高俯瞰，极具战略格局（图 4-23，图 4-24）。

图 4-23　水源头村卫星图

资料来源：张欢制作

聚落有保存完好的古建筑 20 多座，4 组围屋形态的建筑群，多为三进，围屋与围屋之间相隔约 2 米，最大最古老的围屋是秦家大院，据说是广西境内最古老、保存最完整的明清建筑。它依山而筑，占地面积达 1.7 万平方米，建筑面积达 7000 多平方米，是一个规整的长方形大院，气势非凡。建筑以青石为墙基，墙基高度有 1 米以上，属于青砖建筑。巷道以一米左右宽的青石板铺砌而成。布局上前有总大门，后有闸门统管，宅院居中者大门正向朝外，两侧宅院则大门朝里，大门、后门、旁门、侧门彼此照应。院与院排列紧凑，错落有序，家家相通、户户相连。历史上，秦家大院人才辈出，在清代，出武状元一人，文科进士两人，中举十多人，有“进士村”的美誉。秦家大院门牌下的“武魁”和“文魁”匾便是印证，“武魁”匾是秦本洛嘉庆十三年（1808 年）中武状元后由皇帝封赐的。

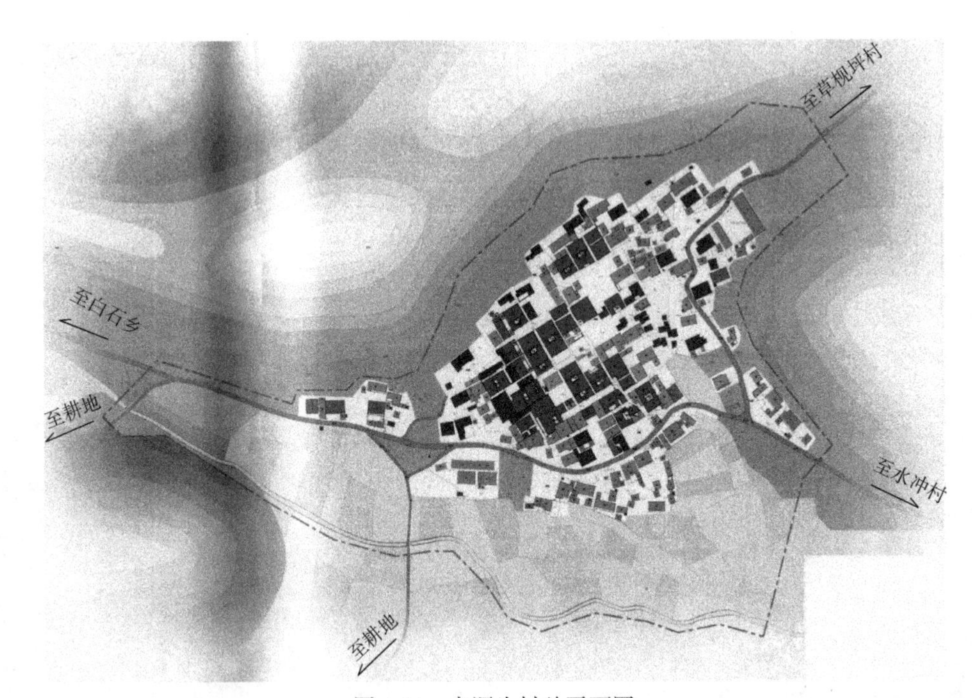

图 4-24　水源头村总平面图

资料来源：《水源头村规划设计方案》，桂林市城市规划设计研究院，2015

图 4-25　茶榕村卫星图

资料来源：王彦祺制作

（11）广东云浮罗定市苹塘镇茶榕村

茶榕村人口有 2000 多人，耕地面积达 800 多亩。聚落的东北、西南部均有带型山体夹峙，山体为东南—西北走向，两列山体夹峙形成峡谷型盘地空间，仅留西北面入口，有如带型，东南面两山体之间仅有羊肠小道通行。带型盆地中间为千亩良田，聚落则位于两侧山脚之处。虽聚落北面不到 1 公里距离就是苹塘镇，但聚落深隐山体峡谷之间，非常隐蔽（图 4-25，图 4-26）。

聚落周边为石灰岩，盆地中有河流流经，并下渗成为地下河，水源充足。

聚落分为两个部分：田地北部为祠堂群，是聚落的门面，较

图 4-26　茶榕村航拍图

资料来源：吕唐军摄

为显耀；田地南部为民居建筑群，被山体遮挡更甚，更为隐蔽。村口的祠堂群包括 4 个祠堂和围屋建筑。由于防御性需要，4 个建筑皆为围屋形式，外有高大围墙。聚落中的民居建筑亦呈现围屋形态（图 4-27~ 图 4-29）。

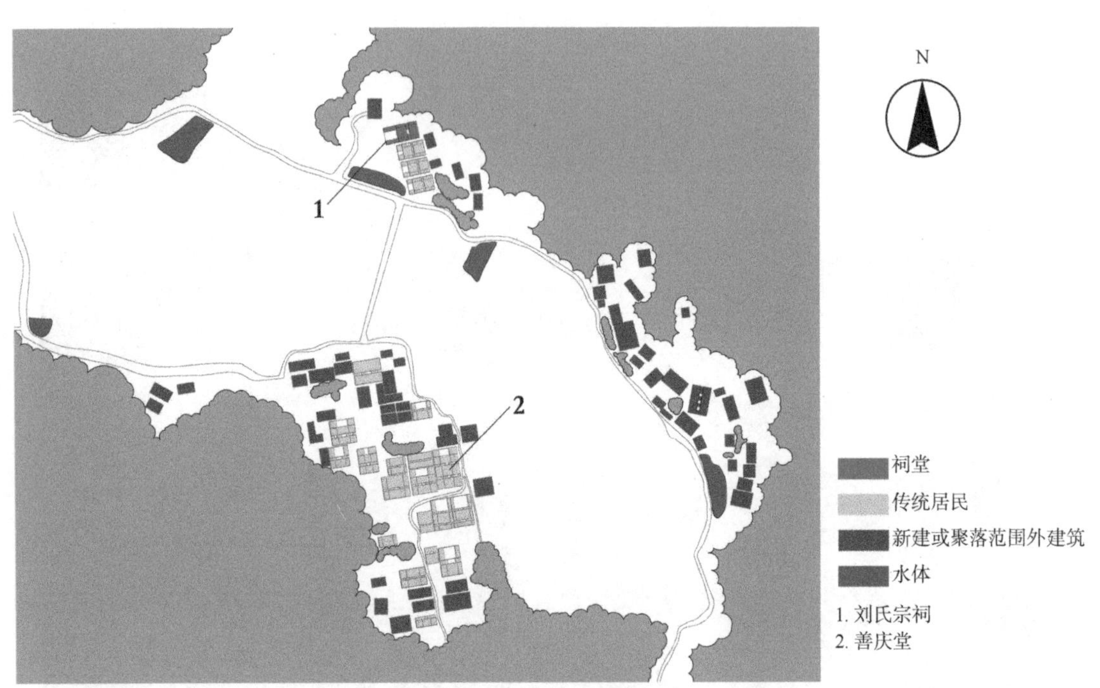

图 4-27　茶榕村总平面图

资料来源：周彝馨广府古建筑技能大师工作室（王彦祺绘）

图 4-28　茶榕村村口围屋型祠堂建筑群

资料来源：吕唐军摄

图 4-29 茶榕村围屋型民居建筑群

资料来源：吕唐军摄

（12）广东肇庆市封开县杨池古村

杨池古村被称为“岭南第一村”，是明末清初由登仕郎叶翰彪始建。当时叶瀚彪为了躲避战乱，从京城来到此处隐居，后子孙繁衍，延续至今，已是叶瀚彪的第十五代子孙。从叶氏族谱记载及现今建筑考究，整个杨池古村是由始祖叶翰彪的一子三孙逐渐发展而来，到了清代光绪年间，杨池古村叶氏中举的士子多，其取得功名后衣锦还乡大兴土木，逐成现今规模。

据传清代中叶，肇庆地区发生地方叛乱。地方守军纷纷败退，叛军很快攻打至肇庆府，肇庆府被围告急。由于肇庆府远离京城，难以上报求援军。消息传到封川县①，叶交亲自带领一支“封勇②”日夜兼程前往救援。未到肇庆府，便下令放两声大炮鸣示。“封勇”素来以猛战著称，影响极大。叛军一听到炮声，以为“封勇”来到，闻声丧胆，纷纷弃城而逃，使肇庆府不攻而危解。捷报传到京城，皇帝龙颜大悦，便下诏赏封叶交为“旨赏戴花翎”己酉科拔贡生，委任四川省补用直隶州知州冕宁县知县。从此，声震全国。

聚落的居民全部姓叶，在叶氏祠堂前面有一眼池水，常年碧绿，清澈见底；池边上种有很多杨柳。池边上的柳树，柳影倒映池中。故此称为杨池古村。

① 1961 年，开建县和封川县合并为封开县。

②旧时封川兵勇的简称。

杨池古村处于两个南北走向的山脉夹持之地，两山脉之间仅有一个狭长的南北走向的谷地，该谷地是沟通山脉南北的唯一通道。杨池古村正建于该谷地东侧的山脉之下。聚落控南北交通要冲，依山而建，层层抬高，俯瞰南面的来路及田地（图 4-30~ 图 4-32）。

图 4-30　杨池古村卫星图

资料来源：陈惠容、文亚玲制作

图 4-31　杨池古村航拍图

资料来源：吕唐军摄

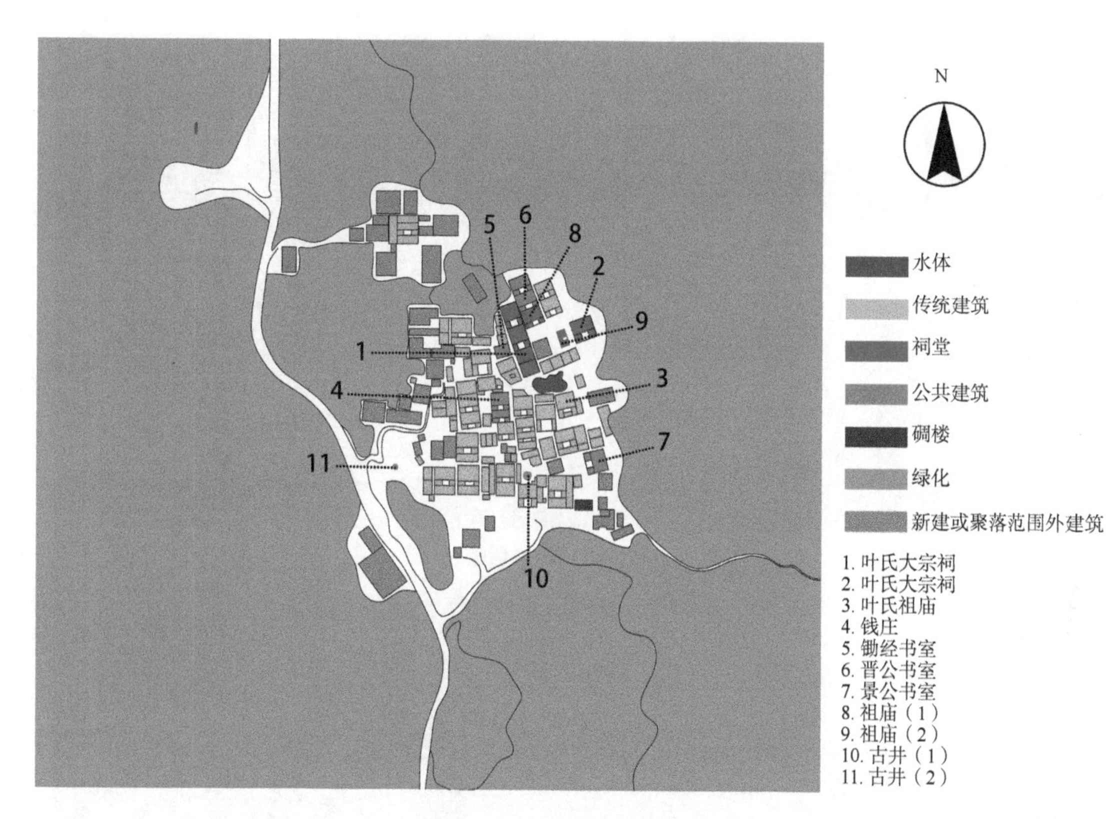

图 4-32　杨池古村总平面图

资料来源：周彝馨广府古建筑技能大师工作室（陈惠容、文亚玲绘）

4.1.2　利用山体、水体作为屏障

部分传统聚落的选址充分利用自然山体、水体作为屏障防御，本书将其分为三类：①以山体作为屏障；②以水体作为屏障；③以山体和水体共同作为屏障。高定村、玉坡村是典型的以山体作为屏障的聚落选址案例；增冲侗寨是典型的以水体作为屏障的聚落选址案例；而郎德上寨、文斗村、镇山村、城子村和那劳村等则是典型的以山体和水体共同作为屏障的聚落选址案例。

（1）广西柳州市三江侗族自治县高定村（侗族聚落）

高定村以吴姓为主，据传是明朝万历年间由湖南等地迁来。高定村地处贵州、湖南、广西交界处的崇山峻岭之间，周边是连绵的山脉，海拔很高。其西部有南北走向的山脉，南部有东西走向的山脉，高定村则位于两大山脉之间的山坳中。山坳中还有其他东西走向的余脉，高定村很好地隐藏于这些山脉之间，形似谷地。我们进入这些山脉寻找高定村时，虽非常接近但仍然不见其真容，直至转入谷地，才得见这一蔚然大村。聚落四周还有竹树簇拥环抱，更加增添掩护。高定村是寻求了大山中最隐秘的谷地来建村，防御思路是隐藏自身以求安全（图 4-33~ 图 4-35）。

图 4-33　高定村卫星图

资料来源：郭思侠、叶达权制作

图 4-34　高定村航拍图

资料来源：吕唐军摄

（2）广西贺州市钟山县玉坡村（玉西村部分）

玉坡村始建于北宋。全村姓廖，祖籍江西金鸡县，始祖廖致政，宋进士，受谪出寰昭（州）之旧县龙平，南渡后（宋都城南迁后）不复北归，爱玉坡山水之胜而在此

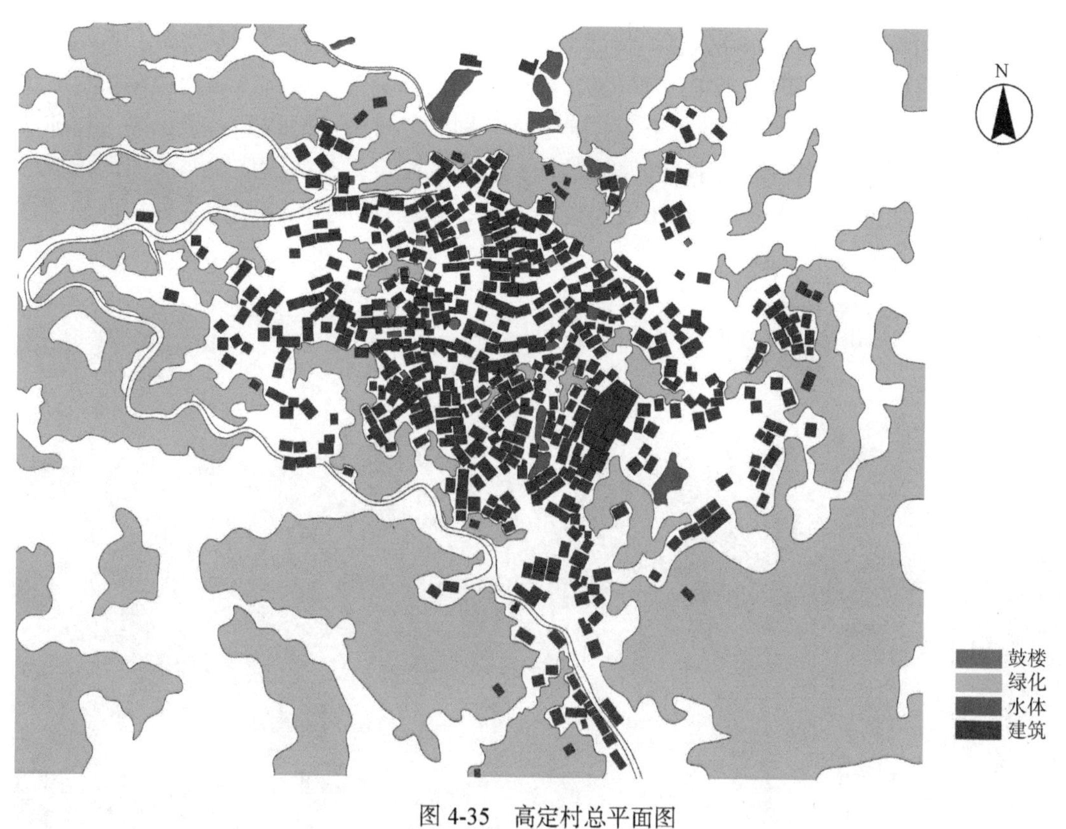

图 4-35　高定村总平面图

资料来源：周彝馨广府古建筑技能大师工作室（郭思侠绘）

立家[1]。到了元朝中叶，曾因廖氏五世祖的僮仆与赤马夷壮结怨而引起争斗，玉坡廖氏族人举家迁居府城桂林。明朝初年，由其六世祖廖履常领兵回故土平定瑶民起义，复家玉坡，而重归故疆。

聚落坐落于喀斯特地貌的群山之中，其东、西、南三面山岭绵延，村舍分布于三台山、珠山、大庙山下。三台山、珠山、大庙山如同一个笔架，据说因此出文人多，官员多，成为方圆百里有名的"富贵村"和"官臣乡"。聚落院深楼高，村固如堡，有"小南京"之美誉。

玉坡村由玉东村和玉西村组成，玉坡村原位于玉东村。玉东村分别以三台山和珠山两座相向山体为村居靠山，珠山旁为大庙山，寺庙、祠堂、牌坊等主要集中在玉东村。清末至民国时期社会动荡，为了防御匪患，聚落部分较富裕的人家纷纷内迁到大庙山后，建立了玉西村，从此玉坡村分为玉东村和玉西村两个主要自然村，也由此形成了玉西村富人相当集中的格局。因此我们探讨防御性问题，以玉西村为重点。

①据研究，廖致政很可能为神宗元丰二年（1079 年）进士廖正一。廖正一字明略，号竹林居士，安州（今湖北安陆）人。神宗元丰二年进士（明嘉靖《延平府志》卷一七）。北宋哲宗元祐二年（1087 年），为秘书省正字。北宋哲宗元祐六年（1091 年），除秘阁校理（《宋会要辑稿》职官一八之一二）。绍圣二年（1095 年），知常州（《咸淳毗陵志》卷八）。入党籍，贬监玉山税，卒。少时为文，藻采焕发，黄庭坚称之为"国士"。北宋元丰二年（1079 年）成进士，授华阴司理，累官端明殿学士，后出知常州郡。与苏轼交游最善。撰有《白云集》《竹林集》，已佚，工篆书，《东都事略》卷一一六有传。

从玉东村廖氏宗祠后面的小道，翻过山坳就能到达玉西村。社会动乱之际，这里可据险把守。玉西村背靠大庙山与珠山为屏障，前以池塘为基础开挖壕沟，壕沟边砌护村石墙作防（图 4-36~ 图 4-38）。全村 3 条入村通道，分别需经过两个门楼和一个山坳。村前两个门楼一座在西，一座在南，门楼与坚固的护村石墙相配合。村后大庙山与珠山间形成的山坳，两旁为陡壁，中间平缓，坳中设门楼和石墙，石墙延伸至两山峭壁之处；即使穿过山坳，还有村外的厚重石墙和寨门。

图 4-36　玉坡村（玉西村部分）航拍图

资料来源：吕唐军摄

玉坡村的古建筑群布局严谨，规划有序，以纵向排列为主，每排为 2~3 座，以石巷道分隔，每个巷口设门楼，再增一层屏障。部分独立的建筑单体外表防备性十足，建筑两层，外部是高大的墙垣，底层不开窗，上部有射击孔，明显有防御人祸的优势（图 4-39）。

（3）贵州黔东南苗族侗族自治州从江县往洞镇增冲侗寨（侗族聚落）

增冲侗寨先民于明隆庆年间由黎平迁徙而来，开始住在寨子对面的名为“宰告”（侗语老寨）的坡上，现居的地方原来是全村的棉花地，所以增冲原名又叫“便地棉”（侗语为种棉花的坝子）。增冲侗寨位于增冲河急拐弯处的河流凸岸，三面环溪，形如半岛，增冲河成为其天然的护城河，仅留 3 座风雨桥与外界保持交通联系。地形四周山水环抱，森林覆盖率为 68%。寨中沟渠交错，池塘星罗棋布，水源充足（图 4-40~ 图 4-42）。

图 4-37　玉坡村（玉西村部分）卫星图

资料来源：梁雄制作

图 4-38　玉坡村（玉西村部分）总平面图

资料来源：周彝馨广府古建筑技能大师工作室（黄守彪绘）

图 4-39　玉坡村（玉西村部分）独立的建筑单体

资料来源：周彝馨摄

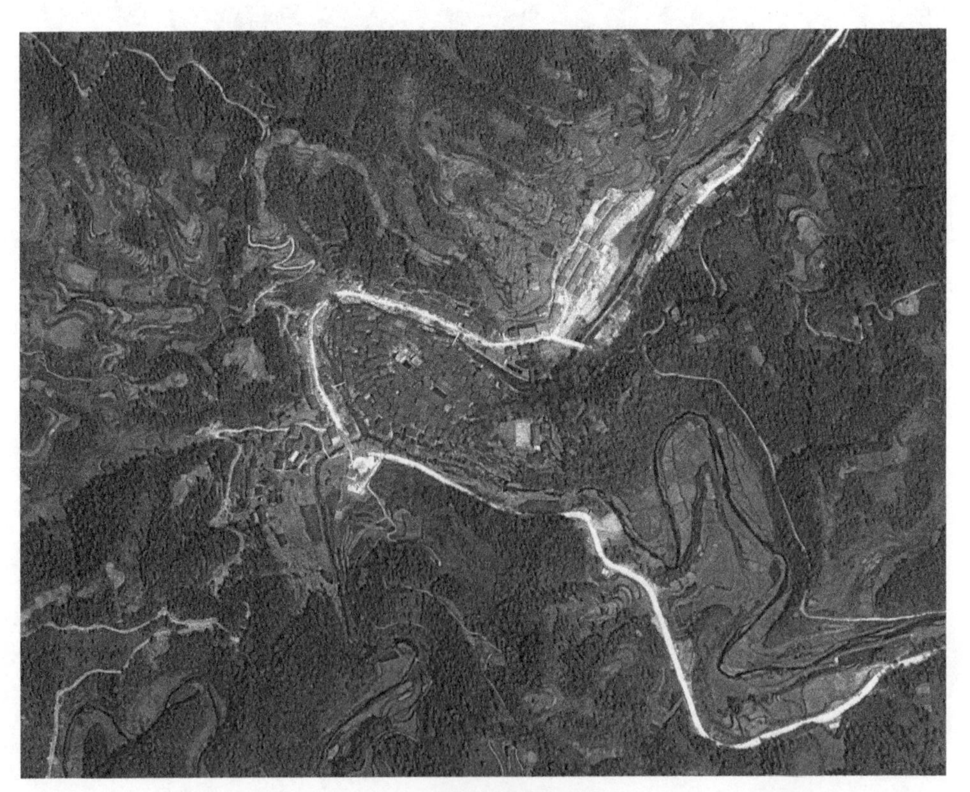

图 4-40　增冲侗寨卫星图

资料来源：黄俊杰制作

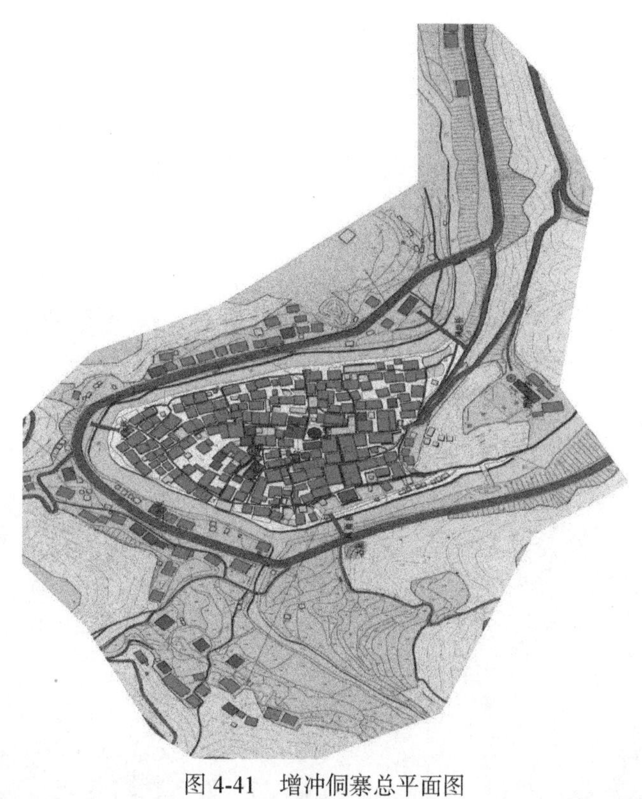

图 4-41　增冲侗寨总平面图

资料来源：贵州省住房和城乡建设厅 . 2016. 贵州传统村落（第一卷）. 北京：中国建筑工业出版社：328

图 4-42　增冲侗寨航拍图

资料来源：吕唐军摄

增冲侗寨从村头引入增冲河水流入寨内，寨内沟渠网络密布，池塘星罗棋布，河边建有防洪堤和码头，历经数百年仍然功能完好。纵横的水渠网络还暗含八卦玄机，亦为全村的防火水渠，与村中多处水塘结合防火。完好的消防设施使增冲侗寨数百年来未发生过一起火灾，百余年来亦无水患。这在整个以木构建筑为主体的侗族地区是一个奇迹。

（4）贵州黔东南苗族侗族自治州雷山县郎德上寨（苗族聚落）

郎德上寨为苗族聚落，以陈、吴二姓为主。苗寨坐南向北，四面环山，南面有松杉繁茂的“护寨山”，北临报德河，村域面积为5.5平方公里，村内最低海拔为735米，最高海拔为1280米（图4-43~图4-45）。

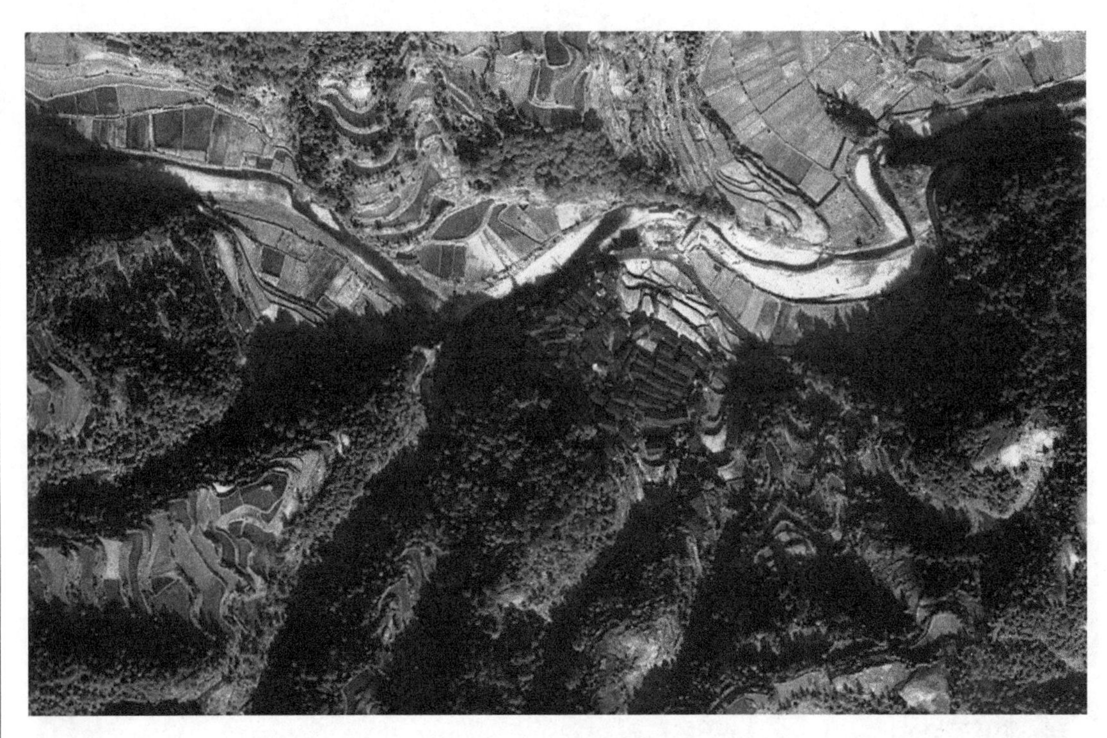

图4-43　郎德上寨卫星图

资料来源：吴桂阳制作

清同治年间（1862~1874年），苗民反清抗暴失败，郎德上寨是义军将领杨大陆[①]的大本营，清军征战了18年才将其平定。杨大陆领导苗族村民开展抗清斗争时，郎德上寨修筑的战壕、围墙、马道、军火库等设施，遗址尚存。

寨中东、西、北面有古寨门3座，有五条街通向寨中。

①原名陈腊略，清咸丰五年（1855年）参加了张秀眉领导的苗民大起义，为义军主要将领之一。相传他跨上战马，勇猛异常，吓得清兵惊问“他是谁？”但听苗民赞誉道：“羊打罗！”苗话“羊打罗”即“凶死了”“勇敢极了”之意。清兵不懂苗话，误以为这位身先士卒的悍将名称为“杨大陆”。

图 4-44　郎德上寨航拍图

资料来源：吕唐军摄

图 4-45　郎德上寨

资料来源：周彝馨摄

（5）贵州黔东南苗族侗族自治州锦屏县文斗村（苗族聚落）

文斗村原名“文陡”，源于此地山高路陡，是一个以苗族为主，苗族、侗族、汉族杂居，苗族占95%的古老苗寨。坐东向西，背山面水，前临清水江，后有乌斗溪环绕，村域面积为10.45平方公里（图4-46~图4-48）。文斗村早在600多年前开寨，500多年前就开始了林业开发。

清水江一带是明清时期为朝廷提供“贡木”以修宫殿的地方，古往今来村民一直把此树呼为“皇杉”。明永乐年间（1403~1424年），锦屏的优质杉木被用作“皇木”走出深山，文斗地名“皇木坳”即是当时输送“皇木”的例证，以锦屏为中心的清水江流域地区木材贸易兴起。明代中期，锦屏文斗等沿河百姓即已掌握了山田互补、林粮间作的生产方式。到了清代雍正、乾隆时期，文斗村的林业已是空前繁荣，形成了一种较成熟的林业生产关系。木材贸易和人工造林已成了文斗人赖以生存、社会赖以发展的支柱产业。当地人工造林技术已相当成熟，从事造林的不仅有本地的苗族人、侗族人，也有来自湖南、江西、江苏、福建、安徽、浙江等地的汉族人。

图4-46　文斗村卫星图

资料来源：王立妍制作

图 4-47　文斗村航拍图

资料来源：吕唐军摄

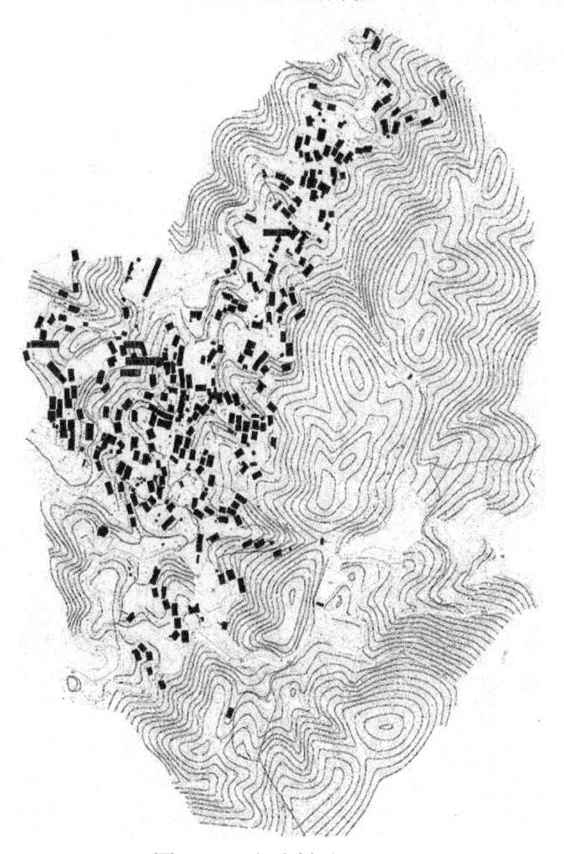

图 4-48　文斗村总平面图

资料来源：贵州省住房和城乡建设厅 . 2016. 贵州传统村落（第一卷）. 北京：中国建筑工业出版社：66

文斗古寨门旁边的“六禁碑”立于乾隆三十八年（1773年）仲冬月（农历十一月）。碑文曰：“禁：不俱远近杉木，吾等所靠，不许大人小孩砍削，如违罚银十两。”在“六禁碑”旁，有一块比“六禁碑”晚立12年的环保碑，碑文专门对文斗村附近的林木管理做了具体的规定：“此本寨护寨木，蓄禁，不许后代砍伐，存以壮丽山川。”300多年来，文斗苗家人恪守林业契约和环保古碑等乡规民约，使村寨周围保留了600多株巨大苍翠的古树，树种有30多个，其中不乏国家重点保护的原始次生林红豆杉、银杏、楠木等。

（6）贵州贵阳市花溪区石板镇镇山村（布依族聚落）

镇山村是典型的屯堡文化与布依文化相融合的聚落，聚居着约170户村民，以布依族为主。聚落始建于明万历年间（1573~1620年），据《李仁宇将军墓志》载：明万历二十八年（1600年）明廷“平播①”，时江西吉安府卢陵县大鱼塘李家村人李仁宇奉命以军务入黔，屯兵安顺，及黔中平服，广顺州粮道开通，遂携家眷移至石板哨镇山建堡屯兵，其妻因水土不服病逝，李仁宇入赘镇山班氏（布依族）始祖太之门，生二子，长子姓李，次子姓班。现村民以李、班两姓为主。镇山村长期与汉族交往，村民讲汉语与布依语。

镇山村位于花溪水库中一个三面环水的半岛之上，全村总面积为3.8平方公里，与形如乌龟的半边山隔水相望（图4-49，图4-50）。屯堡的屯墙依山而建，显示出屯堡布局的

图4-49　镇山村卫星图

资料来源：马桂梅制作

①明万历二十六年（1598年），播州土司杨应龙作乱，明廷对杨应龙之乱举棋不定，未采取有力对策。因此应龙本人一面向明朝佯称出人出钱以抵罪赎罪，一面又引苗兵攻入四川、贵州、湖广的数十个屯堡与城镇，搜戮居民。播州之役是明朝万历年间镇压杨应龙叛乱的一场战争，被视为明神宗三大征之一。

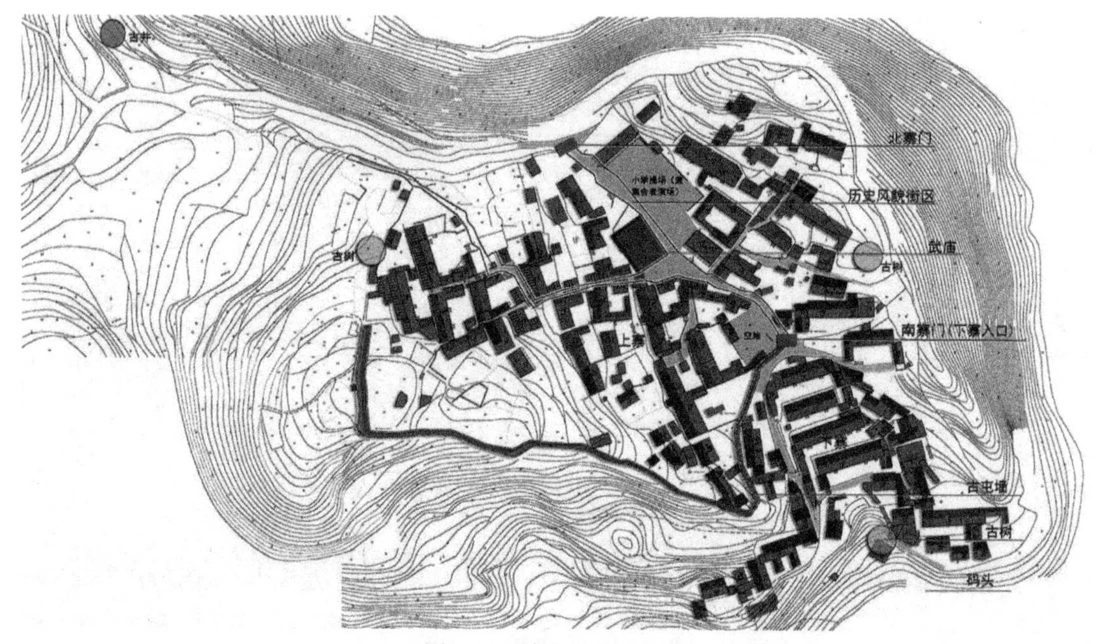

图 4-50　镇山村总平面图

资料来源：贵州省住房和城乡建设厅 . 2016. 贵州传统村落（第一卷）. 北京：中国建筑工业出版社：480

军事防御功能。石屯墙总长 1600 米，有石屯门 2 座、码头 1 处。屯墙始建于明万历年间，清代修葺，以大块规整的青石砌筑。虽大部分屯墙已经倒塌，但整个屯墙墙基全部保存。现位于屯堡正中的屯墙长 700 余米，高 5~10 米，基宽 3~4 米。屯墙厚 3 米，有战道等设施。镇山村以古屯墙为界，分为上寨和下寨。设南、北 2 门并建有门楼。屯门均是用巨型料石建成的拱门，现北屯门拱顶部部分损坏，是聚落的主要入口，南屯门保存完好，是上寨和下寨的分界点。

镇山村屯堡文化遗留丰富，聚落内有武庙，建筑的室内布局、村民服饰等均反映了屯堡文化的遗存。聚落路面和小巷的台阶全部用大块的石板铺就。屯堡从北门到南门有长约 120 米、宽 3 米多的干道，东西向有石阶巷道通至各户，步道拾级而上。上寨石巷长约 100 米，宽约 2 米，全由石条铺设而成。房屋的墙壁和院坝用小块石板垒砌，而屋顶用不规则的石板代替了青瓦，水缸、储粮用的干缸、马槽、山神庙中的神像等，几乎所有用具，都是用石头雕成。

（7）云南红河哈尼族彝族自治州泸西县城子村（彝族聚落）

城子村本是一座“城”，位于泸西县、弥勒市、丘北县交界处，距泸西县城 25 公里。聚落坐西朝东，东有蟠龙四环、西有玉屏笔架、北朝芙蓉山、后枕金鼎峰，中间突起飞凤山，聚落依山而建，层层而上。今天城子村外仍有护城河，形制规划上完全是城堡的格局（图 4-51~ 图 4-53）。

城子村形成于明代中期，为彝族聚落，是土掌房民居建筑群，被当地人称为“泸西的布达拉宫”，是广西府第五代土官昂贵的府第所在地。据《泸西县志》记载，城子村原为

图 4-51　城子村总体布局

资料来源：吕唐军摄

图 4-52　城子村航拍图

资料来源：吕唐军摄

图 4-53　城子村

资料来源：周彝馨摄

彝族白勺部的聚居区，但今天永宁乡一带的彝族多是从金沙江流域迁徙而来。明清两代改土归流[①]时，当时统治丘北、弥勒、泸西一带的彝族土司知府从中枢镇（今泸西县城）搬到城子村。明成化年间（1465~1487 年），广西（今泸西）土司知府昂贵便在这里建造土司衙门，改白勺（城子村旧名）为永安府。昂贵土司的到来使城子村飞速发展，并很快成为滇南的政治、经济、文化中心。白勺顿时从一个小村升级为拥有 1200 多户人家的府城，建筑物也得到大规模发展，府城依山势修筑城墙、城门、楼堡，成为一座远近闻名的城堡，楼堡高耸、城门森严。土司知府昂贵的衙门就建在山顶上，威震四方。可惜昂贵因为骄淫无忌，被人进京告发，明成化十七年（1481 年），朝廷以兵加罪，昂贵兵败自杀，府城大部分房屋被烧毁，土府衙门也仅留下前厅。昂贵死后，很多土著彝族远逃他乡，政府迁入大量移民，并进驻军队，在此设立了哨楼、炮台等军事设施，使城子村的房屋建筑形成了既适应民众居住，又能抵御外敌入侵的最佳房屋结构。几百年来，虽然外敌多次入侵，城子村却从未被攻破。

那时，城子村盛极一时，山脚有高耸的城墙，城墙下有护城河，护城河上有吊桥，东城门楼上建有炮位和射击孔，由土司府的兵丁把守。外地汉族就是在此时搬迁入住的。在兵荒马乱的年代，这座土库房群落适应了可攻可守、左右逢源的需要，300 多年间经受了多次战争和外敌入侵，但却从未被攻破。在村子里，清代初年曾被朝廷授予“锐勇巴图鲁”

①明清两代将地方土官（大多是少数民族）改成流官（大多是汉族）。

衔的“将军弟”李家大院，是规模最大的土库房。

聚落中土掌房层层叠叠呈阶梯状向上延伸，最多的有 17 台，一般也在 10 台以上。全村户户相连，上下相通，一家的屋面成为后面一家的门前院坝，形成数十米甚至上百米的平台。只要进入一户，就可以从屋顶平台进入另一户，层层递升，可以连接整个聚落，上下左右紧密相连，互为补充。

城子村在 20 多米高差的凤凰山上，全村 600 多户人家，1000 多间土掌房，在仅 0.5 平方公里的山坡上，土掌房首尾衔接、左右毗连、因势而上。每户有 2 平方米左右的天井，以利于采光，天井中有楼梯和屋面相接，并且屋顶平台可以进入相邻的住宅。平行于等高线的大量住宅屋面相接，形成长达数十米甚至上百米的平台。如有外敌入侵，可攻可守，左右逢源。

城子村先是彝族先民白勺部的聚居区，之后大批汉族群众迁入，便形成了彝汉建筑风格的完美结合。汉式建筑的李将军府第与传统彝族土掌房建筑成为汉式建造技术与彝族传统土筑民居技术相结合的产物。土掌房结构为穿斗梁架，在承重上铺以木楞等，然后将劈开的木片平铺一层在屋面上再铺上松枝、松毛等物，最上一层铺以一尺余厚的黄土，夯实筑成屋面，墙壁一般为夯筑而成。在土掌房建筑格调的基础上，又吸收融合了一些汉民族的文化，如砖木结构的门楼，出檐部分为青灰瓦屋面，有的甚至有格子门窗，还配有厢房、耳房、苏楼等。

城子村还具有明显的防御功能。清代当时统治丘北、弥勒、泸西一带的土司知府从中枢镇（现今泸西县城）搬到城子村，土司衙署就建在山顶上，山脚下修有高耸的城墙，城墙下有护城河（今永宁河），寨中住户也不断增加，尤其增加了不少汉族居民。三百多年来，城子村曾多次发生外敌入侵，但寨子却从未被攻破。

有专家认为，城子村就是古代滇国中非常出名的“自杞国[①]”遗址。可是很快，蒙古的铁蹄跨入云南，“自杞国”虽与蒙古军血战 6 年，最后却仍然兵败，白勺城沦陷，“自杞国”归顺元朝。

（8）广西百色西林县那劳镇那劳村（壮族聚落）

西林县地处桂、滇、黔边缘的结合部，有着“一肩挑三省”的特殊地理位置，是古句町国都城所在地。清康熙五年（1666 年）设西林县，清末民初，西林县出了三位总督[②]。那劳村是明上林长官司土官岑密的庄园旧址，也是清光绪初年云贵总督岑毓英[③]和清末两广总督、四川总督岑春煊[④]的老家。

那劳河自南部环绕聚落流向东北面，在聚落的东北角汇入聚落北部的驮娘江。聚落的东、南、北部皆被河流环绕，有如半岛。聚落的西部则为山体屏障。聚落位于山体与河流夹岸中的平原地带，选址极具防御性（图 4-54~ 图 4-56）。

①方国名。治所在今兴义与盘县间。建于南宋时期。辖今盘县、兴义、普安等地和云南部分地区。居民以彝族先民为主，当时属东爨乌蛮。境内以贩马著称。引自《赫章彝族辞典》。

②云贵总督岑毓英、岑毓宝、两广总督岑春煊。

③岑毓英（1829~1889），字彦卿，号匡国，清代广西西林人。光绪中法越南之役，他以“地营法”大战法军的“开花炮”，把来势汹汹的法军大败于临洮。中法之役后，他曾高官厚禄，官至云贵总督，当到清廷的太子太傅，显赫不可一世。卒谥襄勤。

④岑春煊，岑毓英的三儿子。1900 年八国联军进犯京津地区，岑春煊率兵“勤王”有功，成为清末重臣，与袁世凯势力抗衡，史称“南岑北袁”。后岑春煊顺应历史潮流，参加护国护法成为民国时期护法军政府总裁主席，国民党的创始人之一。

图 4-54　那劳村卫星图

资料来源：林燿安制作

图 4-55　那劳村航拍图

资料来源：吕唐军摄

图 4-56　那劳村总体布局

资料来源：吕唐军摄

聚落有岑氏经明、清两代建起来的家宅、庙宇、纪念物等古建筑群。岑氏古建筑群又名宫保府建筑群，为清代云贵总督岑毓英受清皇朝封为太子太保，受旨赐建而得名。建筑群始建于清光绪五年（1879 年），包括宫保府、岑怀远①将军庙、岑氏内院、岑氏宗祠、增寿亭、南洋书院等建筑。

4.2　军事防御型聚落

从明代开始，西南地区推行改土归流政策，为保西南部的和平，建设了多个卫城和屯堡聚落。这些卫城和屯堡是典型的军事防御型聚落，运用了军事防御的原理指导聚落的建设。军事防御型聚落通常有几大特点：①握守交通要冲；②占据利于防守的地形；③以军事城

①岑怀远，南宋边将，是明上林长官司岑子成之远祖。元朝至元元年（1264 年）加大将军衔。

堡为蓝本进行建设，有城垣、护城河、瓮城、城门、炮台、碉楼等多种军事设施；④内部多为迷宫式道路与丁字形道路；⑤内部配套齐全，水源、储水、排水、储粮等考虑周到。

（1）贵州黔东南苗族侗族自治州黄平县岩门司城（岩门司村）

岩门司城位于贵州黔东南苗族侗族自治州黄平县岩门司村。岩门司设司始于明成化六年（1470年），史书《二十五史》记录："岩门长官司，在州东北。明成化六年，何清以征苗有功，授凯里安抚司左副长官。万历四十二年，改属黄平州。传至何仕洪，清顺治十五年（1658年），归附，改授岩门长官司，世袭。"清嘉庆《黄平州志》也载："司原在清水江南岸，筑有土城。后北迁今址。于乾隆六年（1741年）建石城。"

岩门司城地处清水江北岸，依山而建，地势险峻，上接重安、凯里，下可达湖南的沅州、靖州，在明清时代是扼守清水江流域的咽喉，也曾是清水江上游的黄金水道，还是明清政府"约束屯堡""弹压诸苗"的政治、军事要地。

岩门司城所处的黄平、施秉、台江三县自古以来为苗族聚居地，自元代起到清朝前期一直实行土司制度[①]。为了解决沿袭已久的土司制度的积弊，从明朝开始逐步实行"改土归流"政策[②]。但由于地方的极力阻碍和中央部分官员的反对，一直到清朝前期这一制度也没能得到很好的执行。只是到了清雍正时期，大规模的"改土归流"政策才得以推行，到乾隆时期基本完成，基本革除了"蛮不出境，汉不入峒"的旧规。由于岩门司城地处清水江咽喉要地，清乾隆年间筑石城于此，与上、下游的松茂堡、红岩堡等军事要隘形成一线联防，清政府将其作为在黔东南地区"约束屯堡""统治地方"的政治、军事中心。所以"岩门司"就是"城"与"司"的结合。

岩门司城是清乾隆六年（1741年）建成的"新城"，其旧城为离新城不过一公里远的南岸土城，可追溯到明万历年间，《黔记》所载的平越府地图已绘有岩门司城；清嘉庆《黄平州志》也记载："岩门司城，旧在南岸，雍正乙卯，土司据于此城，以阻台拱生苗，土城薄恶，力不能支，皆赴水死，乾隆初移建今址。"由此可建，新建岩门司城是因为旧城"土城薄恶"，不能抵御苗乱才迁址新建的。

从军事上来说，新城比旧城具有得天独厚的优势，这座城垣是自明代以来，贵州东部建设的最为完整和最为坚固的屯堡。此城的修建汇集了湖、广两地的能工巧匠，以糯米、桐油、石灰熬浆黏接，工艺精湛，结构坚固。这里后倚高山，前阻大江（清水江），地势险要（图4-57，图4-58）。岩门司城坐北朝南，平面呈三角形，城垣全部石砌，周长1600多米，高3.33米，加上垛墙共高4.66米，墙厚2.67米，设有东、南、西3座城门，其中南面城墙还有两个"过马门"，是专为骑马从此过的官军用的。北面靠山，城墙顺山势延伸而上，于高险处构筑炮台3座，城门有楼，炮台有房，靠江还建有水关2座。鼎盛时期，清政府在城内建有土司衙门、岩门司把总和黄平卫千总署，住户有871户4000余人，大多为驻守官兵的眷属、商人和被清政府强迁此地的汉民。

---

①土司制度是封建王朝统治阶级用来解决西南少数民族地区问题的一项民族政策，它利用各少数民族的首领进行间接统治，实质是"以土官治土民"，是元明清三代中央与地方各少数民族统治阶级互相联合和斗争的一种妥协形式。在古代的土司统治下，土地和人民都归土司世袭所有，土司各自形成一个个势力范围，土司之间也不断发生战争，从而使民族之间和民族内部产生仇恨甚至战争，加剧了这些地方的分裂割据状态。

② 取消土司世袭制度，设立府、厅、州、县，派遣有一定任期的流官进行管理。

图 4-57　岩门司城山水形势

资料来源：吕唐军摄

图 4-58　岩门司城总体布局

资料来源：吕唐军摄

史料记载，清咸丰五年（1855 年）3 月，台拱（台江）苗族人民在张秀眉的领导下举行反清起义，将岩门司城列为首批攻占的三城之一。同年 5 月中旬，起义军 2 万余人围攻岩门司城，而贵州巡抚紧急征调榕江古州、锦屏隆里等处兵员救援，守城清军也仅 600 余人，在力量如此悬殊的情况下，起义军半个多月攻城不破。

（2）贵州黔东南苗族侗族自治州剑河县柳基古城（柳基村）

柳基古城又名柳霁汛城或柳霁分县，位于贵州黔东南苗族侗族自治州剑河县柳基村，为贵州省保存最完整的古代县城遗址。城垣南倚甘塘山，北临清水江，是黔东南通往湖南的水陆要道之一（图 4-59，图 4-60）。“柳基”这个地名来源于苗语，建城之前是苗寨。柳

图 4-59　柳基古城卫星图

资料来源：毛梅倩制作

图 4-60　柳基古城航拍图

资料来源：吕唐军摄

基古城是苗岭山区在冷兵器时代的一座军事城堡，它集军事、行政、文化、经济功能于一身。柳霁汛城的修建，是清政府以军事实力为依托，对苗族人民进行强制“改土归流”的体现。柳基古城是清江厅一个重要的军事与行政分治点。

清雍正年间清政府对清水江流域的苗族大举用兵之后，为有效实施统治而设柳霁分县。雍正十二年（1734 年）建土城，乾隆二年（1737 年）改建石城，乾隆三年（1738 年）竣工。民国二十四年 （1935 年） 废柳霁分县，柳霁分县存在时间长达 197 年，苗族、侗族、汉族杂居，汉族人口主要为屯军和官员后代。2003 年在清水江上修建了三板溪水电站，湖水位升高，漫到了城门之下。

城墙依山而建，南高北低，用方形大青石料砌成，周长 1194 米，墙高 5 米，墙基厚 5 米，墙顶部厚 3 米，可供士卒在墙头自由行走，执行警械和作战任务。柳基古城设有东、南、西、北四门，每座门占地约 7.4 米 ×11 米，门通道约 3.5 米 ×7 米。门通道现在还可以看到装门板用的转轴圆孔，栅门用的方形栅孔。南门的通道是拐弯的，古人认为南门直通，城内易有灾祸，所以通道就拐了一个弯。整个城墙设有炮台 6 座（含南门台）。城内有清代古城历史事件碑文 16 块，有由北向南、由低向高的大青石质阶梯 300 米（为城内主街）（图 4-61）。

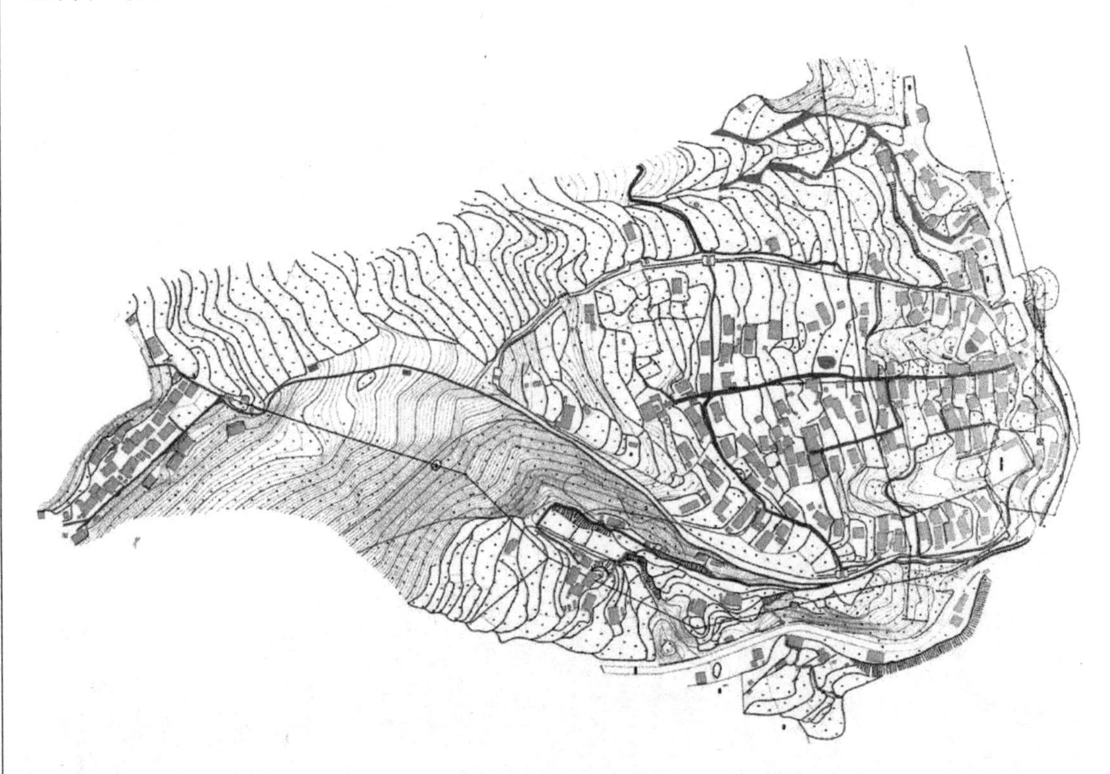

图 4-61　柳基古城总平面图

资料来源：贵州省住房和城乡建设厅 . 2016. 贵州传统村落（第一卷）. 北京：中国建筑工业出版社：190

清代全盛时期柳基古城从东至西的街道长为 327.6 米，宽为 2.5 米，县衙门遗址处在城正中央，长为 26.8 米，宽为 25 米。有居民千余户，古城墙、城门、炮台、慰文书院、把总署、千总署、府台、兵营、练兵场、县衙、江西馆、贵州馆、湖南馆、城隍庙等建筑分布在城内。

柳基古城的衰败，始于咸丰元年（1851 年）。由于受苗族反清战争的破坏，除城门和炮台保持完整的大青石外，东西两侧及南方墙体多处可见各种不规则的砌墙石料，砌墙的质量也各不相同，有多次修补痕迹。

（3）贵州贵阳花溪区青岩古镇

青岩古镇是贵州四大古镇之一，因屯兵而建镇，是一座因军事城防演化而来的山地兵城，素有贵阳“南大门”之称。《贵州图经新志》载 “青崖在治城南五十里，贵州前卫屯田其下”，《贵阳府志》称之为：“突起河干，登其上，可眺望数十里”。当地百姓名屯堡“青崖”，后写为“青岩”。

明初，青岩古镇设屯堡。洪武六年（1373 年）置贵州卫指挥使司，以控制川、滇、湘、桂驿道。青岩位于广西入贵阳门户的主驿道中段，在驿道上设置传递公文的“铺”和传递军情的“塘”，于双狮峰下驻军建屯，史称“青岩屯”。洪武十四年（1381 年），朱元璋派 30 万名大军远征滇黔，大批军队进入黔中腹地后驻下屯田，“青岩屯”逐渐发展成为军民同驻的“青岩堡”。其后数百年，经多次修筑扩建，土城垣改为石砌城墙。隆庆六年（1572 年），设青岩司，《贵阳府志》载“青岩司，管寨二十七”。管辖满园东起高坡乡甲定村，南到广顺州孙家寨和栗木寨，北到孟关乡上下板桥和花溪乡的桐木岭，土司衙门设在青岩城内中心声坝东南，辖地方圆百余里。天启四年至七年（1624~1627 年），水东宋氏造反，为了保护贵阳府，云贵总督张鹤鸣和贵州巡抚王瑊开始大规模增修贵阳城，布依族土司班麟贵建青岩土城，领七十二寨，控制八番十二司。1853 年，太平军翼王石达开率领 20 万名军队进入贵州，围攻定番（今惠水）。赵氏首领赵国澍和州提督田兴恕配合，屡次击败石达开军队，累功官至候选同知直隶州。为了保卫贵阳，清朝允许赵国澍建立地方武装，总办贵州团练事务。赵国澍改建青岩古镇，设垛口，城门建城楼（图 4-62）。

青岩古镇城墙用巨石筑于悬崖上，有东、西、南、北四座城门，形成了四条正街、26 条小巷。北城门又称玄武门，初建于明天启元年（1621 年），清顺治十七年（1660 年）班麟贵之子班应寿子承父职（土司）将土城墙改建为石城墙，清嘉庆三年（1798 年），武举人袁大鹏重修扩建，是青岩军事古镇的象征之一。定广南门是清顺治十七年，班应寿扩修青岩城时所建，咸丰年间，青岩团务总理赵国澎全面整修青岩城时建城门城楼。

（4）贵州黔东南苗族侗族自治州锦屏县隆里古城（隆里所城）

隆里，原名井巫城、龙标寨、龙里，清顺治十五年（1658 年）更名为隆里，赋有隆盛之意。隆里本是苗族、侗族聚居地，为一片开阔的山间盆地，良田千亩，阡陌纵横，四周群山环抱，为锦屏与黎平之间的唯一重要通道，是重要的生息地与军事重地。

隆里古城即隆里所城。元至治二年（1322 年）设置隆里蛮夷长官司，明洪武三年（1370 年）建“龙里卫”。明洪武十一年（1378 年），明太祖朱元璋派第六子楚王朱桢，调集江南九省官军，率 30 万名大军征剿吴勉义军，明洪武十八年（1385 年）剿平，留兵弹压，明洪武二十五年（1392 年）置龙里（隆里古称龙里）守御千户所（隆里所城）。隆里古

图 4-62　青岩古镇卫星图

资料来源：张清楷制作

城始建于明洪武十九年（1386 年），明永乐二年（1404 年）建成，为明代重要的军事城堡，实行“军屯”，1000 余名官兵受命屯垦戍边镇守于此。明洪武十八年至清末，军政建制基本不变。

隆里古城为低山盘坝地形，四面环山，地势开阔平坦，境内为岩溶地质，地下水资源十分丰富。境内有龙溪河，溪水从古城西部蜿蜒向北流去，清澈见底。隆里古城地处要冲，依山傍水，古城坐落在地势平坦的盆地中央，形成东南据山、西北临水的空间形态（图 4-63）。

隆里古城大致成长方形，古城墙外有护城河，南北宽 217 米，东西长 222 米（图 4-64，图 4-65）。城垣始建为泥土夯筑，明天顺元年（1457 年）改以卵石框边。周长 1500 米，城墙高一丈二尺，壕深一丈。全城设东、南、西、北四道城门，东门为清阳门，又名戌门，门上建有三层高戌楼。东门主要是作为官员、军队等进城之门，取“紫气东来”之

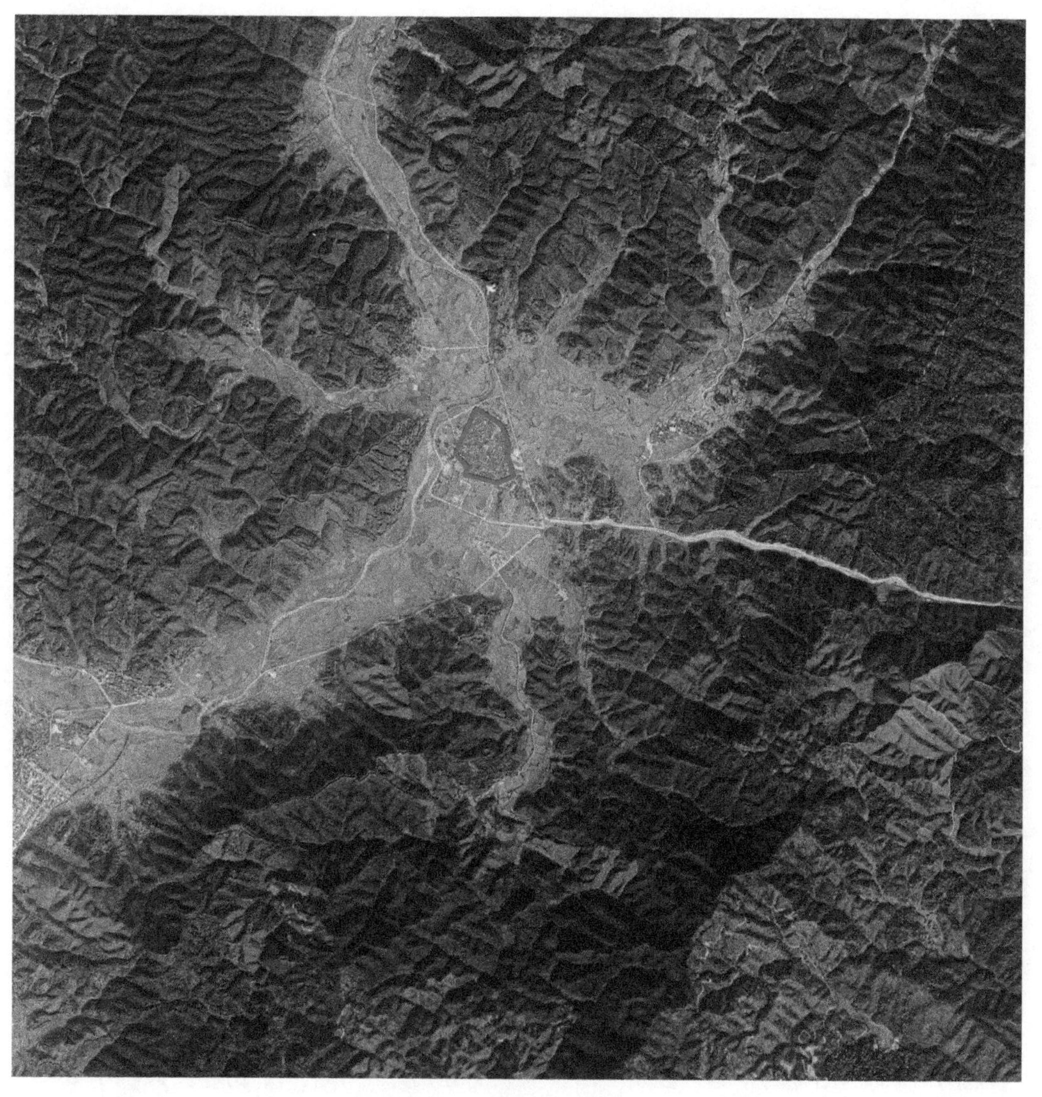

图 4-63　隆里古城卫星图

资料来源：文亚玲制作，红线范围内为隆里古城

意。南门为正阳门，西门称迎恩门，除了门上建有两层戌楼外，还设置了内外两道城门，即在门洞前筑有一堵围墙，出门洞后需转九十度弯再出一道门才能到达城外。这个结构依据的是“瓮城”原理，被隆里人称为“勒马回头”。北门常年闭门不开（军事需要，避免腹背受敌），且为取其藏风聚气之说，在北门城楼上设有寺庙，供奉有菩萨，以祈求平安。城周三里三分，东南西北各设炮台一座。城墙上设有跑马道，城壁设有“天灯座”，用以传递讯息。

城内街巷布局设计精巧。现城墙已不甚完整。城内街道多为“T”形布局，是最优的防御空间形态。

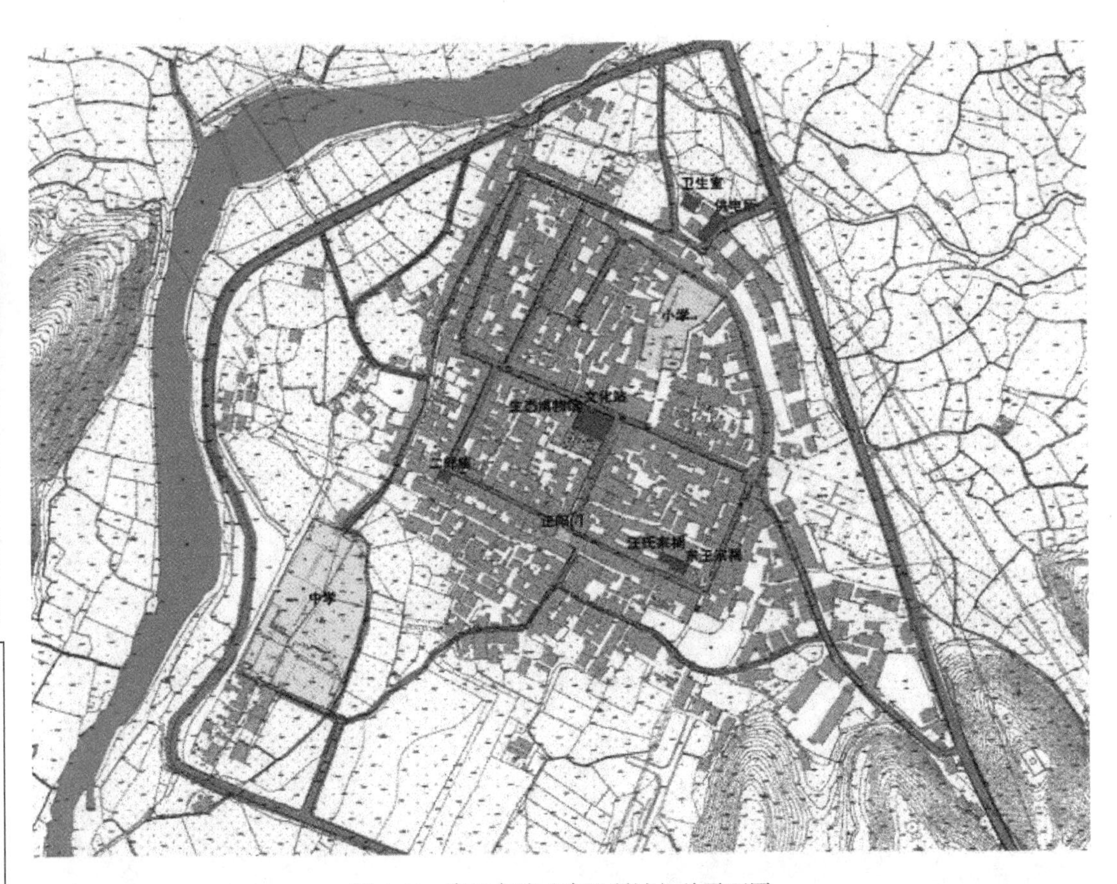

图 4-64 隆里古城（隆里所城）总平面图

资料来源：贵州省住房和城乡建设厅 . 2016. 贵州传统村落（第一卷）. 北京：中国建筑工业出版社：234

隆里古城是一座亦兵亦农、能战能防的军事城堡。街道 20 余条，全用鹅卵石铺成。城内以千户所衙门旧址为中心，往东、西、南三面分别开三条主街，街巷交叉均不成“十”字形而以“丁”字街道结构作为主要轴线，每逢“丁”字路口，正对来路的建筑上均有射击孔、箭洞。重要的衙署等建筑坐北朝南，同时与城防体系的构筑紧密联系，具备较强的安全性（北门不开即无患）。从军事防御角度考虑，街道的错接利于防御。城中的三条主街又分出六条巷道，街巷把整个城区划分为相对独立的九个居住区域，此正为当地称的“三街六巷九院子”格局。

民居对防御需要的水源、防火、防水等特别重视。据传旧时的隆里，“城内三千七、城外七千三、七十二姓氏、七十二眼井”。七十二眼井分布于各街巷和宅院，开挖这么多的水井，除了满足饮食、浣沐和消防需要外，还有一个重要的因素是考虑到军事上的需要。天井内放有青石制成的防火缸，内有暗沟以便排水。当地民居内每户必有一道后门，且后门户户相通，目的是保证军人家眷能够躲避战火，战事来临时家家互相通告，由后门撤离至安全地带。

图 4-65　隆里古城航拍图

资料来源：吕唐军摄

（5）贵州安顺市西秀区七眼桥镇云山屯

云山屯原名“云山坉”，位于云鹫山北麓峡谷，占地面积15.40平方公里。始建于明洪武年间（1368~1398年），后经多次重建和增修，为屯堡文化村寨，也是“云峰八寨”（云山屯、本寨、雷屯、小山寨、章庄、竹林寨、吴屯、洞口寨）中最著名的村寨之一，是明王朝在贵州推行卫所制度的历史见证。

明洪武十四年（1381年），驻守云南的元朝降臣梁王把匝瓦密举兵叛乱，云贵边陲局势动荡不安。朱元璋派大将傅友德为征南将军，沐英为副将，率30万名大军征讨云南梁王，于次年攻克云南，史称“太祖平滇”战争。叛乱平息后，为制止内患，巩固边陲和减轻驻防军队的粮饷负担，实施屯田制。朱元璋令这支江淮亲军屯守在云贵两地，尤以享有“滇之喉，黔之腹”称誉的安顺居多。为解决军需供给，军士戍兵屯田，自给自足，形成了调北征南的军屯。由于军屯力量仍然薄弱，洪武二十一年（1388年）朱元璋发动了第二次南征，随军带来了一大批赣、皖、苏一带无田地房产的无产者，在贵州一带屯田聚居，形成了以“调北填南”形式安置的民屯，称为“堡”。江浙招募的士兵携妻带子进入贵州，居住在卫所里，战时出征，闲时屯垦。当时卫所广布贵州省各地，军户达数万人之多，在享有“黔之腹，滇之喉”称誉的安顺，至今还保存着一些卫所旧址及当时人们生活的遗风。《明实录》写道“兵团聚，春耕秋练，家自为塾，户自为堡，倘贼突犯，各执坚以御之”。据《安顺府志》载，安顺一带“有八十二屯、一百七十四堡”，还有众多的哨、所，可见当年屯军规模之宏大。600年来，这些屯军及其后裔在黔中大地上繁衍生息，固守着祖先遗留下来的江淮汉族传统文化，形成了贵州独特而罕见的“屯堡文化”。

云山屯占地面积约为2公顷，以汉族人口为主。据云山屯《金氏家谱》载：屯内金氏家族于明代自金陵入黔，其中一支即在云山屯定居繁衍，迄今已有600余年历史。云山屯地处滇黔古道重要据点，明清时期商业贸易十分繁荣。

屯堡选址讲究。靠山不近山，临水不傍水，视野开阔，水源方便。云山屯的聚落布局充分体现了军事防御型聚落的特征。聚落左右有两座大山“关拦”夹峙，形成了狭长的山谷通道，聚落利用这一有利地形，封锁两边出入口，形成了山体包围的带状聚落空间（图4-66，图4-67）。选址利用两山夹一谷的地形，前后原有东、南两道屯门，现存东门，用巨石垒砌而成，初建于明代洪武年间，有石屯墙围蔽。屯墙高7~8米，厚1.5~2米，全长1000米左右。屯墙与屯门上分布有垛口与枪炮眼，制高点有多处哨棚。据记载，明正德五年（1510年）安顺州发生西堡兵变，战祸殃及云山屯，屯墙被毁坏；清同治年间，重新修建并增加了其长度和垛口叠层。沿古驿道进入屯门，处处皆有石墙、石板屋面、石板巷道，还有石箭楼、石碉堡、石哨棚等昔日军事建筑。多种军事设施组成了一套完善的军事防御体系，体现出强烈的防御性色彩，是屯堡文化景观的典型代表。

安顺一带多山多树，岩石以沉积岩为主，其石材薄厚多样，硬度适中，屯堡人选择石材为主要建筑材料。仅从明到清，大大小小的“焚烧屯堡”事件就不下数十起，选择坚固而又阻燃的石头来建房，是屯堡人的一种生存智慧。

屯中还有一鱼塘，鱼塘有两个功能：塘边的水坑主要起排水作用，如有山洪奔泻，它能将洪水排进山内直通龙潭；平时主要是供观赏用。屯内还有山泉“按水坡”，长年不断，大旱季节也涌流不息，是全村寨饮用水的主要来源。

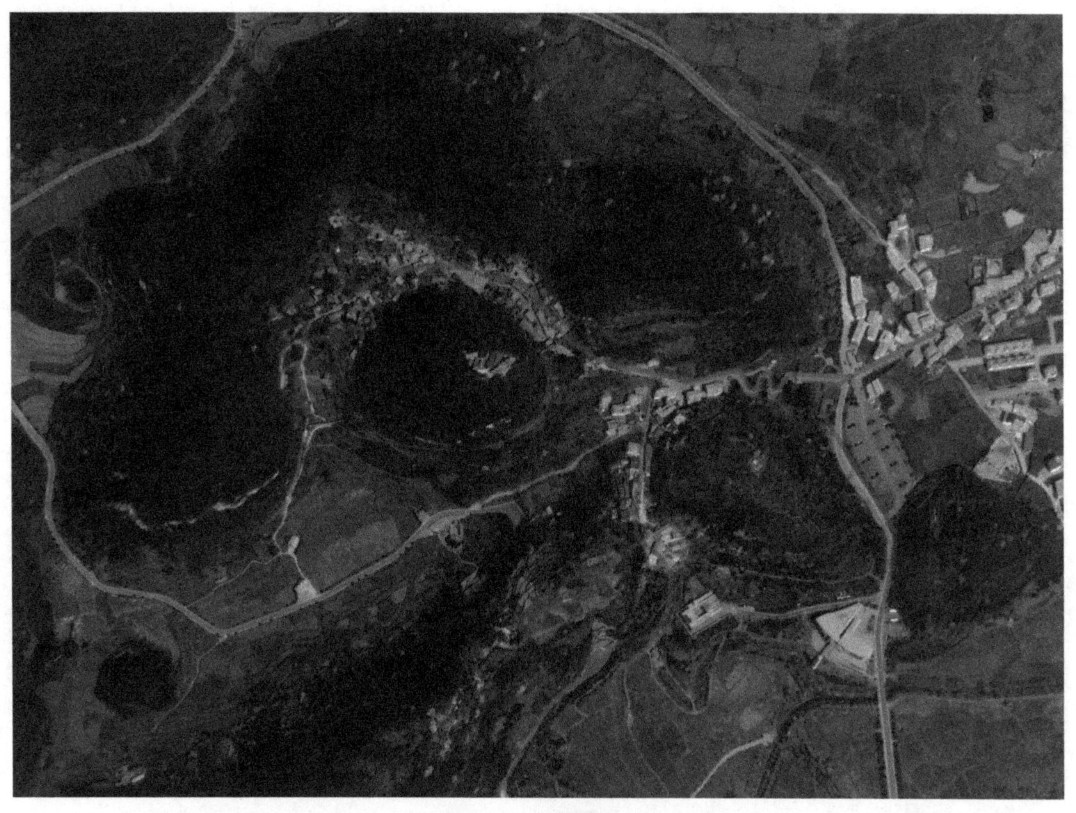

图 4-66　云山屯卫星图

资料来源：梁雄制作

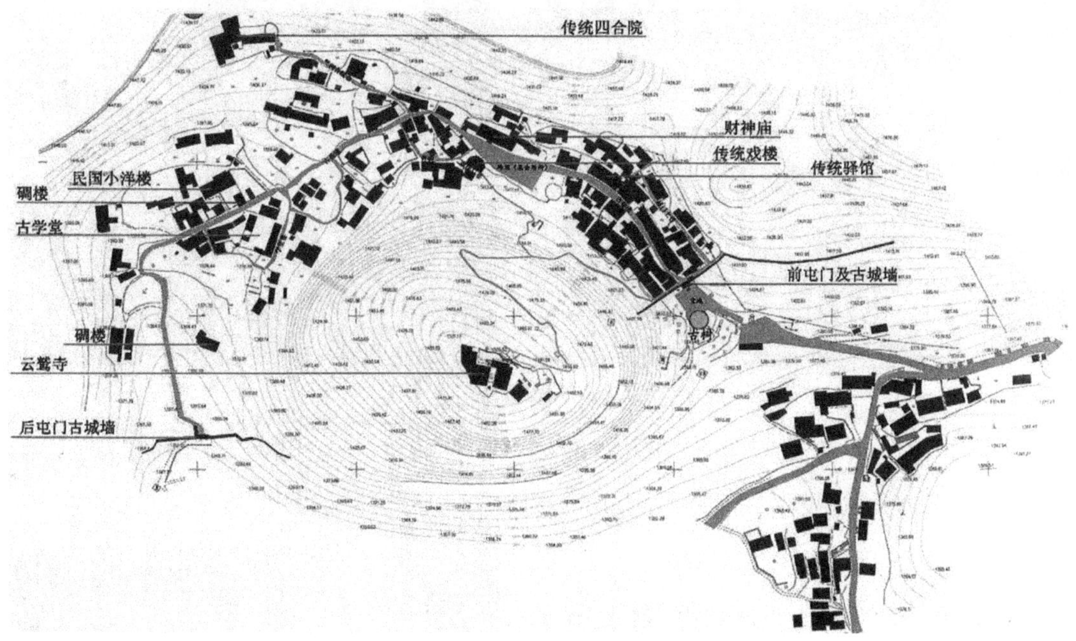

图 4-67　云山屯总平面图

资料来源：贵州省住房和城乡建设厅. 2016. 贵州传统村落（第一卷）. 北京：中国建筑工业出版社：386

屯堡村寨平面布局以一条主巷道和多条支巷道，将各家各户连成片，形成城堡式的结构。各支巷道只有一个口通往主巷道。民居沿袭了江南三合院、四合院的特点，由正房、厢房、围墙连成一门一户的庭院。结合特定环境的需要而加以改进成全封闭式的格局，从燕窝式到城堡式再到城堡碉联结体式。在各种式样的独立庭院中，天井不仅是家庭活动的场地，更是防止进犯敌人纵火的措施。屯堡人的建筑观念，使其把防卫放在首要位置。云山屯中部的主街全长 600 余米、宽 3~5 米，贯穿整个屯堡内部，全部由青石板铺设而成。古街两旁还有许多小巷与各户的三合院、四合院、碉楼等相连接，形成了攻防相济的通道，各街道周边的建筑上布满了射击孔。随着屯田制度的衰退，加上豪商富贾的涌入，这里的商业贸易曾经繁荣一时。

（6）贵州安顺市西秀区七眼桥镇本寨

本寨始建于明洪武元年（1381 年），为屯堡文化村寨，也是“云峰八寨”中最著名的村寨之一，是明代滇黔古道上军屯、民屯、商屯的结合。占地面积约为 4.6 公顷，以汉族人口为主。明初时，朱元璋为了加强对西南边疆的统治，调北镇南，从江浙一带招募士兵，在这里大量屯田驻兵。

本寨坐北朝南，坐落在云鹫山南麓，背靠竹林，面临田坝、河流，左为青龙山，右为姊妹项山，前临三岔河，沿河是肥沃的田地。龙潭水源与杨柳河交汇从寨前流过（图 4-68，图 4-69）。

图 4-68　本寨航拍图

资料来源：吕唐军摄

本寨择平地而建，寨内保存有防御工事的屯楼、屯门、屯墙、石碉楼等。寨中现存碉楼 7 座，其中金氏族人修建于民国时期的“鸿鹄别墅”是碉楼民居的典型代表。高耸的碉楼，互为犄角之势，俯视远近。寨内建筑群紧凑，各个民居大院外部都有围墙（图 4-70~图 4-72）。

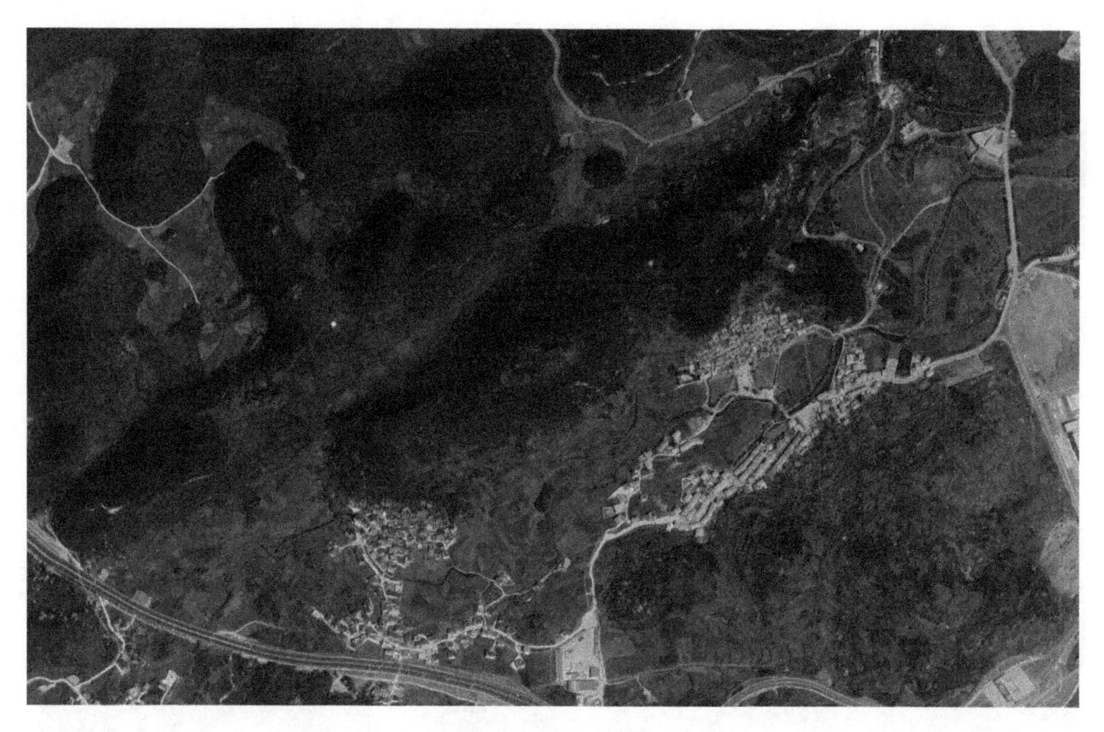

图 4-69　本寨卫星图

资料来源：叶达权制作

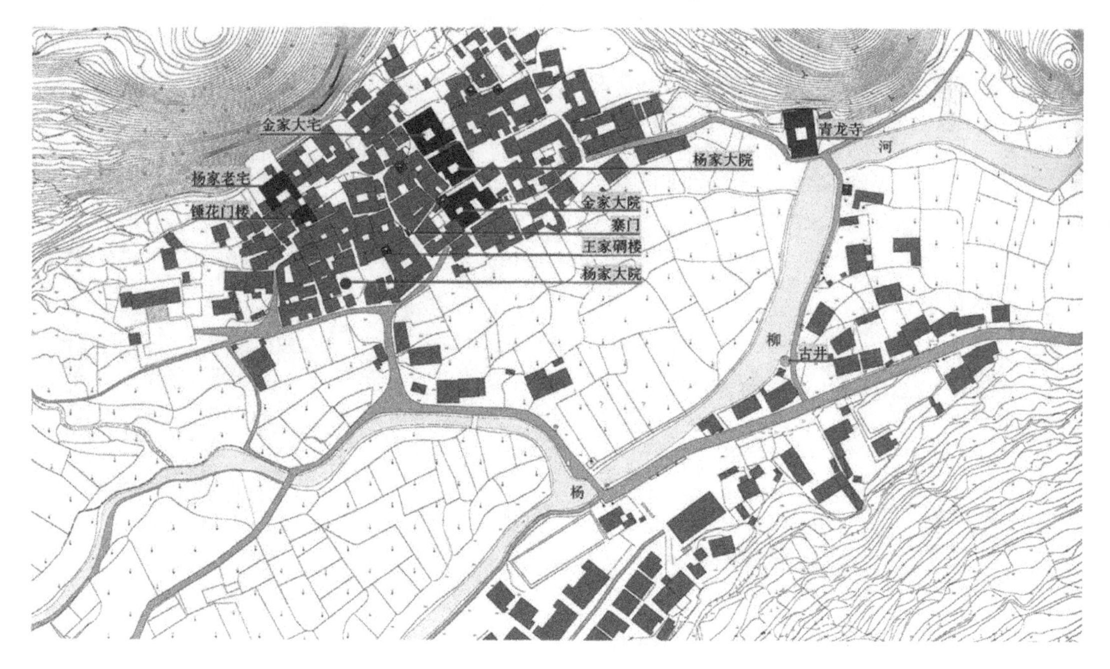

图 4-70　本寨总平面图

资料来源：贵州省住房和城乡建设厅 . 2016. 贵州传统村落（第一卷）. 北京：中国建筑工业出版社：234

图 4-71　本寨鸟瞰

资料来源：吕唐军摄

图 4-72　本寨肌理

资料来源：吕唐军摄

民居建筑群以三合院、四合院为主，每一个大院犹如一个自成一体的堡垒，外部有高大的石质墙垣包围。寨门、寨墙和建筑墙体上均开有观察孔和射击孔。户与户之间有高楼相隔，又有暗门相连。

（7）贵州安顺市西秀区大西桥镇鲍家屯

鲍家屯始建于明洪武二年（1369年），是调北征南大军的一支先锋部队——明朝驻军军官督司鲍福宝的奉命驻扎处所，他奉朱元璋之命到此戍边，在此地聚居繁衍。最初名为杨柳湾，因村民大部分姓鲍，清代改名为鲍家屯，简称鲍屯。聚落面积为12平方公里，以明清两代迁至此的江淮汉族人为主。鲍家屯今天依旧保持着尚武传统，一直传承着鲍家拳。

鲍家屯有先进的水利工程、完整的聚落规划、严密的军事防御体系。鲍家屯水利工程的原理与都江堰水利工程相似，被称为“黔中都江堰”，如今仍然发挥着灌溉功能，为10个村民组600多户村民生产生活提供用水保障，堪称奇迹。鲍福宝是鲍家屯的创建者，也是鲍家屯水利系统的创建者。

鲍家屯有典型的喀斯特低山谷丘陵地貌，峰林洼地，背枕青山，面向平坝，坝地广袤，前有流水，侧有护山，形成“狮象地门，螺星塞水”的山水格局。村中两座碉楼高耸，运用“八阵图”原理，结合地形，暗藏内外“八卦阵”（图4-73，图4-74）。

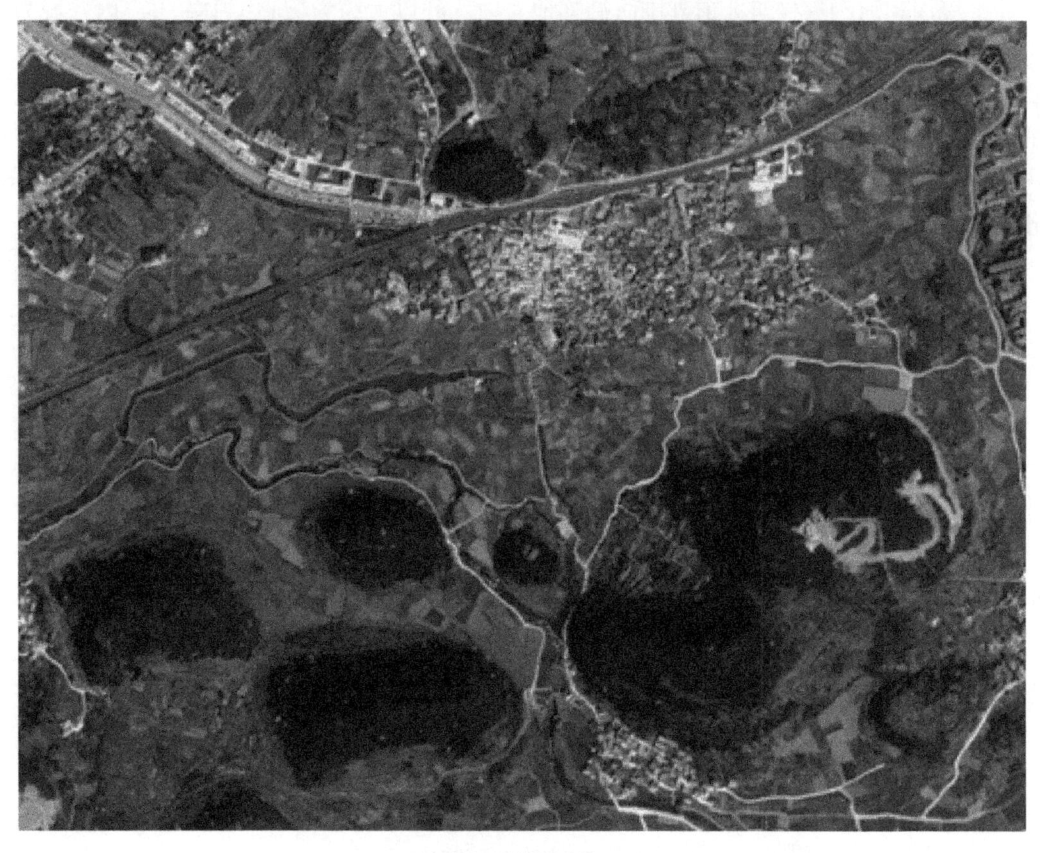

图4-73　鲍家屯聚落与水利工程卫星图

资料来源：邓敏华制作

图 4-74　鲍家屯聚落与水利工程总平面图

资料来源：贵州省住房和城乡建设厅 . 2016. 贵州传统村落（第一卷）. 北京：中国建筑工业出版社：416

外八阵是以内八阵（即鲍家屯）为核心，利用四周 8 座山峰与河水，以石墙、碉堡、岩石、壕沟和河沟等构筑 8 道外围防御阵地。内八阵以大庙为核心（中军）、内瓮城为纽带，8 条街巷、几百幢石砌建筑构成 8 道内围防御阵地，巷道纵横交错如迷宫。街巷设门，一道高大的石筑寨墙将八阵包围，形成外墙、瓮城、街阵、院落等多层防御体系。鲍家屯的内瓮城是模仿南京聚宝门（今中华门）的瓮城模式而建。鲍家屯一大两小的三个长方形内瓮城，相互连接守望，形成“品”字布局。大瓮城四周有六道门，可以与屯中“八阵图”相连（图 4-75）。

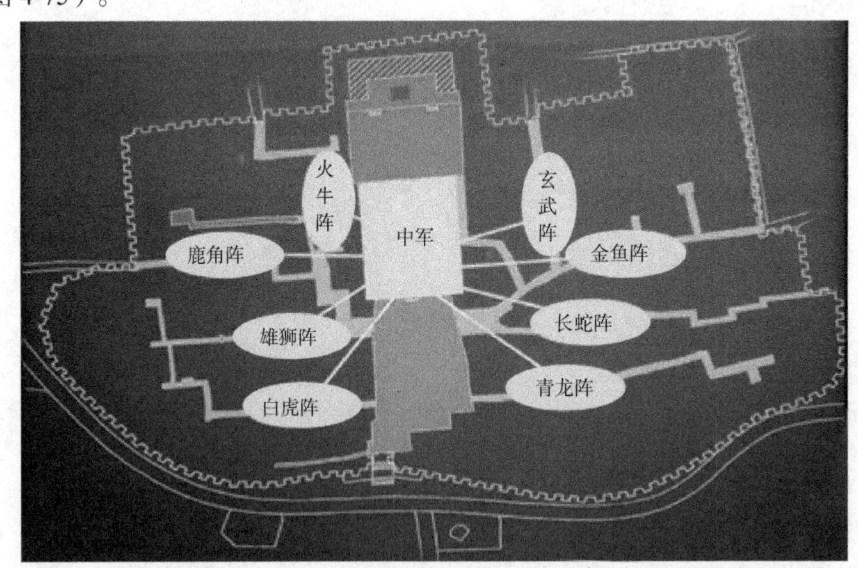

图 4-75　鲍家屯内八阵布局示意图

资料来源：鲍家屯旅游宣传版面

太平天国起义时，曾有一小队人马途经这里，想要攻克鲍家屯。鲍家屯人依赖碉楼和地势，对峙一天，太平军仍不能进入村落，只好悻悻地投掷火把烧掉一间屋子，就此撤离。

4.3 围屋型聚落

通常围屋指客家围屋，又称围龙屋、客家围等，是客家民居经典的三大样式（客家围屋、客家排屋、客家土楼）之一，客家围屋是客家民居中最常见、保存最多的一种。

本书认为客家围屋包含四个核心特点，即整体性、围合性、防御性、宗族性。基于此，本书对围屋的范畴进行了拓展，发现西江流域多个地区有围屋类型的建筑与聚落，包括广西、广东地区的大量客家、广府、潮汕聚落，都存在着围屋的聚居形式，故定义其为“围屋型聚落”。但西江流域地区的围屋型聚落不同于福建永定土楼[1]（图 4-76），也不同于广东围龙屋[2]（图 4-77）。

图 4-76　福建永定土楼

①福建永定的围屋，也称土楼，建筑构造为圆桶形或正方形。

②主要分布于广东梅州、河源、惠州、深圳、韶关等地区的客家人住宅式样的一种。该住宅式样有中轴线，前半部为半圆形池塘，中部为方形，后部为半圆形，均匀分布。

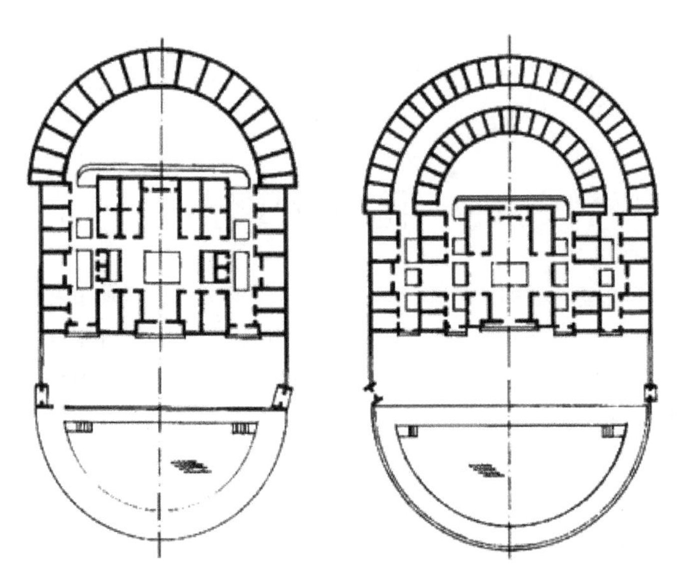

图 4-77　广东围龙屋标准平面图

资料来源：陆元鼎 .1986. 广东民居 . 北京：中国建筑工业出版社：92

（1）广东云浮市郁南县连滩镇西坝村光二大屋

西坝村光二大屋被当地村民称为“清朝古堡”。光二大屋的屋主姓邱，排行第二，被称为光二。光二大屋始建于清嘉庆十五年（1810 年），屋主和 5 个儿子耗时 10 年才建成此屋。光二大屋是南江流域规模最大的民居之一（图 4-78，图 4-79）。

图 4-78　光二大屋鸟瞰

资料来源：吕唐军摄

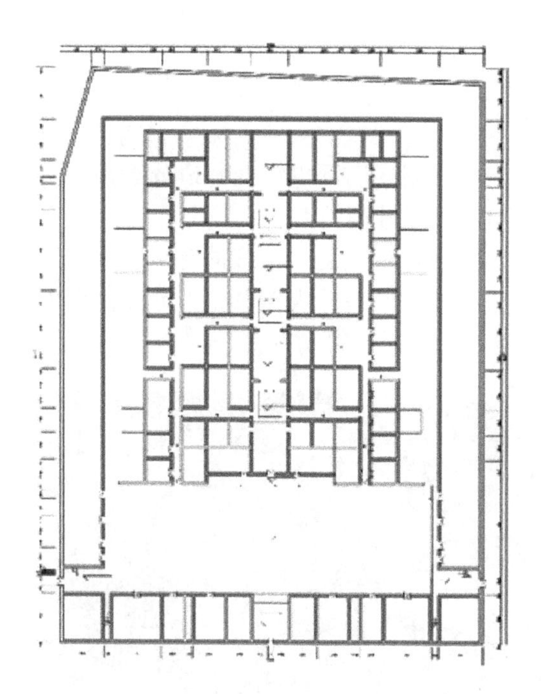

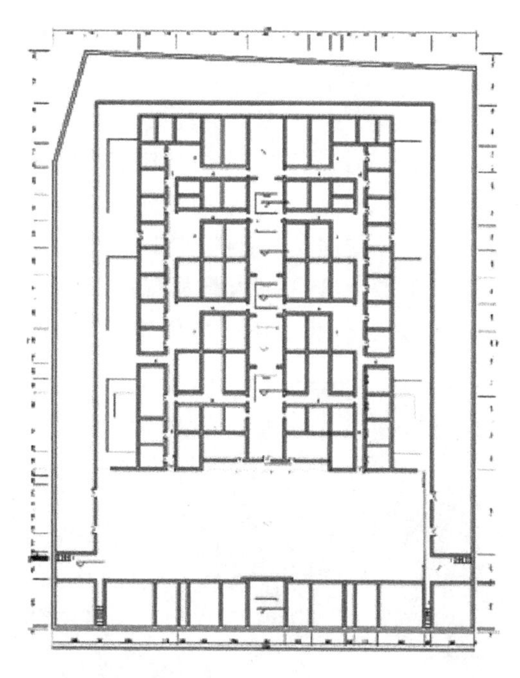

图 4-79　光二大屋首层、二层平面图

资料来源：周彝馨广府古建筑技能大师工作室（谢泽芳、叶达权绘，谢泽芳，陈光恒、陈旭升、郭思侠、陈惠容测量）

光二大屋坐北朝南，五路五进，占地面积达 6667 平方米，有 136 间房，曾经居住过 700 多人。建筑整体呈方形，西北角凹入。城垣厚约一米，高 8~13 米。光二大屋最后一进顶层为碉楼（值班房），与城垣结合，为全屋制高点，高 20 米，可监视整体环境。前座朝南正中为前门，大门上方写有“文林第”三个大字，有趟栊门。东西两侧各有一偏门。光二大屋内部水井、仓库、磨房、舂米房、密室、晒场等一应俱全，闭门几月大屋内部亦可以自给自足。

光二大屋充分考虑了防匪患、防洪、防火等多种防灾功能，是国内罕见的集三项功能于一身的大型围屋。在防匪患方面，有九竖五横的木制防盗门；墙垣顶部有环绕一圈的通道和瞭望台，通道穿过后进碉楼。大屋四角和两边都有城垣的垂直交通空间，战备状态下城垣防御成为一个紧密的整体。在围墙上还有 16 个射击孔。

在防洪方面，光二大屋的外墙、门、多个楼梯处的木制抽水车装置、二楼设置的铁环（可拴备用小船）等都有防洪作用。南江河洪水暴发时，西坝村的村民都到大屋躲避水灾。

在防火方面，大门上方墙体内部有输水渠，木门上方有缝隙和出水口可以向下灌水灭火，极尽机巧。

（2）广东云浮市郁南县大湾镇五星村（大湾寨）围屋群

五星村原名大湾寨，在郁南县南部，地处南江河畔，丘陵地带，舟楫便利，历史上曾是商贾之地。历史上南江经流大湾，被狮子山一片绿洲稍阻，蜿蜒的江水正好分两路流走，大湾寨由此而得名。狮子山、麒麟山隔岸把住水口，守护曾经的大湾寨。今天绕弯的支流已变成一泓静止的绿水。大湾寨有黄、王、张、李、廖等多个姓氏，而以李姓最多。明清年间，李氏家族从福建上杭一带陆续迁徙，最后到达大湾寨。大湾寨李氏族人从第一代迁移定居，由农到商，进而修文兴学，崇文崇商，到第四代，已成为一方望族，经营范围遍及大江南北。

大湾寨的民居布局以方形围屋为主，外部以围墙封闭，内部以纵横巷道分隔，中间以天井方式采光。一般采用纵向三、五、七座排列，逐级升高台基，两侧分别有一排或两排[①]从屋（厢房），有的围屋有前后院落。正立面有一座三门的，最多的有三座七门的（图 4-80~ 图 4-83）。大湾寨富商李其敏 1920 年建造的“巨昌栈大屋”、大湾寨富商李景献第二儿子李祺波 1885 年创建的“祺波大屋”等，都是围屋的代表。

图 4-80　五星村（大湾寨）古建筑群

资料来源：吕唐军摄

①两排又称双登带。

图 4-81 五星村（大湾寨）围屋群

资料来源：吕唐军摄

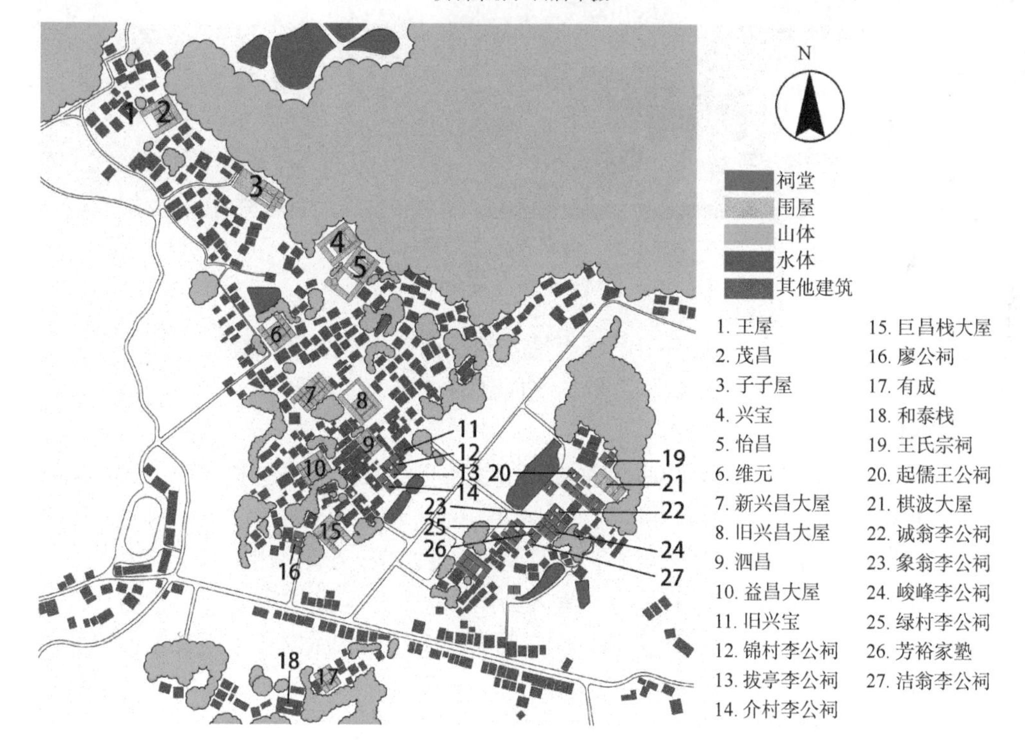

图 4-82 五星村（大湾寨）总平面图

资料来源：周彝馨广府古建筑技能大师工作室（陈惠容、吴桂阳绘）

（3）广东云浮罗定市黎少镇榃濮村（潭濮村）梁家庄园

榃濮村即潭濮村，聚落紧靠南江水道，位于泗纶河与罗定江交汇处，建于清代。梁家庄园主人梁胜泉是清咸丰年间的暴发户，原是小商人，后集地主、官僚、资本家三位于一

图 4-83　五星村（大湾寨）围屋

资料来源：吕唐军摄

体。至民国年间，梁家拥有万亩田产，当铺 6 间，商店 100 多间，婢女 100 多人，长工数十人，还配备了一个排的庄园武装力量。当时还有“梁家庄园新谷一出南江口，肇庆米价就要跌”的说法。

梁家庄园是粤西规模最大的庄园建筑，紧邻还有覃鎏钦的故居和覃氏宗祠，以及潭濮古墟等。梁家庄园建于清光绪年间，于 1914 年完成，历经三代人。

梁家庄园占地面积 6.6 万平方米，共建造 26 座大屋、6 座碉楼、4 个大粮仓、1 个私塾和私人码头，其中核心最大的一座大屋名为“九座屋”，是梁家主人日常居住的地方，建筑面积 7000 多平方米，分三个大门，大门间有两个小门，屋内有纵横交错的内巷相通，两侧还各有一排厢房从屋（图 4-84~ 图 4-86）。

大屋离河岸 40 米，河岸砌有码头。门前为长 100 余米、宽 10 余米、高 3 米的高台地坪。北边为一排大粮仓、晒场、碉楼等，粮仓设有门楼，有石台阶直通河边码头。梁家庄园内所有道路均用石板铺砌，就连屋内的排水渠、道口的建设也十分讲究。

在“九座屋”东侧百米处有粮仓一列 4 座，每座都有 7 个仓，中仓有券门，各座间有天井廊庑。仓为两层，上层有天桥相通，下层底部用泥砖加厚，仓的东面与晒场相连，晒场与各仓之间都有桥台相连，桥台底下有巷道，粮仓东南西北均有碉楼，晒场与仓库均有门楼，红石台阶与码头相连。

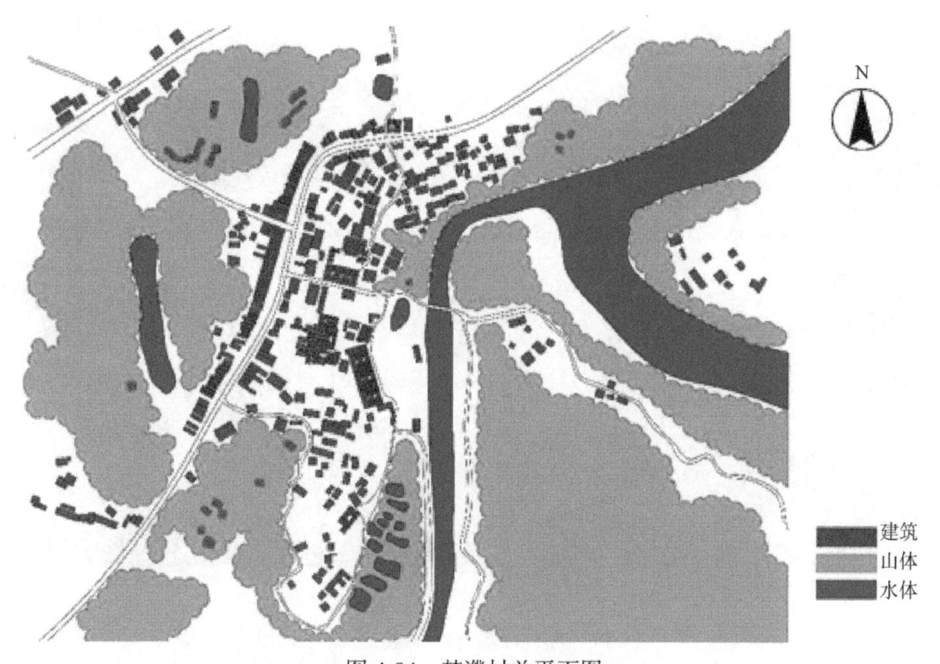

图 4-84　楂濮村总平面图

资料来源：周彝馨广府古建筑技能大师工作室（林燿安绘）

图 4-85　楂濮村梁家庄园

资料来源：吕唐军摄

粮仓后面还有一座书塾，是梁家庄园藏书、读书的地方。书塾一进，高大宽敞，前为卷棚顶檐廊，中厅三开间，进深三间。

图 4-86　碆濮村梁家庄园“九座屋”

资料来源：吕唐军摄

（4）广东肇庆市封开县杏花镇杏花村

杏花村为伍姓的聚落，据伍氏族谱记载，伍氏是明弘治十五年（1502 年）从高要新桥塘边村迁至此地。村里曾有梁、吴、马、温、朱等姓氏，后来伍姓人口增加，成为村中最大的姓氏，其他姓氏逐步搬离，现在村中只有伍氏一姓（图 4-87，图 4-88）。

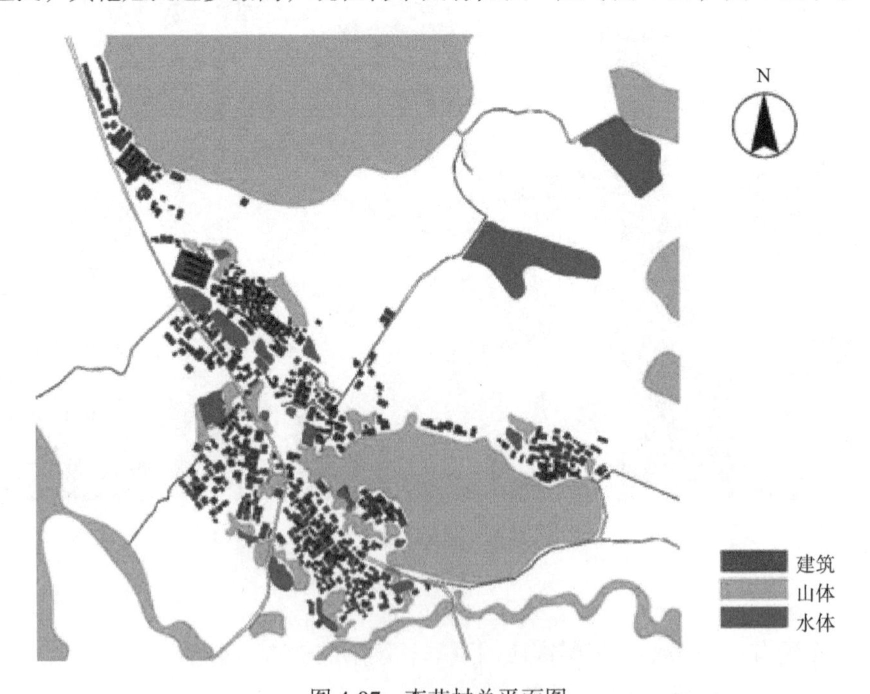

图 4-87　杏花村总平面图

资料来源：周彝馨广府古建筑技能大师工作室（谢龙交、毛梅倩绘）

图 4-88　杏花村总貌

资料来源：吕唐军摄

村内四塘相连，有一明代古城，仍有部分城墙与城门，是难得的古代民城标本。古城建于小山岗之上，为不规则的长方形。城开两门，一东一南。城内民居纵横成列，布局规整，几处排水口现在仍在使用。

明正统以后，西江各地侗民、瑶民相继起义，他们除攻击官府外，还抢掠村庄。最为惨烈的一次要数明嘉靖初年，史载："官军攻白马麒麟二山贼巢，四年不克，疮痍过半，盗贼益骄。"此城建成后，为保卫城中的居民起了重要作用。杏花村古城四面开阔，武备优良，易守难攻，固若金汤，因此没有大的杀掠事件发生。嘉庆十三年（1808 年）重修了东城门，因此东城门的风格与南城门有些不同。砖砌的城墙和东南两个城门、北面的更楼（碉楼）等仍保存较好。北更楼高三层，为封开县现存年代最早的碉楼建筑，为当时城堡的制高点。城内还有霭然书室、粮仓和碉楼等清代和民国时期的建筑以及两口水井。

聚落中"杏花十二座"是封开县规模最大的围屋建筑。"杏花十二座"即"伍家大屋"，始建于清代乾隆年间，围屋的主人当时在广西信都、铺门等地经商，回乡购地建房。"杏花十二座"三路四进，占地面积为 3183 平方米。两边以从屋围合，设南北两大门、东西两小门。南大门外还有一口占地面积约 1000 平方米、弯月形的水塘。每座四房一厅，共有客厅 17 间，房屋 80 间（两层的也作一间算）。伍氏大宗祠、花厅、蔼然书室、古井、会堂等保存完整（图 4-89）。

（5）广西贺州市八步区莲塘镇仁冲村江氏客家围屋群（客家聚落）

贺州位于广西的东北部，地处桂、湘、粤结合地带（东面与广东的怀集、连山毗邻，北与湖南相连，南与梧州交界，西北与桂林接壤）。相对而言，贺州是一个交通不方便、

图 4-89 “杏花十二座”航拍图

资料来源：吕唐军摄

经济不发达的地区。贺州的客家与“无山不成客，无客不占山”的闽赣粤地区的客家有所不同，其主要分布在平原、山冲或盆地。贺州地区客家围屋建筑很多，多规模宏大，以仁冲村江氏围屋规模最大、保存最为完整。贺州地区客家围屋主要是由成井字形纵横交错的房、堂、廊组成，吸收了南方天井院的建筑风格。

据江氏族谱记载，清道光年间（1782~1850 年），江海清的爷爷江浚从广东长乐来到广西贺县谋生，带着妻子和四个儿子在仁冲村、白花村一带种田种蔗、做小生意，家境渐渐殷实。四个儿子分家后分别在仁冲村、白花村一带置地建房。江海清的父亲江廷泰建房在仁冲村，就是现在的北座老屋。清光绪十一年（1885 年），江海清在镇南关大捷中因战功显赫，晋升为三品朝官，受赏巨额白银和“万宝来朝”牌匾一块，江海清将老屋维修扩建，并在老屋东南面另建新屋，新屋历时 8 年才建成。

围屋群占地面积 30 多亩，分南、北两座，均后有小山丘为靠山，相距 300 多米，呈崎角之势。两个围屋建筑均为方形对称结构，外围有 3 米高墙，厅堂、房间、天井布局井然有序，厅与廊、廊与房相通，上下两层相通，素有江南“紫禁城”之美誉（图 4-90）。

北座为“江氏祖屋”，建于清光绪末年（1908 年），占地 20 亩，建筑面积 3600 多平方米，四横六纵，有厅堂 9 个，天井 18 处，厢房共 132 间，底层有 99 间，多有二层。前有半月形晒坪，晒坪两侧开门，南部为两层“淮阳第”门楼，也称青龙门，门楼上设有青龙阁，阁楼内设祭坛以祭拜祖先。中路大堂的大门不正向，而是偏左斜向，正对远处的天台山；后来家道败落，后人就将正门改为斜向遥对笔架山。中路为祠堂，四进三开间。围屋东北角的后门外有一古井，古井外呈八角形。整个围屋的排水系统非常科学，不管多大的雨，屋内也不会积水。屋中的 18 处天井历时 100 多年，下水道却从未曾翻修过，

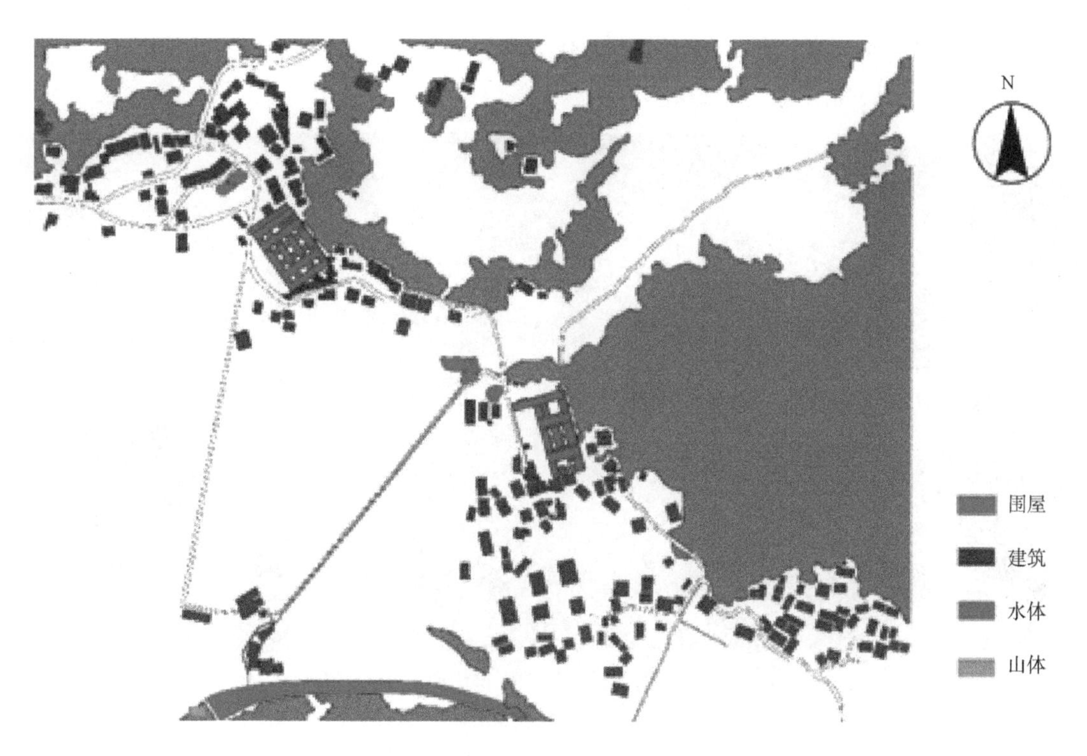

图 4-90　莲塘江氏客家围屋群总平面图

资料来源：周彝馨广府古建筑技能大师工作室（郭思侠、吴桂阳绘）

一直排水良好。整座围屋在门厅、走廊、转弯处设有射击孔达 72 处之多。围屋有一种特制门闩，其内部构造至今未破解。全屋楼上楼下可以相互连通，又可以相互关闭，生人进来如入迷宫（图 4-91）。

图 4-91　莲塘江氏客家围屋群“江氏祖屋”航拍图

资料来源：吕唐军摄

南座新围三横六纵，有厅堂 8 个，天井 18 处，厢房 94 间，前有长方形晒坪，晒坪中部和南部均开两层高门楼（图 4-92）。

图 4-92　莲塘江氏客家围屋群南座新围航拍图

资料来源：吕唐军摄

围屋群地基与众不同。围屋是建造在一片池塘中的宏大建筑物。据考证，其基底下未用一砖一石，全部都是用千年不朽的松木纵横堆叠，然后用沙石、黄泥土、石灰混合土夯实作为基脚，地面齐人高的墙体也是用这种三合土夯筑而成，形成了一个整体相连的墙体，上部为普通泥砖，墙顶和屋檐才用青砖进行密实镶边。100 多年后，这些墙体未见下沉，也很少出现裂纹现象。

（6）广西贺州市昭平县樟木林镇新华村客家围屋群和田洋（石城）客家围屋（客家聚落）

新华村是一个多姓氏居住的传统聚落，有全、叶、李、冯、王等十多个姓氏，方圆 1 平方公里内拥有田洋（石城）、老寨、芝记（生利）、泰龙等 8 处客家围屋和 1 处三王大庙等客家地区传统建筑，新华村客家围屋群造型具有广东客家围屋的特点。此村落至今已有 200 余年历史，保存仍较为完整。

清嘉庆年间（1796~1820 年），叶氏祖叶纪华、叶纪珍兄弟迁粤西，决意在新华村开创基业。时至道光年间（1821~1850 年），以广东先祖住宅的构造用本地的石材建起了田洋（石城）客家围屋。

新华村最著名的围屋为田洋（石城）客家围屋，也叫“石城寨”。田洋（石城）客家围屋是贺州市最大的客家围屋，也是贺州市独一无二的棋盘形围屋（图 4-93），总计面积 10 余亩，共有 20 个厅，200 多个房间。此围屋至今仍完整无损。田洋（石城）客家围屋的独特构造，主要表现在两个方面。一是先挖好宅地周围的地基，并用大青石块浆砌成高约 2 米的石墙，然后在石墙上的三面分别建起三间 3~5 层的青砖碉楼和数十间住房，同时在另一面石墙中心建一总大门楼，门楼两侧还各设两口炮眼，这样将石墙四面联结成封闭式围屋。二是在围墙内的空地上分别建造两排距离相等、横竖一致，每排各五间的泥砖木质瓦房，每间瓦房均为“上五下五”。“上五下五”即在中轴线上分上厅和下厅，中间隔有天井，上厅、下厅的左右，各设两间住房，天井两侧各建一个厢房，实际上每间“上五下五”结构的房子，就包括有上厅、下厅、上四房、下四房、一个天井和两间厢房。这样的造型具有如下优势：一是规模大，便于聚族而居，数代同堂；二是每个厅，房面积相同，上下相距一致，天井与天井的小门成一直线，构造朴实，美观大方；三是坚固安全，可防盗和外人侵犯。

图 4-93　田洋（石城）客家围屋航拍图

资料来源：吕唐军摄

（7）广西玉林市陆川县长旺村客家围屋建筑群（客家聚落）

长旺村中吴姓最多，有众多客家围屋，整个聚落格局号称“七星伴月”。建筑多坐南朝北，背靠山坡依势而建，前面均有水塘，有时形如“金带环腰”，是玉林现存的典型客家围屋建筑群古村落，也是玉林市乃至广西客家围屋数量最多、规模最大的古村落（图 4-94）。

吴氏祖屋始建于清道光二十六年（1846 年），由吴氏祖先举人吴裕渊所建。围屋呈方形，前为半月形水塘，是典型的围龙屋格局。祖屋有东西两个门，门上有射击孔和炮眼。据村中老人所说，原来祖屋外围有一圈城墙，规模能与现西安城墙媲美。只是在“文化大革命”时期被毁坏。西门进去便是一开阔地，大门位于正中央，祖屋的第一进大门上便有“大夫第”三字。祖屋有两进，走进第一进院落，面前豁然开朗，是一宽敞的大平地，当阳光充足时，村人便在这里晒稻谷，平地的四面则是一排小房。清代至民国时期吴氏族人就住在

图 4-94 长旺村客家围屋建筑群

资料来源：吕唐军摄

这一个大祖屋内，其可容纳 70~80 人居住。

（8）广西玉林市玉州区南江镇岭塘村朱砂垌客家围屋（客家聚落）

朱砂垌客家围屋是极具防御性质的城堡式客家围屋建筑，围屋距今已有 200 多年的历史，居住在围屋的黄氏客家居民是清代乾隆年间从今广东梅州市梅县区搬迁至此的。朱砂垌客家围屋坐东朝西，背靠山坡依势而建，地理位置绝佳。庄园南面是一大片开阔的田野，庄园大门正对着两座小山包——彪峰岭与高庙岭。

朱砂垌客家围屋占地 1.5 万多平方米，大门前有禾坪和半月形水塘，禾坪用于晒谷、乘凉和活动，水塘具有蓄水、养鱼、防贼、防火、防旱等作用（图 4-95，图 4-96）。

大门和围墙都保留得十分完整，围屋南部还有一条“护城河”。围屋的西南和西北角各有一个大门，均做成瓮城[①]的形态，瓮城内外两重门均成 90° 转角，内外城均设多处射击孔，布局又如城垣，极具军事特色。围屋的围墙高 6 米，厚 0.7 米，有垛口，呈马蹄状环绕整个聚落，墙体上遍布射击孔，围墙上设有瞭望、射击用的碉楼，并有排水口以防水淹。

①瓮城为古代城市的主要防御设施之一，为加强城堡或关隘的防守，在城门外（亦有在城门内侧）修建的半圆形或方形的护门小城，属于中国古代城市城墙的一部分。瓮城两侧与城墙连在一起建立，设有箭楼、门闸、垛墙等防御设施。瓮城城门通常与所保护的城门不在同一直线上，以防攻城槌等武器的进攻。

图 4-95　朱砂垌客家围屋

资料来源：吕唐军摄

图 4-96　朱砂垌客家围屋航拍图

资料来源：吕唐军摄

整个围屋布局以祠堂为中心，三进，第一进是大夫第，第二进是司马第，第三进是江夏堂。两侧是对称的两重从屋。

（9）广西贺州市八步区铺门镇浪水村浪水庄园

浪水庄园又称黎家大院，旧称竹里庄，始建于清乾隆二十年（1755年），历时4年建成，为黎英佐出资所建。黎氏先祖黎福珠、黎福玫于明朝中期从南京经珠玑巷一路南迁，溯珠江、贺江而上，以打鱼为生，终年与浪水相伴，来到铺门定居，后代黎英佐为了纪念先祖走过的路，将自己花巨资建造的庄园定名为浪水庄园（图4-97）。

图4-97　浪水村卫星图

资料来源：吕唐军制作

浪水庄园占地面积20亩，建筑面积4800多平方米，四横六纵，有100多间房间（图4-98）。建筑群外有高大的青砖围墙相连，内有长方形石花天井作为通道。与北方四合院相类似，进入主屋要经过三道门，第一道门坐北朝南，门楣挂有“进士”牌匾；第二道门坐西朝东，谓之朝阳门；第三道门坐北朝南，与主座同向，也是主座的前门。

图 4-98　浪水村浪水庄园

资料来源：吕唐军摄

（10）广西来宾市武宣县东乡镇下莲塘村将军第

下莲塘村东南为连绵山脉，北依全县最高峰尾地福山（海拔 1300.1 米），东靠双髻山。百崖大峡谷溪水自北向西南分两侧绕村而过，村内大小池塘 10 多处，最大的莲塘湖面积约 40 亩。周边林木茂盛，有老龙眼林近百亩。

下莲塘村自清代至民国已培养 8 位将军：刘季三[①]、刘德汉[②]、刘志仁[③]、刘炳宇[④]、诰封“振威将军”刘宗楷[⑤]、诰封“武功将军”刘孟三[⑥]、诰封“武功将军”刘日耀[⑦]、诰封“武功将军”刘有麟[⑧]。其中振威将军刘季三，授一品官衔，清咸丰帝赐建家庙一座（广西罕见）；刘炳宇，民国六年任孙中山广西讨龙军司令，授粤桂军第一军中将军长。村中至今保留将军第和刘统臣庄园。其中将军第为围屋格局，刘统臣庄园则为西式城堡格局。

①刘季三，清武举，直隶通永镇总兵，民国三年（1914 年）《武宣县志》誉为乡贤，列传入志。

②刘德汉，前清记名提督，民国三年《武宣县志》誉为乡贤、列传入志。

③ 刘志仁，清广东南雄副将，武功将军，民国三年《武宣县志》誉为乡贤、列传入志。

④ 刘炳宇，清武生，民国六年任孙中山的广西讨龙军司令，开赴广东作战，会同友军，消灭龙济光后，任高雷善后督办，补授田南道尹、授粤桂军第一军中将军长。

⑤刘宗楷，刘季三父亲。

⑥刘孟三，清武生，刘志仁伯父。

⑦刘日耀，刘季三祖父。

⑧刘有麟，刘季三曾祖父。

将军第位于聚落北部，为清代民居，始建于清嘉庆六年（1801年），占地面积12万平方米，建筑面积2.1万平方米，坐北朝南，九井十八厅格局，原有245间房屋，现存175间，整体保存完好。建筑呈长方形围屋格局，设有南、北、西三个出入大门，南大门为正门，原有“将军第”题匾（图4-99）。

图4-99　下莲塘村将军第

资料来源：吕唐军摄

（11）广西南宁市宾阳县古辣镇蔡村蔡氏古宅

蔡村周围是平坦肥沃的万亩良田“不丈垌”，兼有环水相依，尽得天时地利。蔡村蔡氏古宅始建于明正德年间，后历经数百年的不断修缮，逐渐形成规模。从明朝中叶开始，蔡氏家族便成立蔡氏书院，家族代有人才，成为广西闻名的书香世家。可惜最古老的建筑毁于清咸丰元年的一次兵燹。现存的大多建筑是清代举人蔡凌霄及蔡氏家族于咸丰九年后重修的。

蔡氏古宅建筑群占地75亩（约5万平方米），建筑面积1.5万平方米，大小房间189间，并有一系列完整的防御系统和排给水系统。蔡氏古宅建筑群分为“老屋”和“新屋”两部分共三处，由蔡氏书院、向明门、太学第、大夫第、经元门、经元第、蔡府新第、小金洋楼等部分组成，均为青砖房。蔡氏古宅建筑群中的“新屋”部分更显特色，对称艺术突出，更加体现出古屋的庄严与威势（图4-100）。

大夫第约建于清同治年间，占地面积约3000平方米，四进格局，正厅最高，二厅、三厅渐次递减。各厅之间左右均有首廊连接，中间有天井，形成“四水归堂”的建筑格局。院内地面用大青石或青砖铺就，主道和非主道的铺设也有等级差别。墙体为双层双砖结构，外皮为青砖，内皮为泥砖。

图 4-100　蔡村蔡氏古宅

资料来源：吕唐军摄

在厢房外围后方两角还建有高耸的碉楼，碉楼四面均设有观察孔和射击孔，守护者在此可望村内外的动静，用以守卫和防火。古宅还设立了私塾、厨房、舂米屋、洗衣埠、守更屋和完整统一的修有防卫设施的高大围墙。

（12）广西钦州市灵山县大芦村劳氏围屋建筑群

大芦村主要姓氏为劳姓，南海劳氏始组雷岗村劳利举一脉在宋末元初辗转于灵山县、钦州市一带，后植根檀圩镇一带，为灵山劳氏祖先。明嘉靖年间（1522~1566 年），县儒学廪生劳经卜居大芦村，为大芦村劳氏始祖。

大芦村劳氏围屋建筑群共有九个群落，从明嘉靖二十五年（1546 年）到清道光六年（1826 年）才逐步完成，占地面积达 22 万多平方米。古宅建筑群规模庞大，结构功能齐全，规划水平较高，生态环境优良（图 4-101，图 4-102）。大芦村有一系列人造湖，分隔开九个劳氏围屋建筑群落，包括沙梨园、镬耳楼、三达堂、东园别墅（图 4-103）、双庆堂、东明堂、蟠龙堂、陈卓园、富春园。

各个围屋建筑群三至五进，围墙内地形自内而外依次降低，以廊屋分隔并列的主屋和辅屋组成一个整体。祖屋镬耳楼的结构功能最齐全，恪守规制，透露出浓烈的封建家族宗法观念气息，当时什么身份的家庭成员住哪种房间，从哪个门进出，走哪一条路线，泾渭分明；清乾隆年间建设的东园别墅规模恢宏，装饰堂皇，又营造得如同迷宫，非宅院中人，入内难得复寻回路出来；清道光六年建造的双庆堂则高广宽敞，讲求实用和居住的舒适。

图 4-101　大芦村航拍图

资料来源：吕唐军摄

图 4-102　大芦村鸟瞰图

资料来源：吕唐军摄

图 4-103　大芦村东园别墅

资料来源：周彝馨摄

（13）广西钦州市灵山县苏村刘氏围屋建筑群

400 多年前，苏氏家族在苏村落脚定居，故名曰苏村。

苏村现存明清围屋建筑群落 15 个，建筑面积达 69万平方米，分属苏、丁、刘、陈、杨、卢、张氏族群（图 4-104）。

图 4-104　苏村航拍图

资料来源：吕唐军摄

这些围屋建筑群中以刘氏祖居规模最大，占地面积达8000多平方米，建筑面积达6000平方米，建于清代乾隆年间（1736~1795年）。围屋建筑群由大夫第、司马第、鹾尹第、二尹第、司训第、贡员楼和刘氏宗祠7个部分组成，自成体系（图4-105）。

图4-105　苏村刘氏围屋建筑群

资料来源：吕唐军摄

（14）广西桂林市永福县崇山头屯

崇山头屯为清代书画家、桂林山水画创始人之一李熙垣的故里，建于明万历年间（1573~1620年），全村为李、莫二姓，李氏从湖北迁入，莫氏从河南迁入。崇山头屯古村落位于聚落的东北部，由李氏家族旧居、李氏宗族祠堂及其他20余座古民居组成。聚落东面田间为“新祠堂”，相传建于清乾隆年间，三进三开间（图4-106）。

聚落北部的李氏家族旧居由6家宅院并排组成，坐西南朝东北，规模相当大，占地面积约5万平方米，建筑面积约3万平方米，建筑群内各民居高度一致。中为巷道，前后设闸门，6家宅院分列巷道两侧，独门高院，宽约32米，进深约160米，面积约为5000平方米。石台基，青石板铺路，石砌天井，每一进逐渐抬升。入口处均有高大门楼，后面各进为四开间，第二进均为客厅，第一、三进为卧室厢房，第三进为主屋，第四进为厨房、作坊或牲圈，6个宅院之间有月门和巷道相通（图4-107）。

图 4-106　崇山头屯总貌

资料来源：吕唐军制作

图 4-107　崇山头屯围屋内部巷道

资料来源：周彝馨摄

4.4 迷宫型聚落

图 4-108 传统迷宫式纹理

资料来源：《移动迷宫 3：死亡解药》电影海报《中国处处有迷宫》

迷宫一词来自希腊语，指很难找到从其内部到达入口或从入口到达中心的道路，道路复杂难辨，进去后不容易出来的建筑物。人类建造迷宫已有 5000 年的历史。在中国，迷宫原理的应用早有端倪，雷纹、回型纹、冰裂纹等多种传统纹样早有迷宫雏形，军事阵型八卦阵、八阵图、天门阵等亦有迷宫原理的应用（图 4-108）。

部分防御性较强的传统聚落，在聚落巷道肌理营造的初期，就以迷宫原理为指导思想，从入口到聚落中心的路径纷繁多变，没有直通的路径，每条路径均方向多变，多三岔路、十字路、死胡同，以迷惑外来进入者，并且每条关键路径和每个关键节点均有军事防御措施，如射击孔、箭洞、观察孔、门闸等，处处设防，步步为营。

根据迷宫式聚落的路径意象研究分析，我们把迷宫式聚落分为 3 种类型（图 4-109）：①型迷宫式聚落的建筑群朝向比较统一，巷道路径一般只有两种方向，多互相垂直或者互相平行，形成比较整齐有序的巷道和建筑肌理。建筑占地形状多为方形，朝向比较清晰，但巷道采用了迷宫思维来布局。②型迷宫式聚落的建筑群朝向不统一，建筑占地形状多变，形成的建筑和巷道肌理类似于自然生成，走入其中难辨方向。③型迷宫式聚落类似于八卦图形态，中心明确，路径分为同心圆式路径与放射形路径，多岔路、死胡同，进入时让人备受迷惑，不辨方向。

由于③型迷宫式聚落集中于广东肇庆高要地区，数量较大，形态独特，其渊源非常值得探究，我们统称其为“八卦”形态聚落，并于下一节单独论述。

①型迷宫式聚落路径意象图

②型迷宫式聚落路径意象图

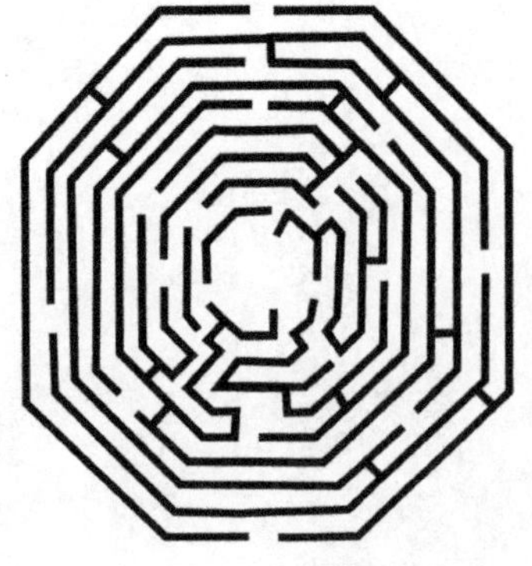

③型迷宫式聚落路径意象图

图 4-109 三种迷宫式聚落路径意象分析

（1）广西贺州市钟山县回龙镇龙福村龙道村

龙道村居民全为陶姓。唐末天佑时期，山东青州太尉陶英以征南将军领兵出征昭州（今广西平乐县）平乱，后因朱全忠篡位叛乱，不复北归，而解兵隐于昭州，后其长子迁居龙平县高村（今钟山县），其后人于元朝时期建立龙道村，明清时期，陶氏后人秉承“勤俭持家，谦恭处世”的传统理念，从而使该村成为方圆百里有名的富裕聚落。

龙道村是典型的①型迷宫式聚落。宗族聚居后分为数支，支族再分房（家族），形成了树型的支族脉络（图 4-110）。宗族对应整个聚落（陶姓聚落），聚落中又以大巷子分割为几大块的建筑群落，支族便对应这些大建筑群落；大建筑群落中继续以小巷子分割为数个小建筑群，家族的聚居区域便与小建筑群相对应。建筑群是聚落社会伦理结构的物化形式，它们将无形的社会伦理结构变得清晰可见。它们把整个聚落分割成等级不同的数个组团，这些组团正像其社会伦理关系一样，呈现树形的分支结构，既合又分，既隔又通，共同组成了同一地域的大家族。

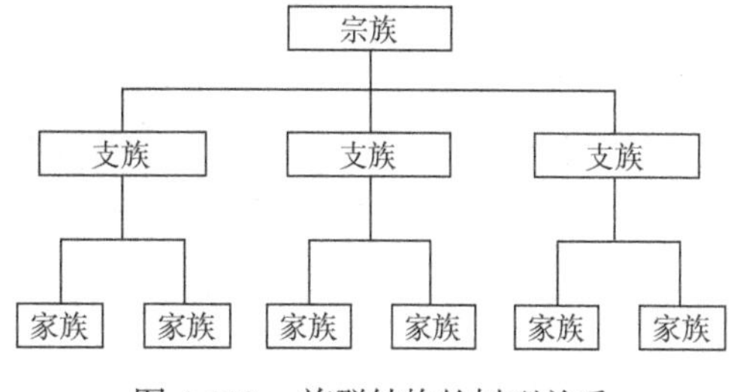

图 4-110　族群结构的树型关系

龙道村是带有氏族特色的军事防御型聚落，其典型的军事防御特征让我们惊叹不已。古民居群依岭而建，坐东北朝西南，背山面田，村前鱼塘环绕，村后山峦起伏，古民居群前以环绕的鱼塘为壕沟，内塘基筑砖墙以护村（图 4-111）。村中巷道复杂，闸门众多，多个碉楼耸立，楼高墙厚，严如城堡，形似迷宫，神秘莫测，且家家户户均设有正门、侧门和后门，或与其他巷道相通，或与他家相连，带有极强的防御特点。整个古民居群有完整成座古民居 56 座，单间平房 35 间，碉楼 8 座，门楼 7 座（图 4-112~ 图 4-114）。

图 4-111　龙道村航拍图

资料来源：吕唐军摄

图 4-112　龙道村总平面图

资料来源：周彝馨广府古建筑技能大师工作室（郑乃山绘）

图 4-113　龙道村肌理

资料来源：吕唐军摄

图 4-114　龙道村航拍图

资料来源：吕唐军摄

各家族的内部趋向于统一的肌理格局，整个聚落的道路却犹如迷宫，盘旋不知前路。巷道两边一般为两三层的高大楼房，底层不开窗，有射击孔正对巷道，有强大的防御性特点（图 4-115，图 4-116）。聚落中民居户户均有前门、后门，户户相通，攻防一致。龙道村是笔者调研过的门闸最多的一个聚落，聚落中门闸上百个。聚落入口、巷道内、庭院与巷道之间、住宅内都有各种门闸。

图 4-115　龙道村迷宫式巷道

资料来源：周彝馨摄

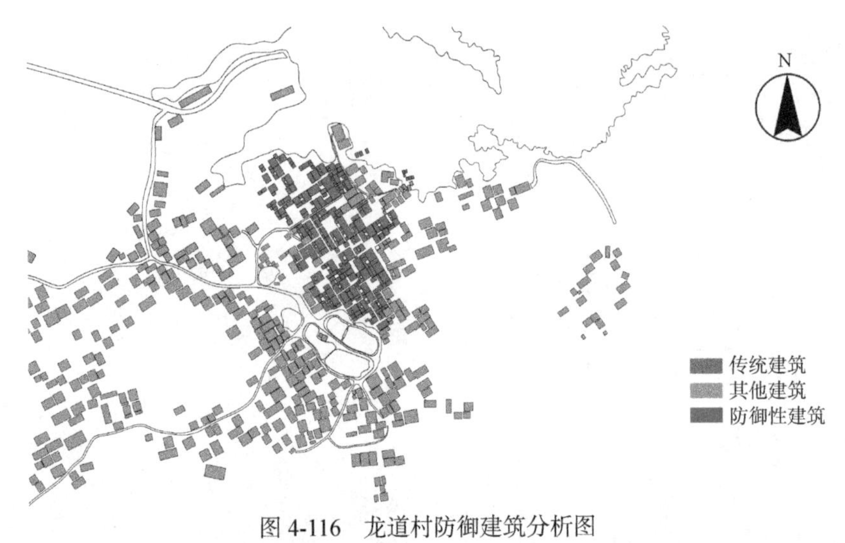

图 4-116　龙道村防御建筑分析图

资料来源：周彝馨广府古建筑技能大师工作室（郑乃山绘）

聚落中建筑建造材料非常坚固，皆为石库门，门户均用花岗石作门框，建筑整个以青砖砌筑。各门户均在花岗石门框上刻以门对（对联），是龙道村独有的特色。

聚落中的民居形态是笔者调研所仅见的，且颇为统一。每一个民居建筑一般依地势分为两个地平面，前部地平面比后一部地平面低 1.2~2 米，两个地平面上的建筑均为两层，以后部地平面建筑为主体，前部地平面建筑为门户附属部分，形成一个整体。前部地平面上的建筑包括门户和前院，两侧为猪牛圈。后部地平面建筑两侧为厨房，中为阁楼。前院天井旁设一石梯上后部地平面主屋和前部地平面二层，前二楼与后主体房屋地面基本等高（图 4-117，图 4-118）。后部地平面建筑为三间过主屋，即中为堂屋，两旁为房间，堂屋后设神台隔屏，房间门向着厨房，由主屋前走廊经厨房而入。整座房子既有古代南越土著民族的干栏式建筑特点，也有中原汉民族的建筑特征，为变异干栏式建筑，具有独到的科学性与适用性。这种民居类型为该聚落独有，具有强烈的防守意识。

图 4-117　龙道村民居单体内部 1

资料来源：吕唐军摄

图 4-118　龙道村民居单体内部 2

资料来源：周彝馨摄

（2）广西桂林市灌阳县文市镇月岭村

月岭村又名“望月岭”，始建于明末清初，是灌阳县第一大自然村。居民皆唐姓，祖籍湖南零陵，宋末明初因兵灾迁入灌阳县，后因一武状元发迹修建全村，然后多出进士举人，富甲一方。

月岭村曾经上至黄关观音阁，下至全州红水河。聚落坐西南朝东北，三面环山，东部开阔，西部背依灌江。聚落前方青龙、白虎位有两个护山，上方有黑白两座宝塔，但左方汉白玉宝塔已毁；右方有三个集山林水而成的大塘，名“古迹塘”，有大渠依田而下，直入白驹岩岩洞（图 4-119）。

聚落由唐姓武状元发迹后整体规划修建，整体布局很有讲究。附近有可进可退的“古石寨”作为紧急时的避难场所。聚落原为多福堂、翠德堂、宏远堂、继美堂、文明堂、锡嘏堂 6 个大院组成。6 个大院面积均为 2000~3000 平方米，内可以住 10 多户人家，外墙均用大青砖建成，内部两层楼结构（图 4-120，图 4-121）。

月岭村属于①型迷宫式聚落，建筑肌理虽井井有条，然而聚落内道路却运用了迷宫原理。民居中即使是大院与大院之间的道路也无一直通，均曲折并方向多变。巷道周边的墙壁上还有众多的枪眼、箭洞，极具防御性。

聚落有先进的给水系统和排水系统，每个大院都有古井、石盘洗衣、鱼池等，螺丝井、上井、双发井等著名古井遗留至今仍在使用，整个聚落均布满石砌的排水系统，天井可下落雨水，通风透气。聚落内有几条较大的泄洪沟，其余各沟大小纵横，几百年没有出现过水浸事件，也没有堵塞水道。村中有碉堡，粮仓多在木质结构的二楼。

聚落外围的部分建筑建造得犹如碉堡，外部围墙高耸，对外不开窗户，还在不同方向布置了数个射击孔（图 4-122）。

图 4-119 月岭村航拍图

资料来源：吕唐军摄

图 4-120 月岭村肌理

资料来源：吕唐军摄

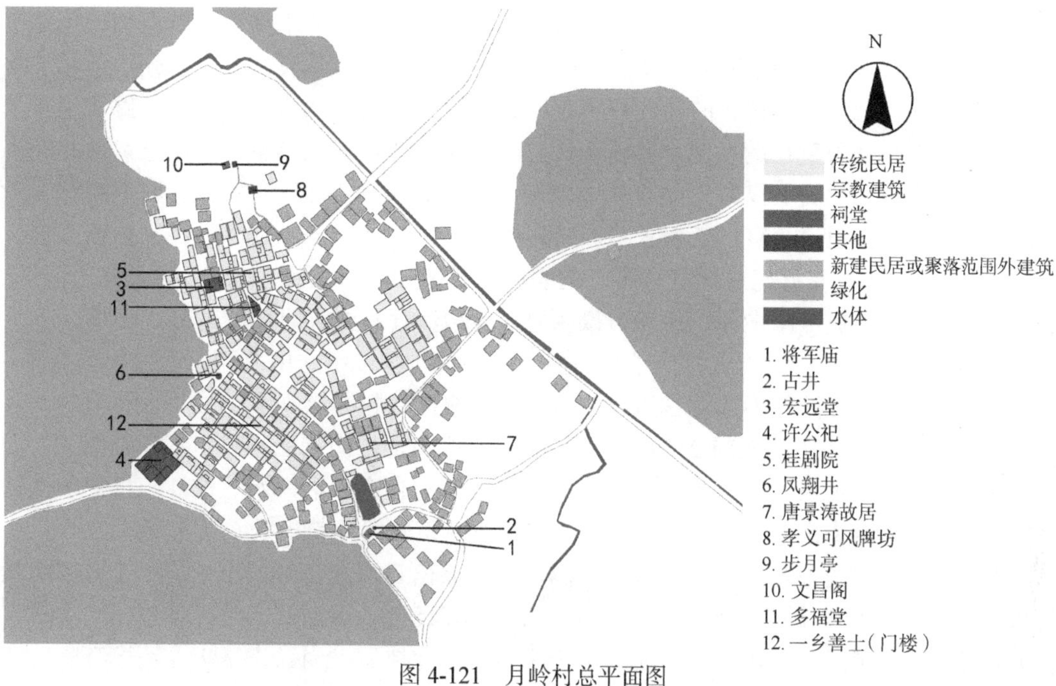

图 4-121　月岭村总平面图

资料来源：周彝馨广府古建筑技能大师工作室（黄守彪绘）

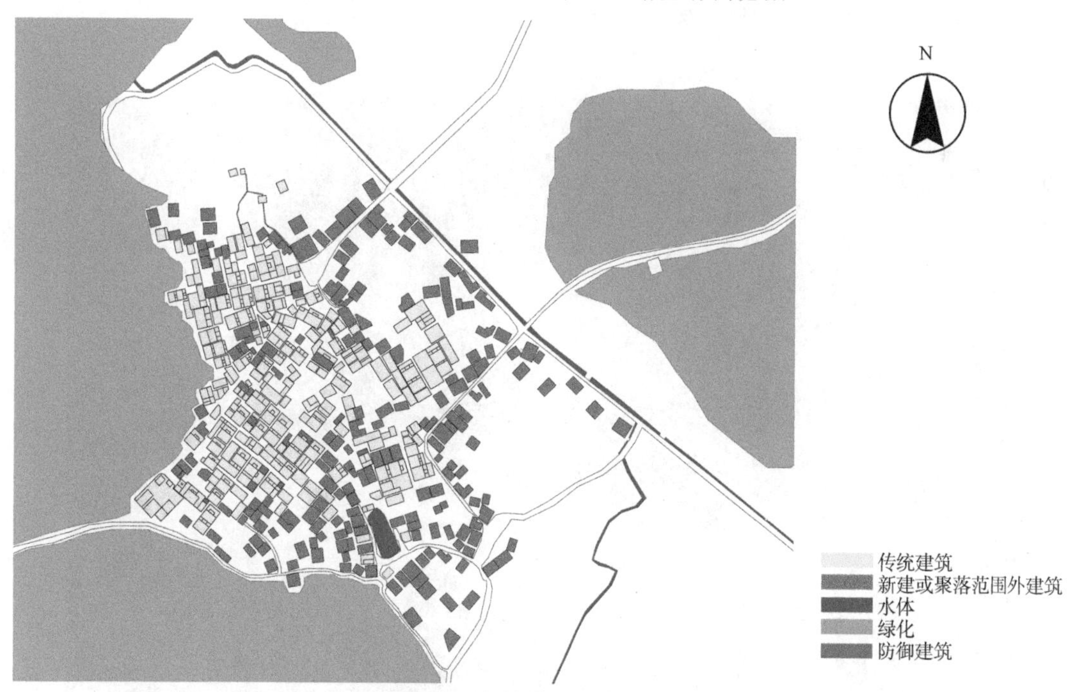

图 4-122　月岭村防御建筑分析图

资料来源：周彝馨广府古建筑技能大师工作室（黄守彪绘）

（3）广西贺州市富川瑶族自治县朝东镇秀水村、岔山村（瑶族聚落）

秀水村、岔山村坐落在广西与湖南交界处，潇贺古道的冯乘（富川）至谢沐关道的东南侧，潇贺古道穿村而过。潇贺古道是湖南潇水连接广西贺江的水陆通道的总称，始建于秦始皇二十八年（公元前219年）冬，位于湘桂之间，连潇水达贺州，沿永州、道县、江华、富川，穿越都庞岭和白芒岭（今白芒营一带）过贺县（今八步区）南下，路宽为1米左右。其西方是一条狭长的谷地“湘桂走廊”。潇贺古道是秦汉以来北民南迁、南北经济交流的重要通道，早在秦汉时期就是从中原进入岭南的入口要冲，是汉武帝时期与海上丝绸之路的最早对接通道。富川于春秋战国时属楚地，为楚越交境，是历代兵家必争之地。

秀水村、岔山村正好建在潇贺古道上的秀山脚下，东拒萌诸、西临都庞，扼湘桂之门户，据楚越之要冲，北进可图中原，南下可谋两粤。聚落保存有秦汉时期的古道。

两村环绕秀山而建，秀水村位于秀山南面，岔山村则位于秀山北面，两村因黄沙河－秀水河密切相连，并同作为潇贺古道第一村，故将两村一起讨论（图4-123，图4-124）。

秦始皇三十二年（公元前215年），秦帅蔚屠睢初征岭南，派军自沅江挥师南下，动用了湘、桂、粤三地戍民四十多万人，历时两年，修建自道州沿潇水、沱江、枇杷所栈经朝东岔山村至冯乘（富川）的老古城，并由水路直达贺州（临贺）的一条古便道。

秀水村别称“秀水状元村”，原名“秀峰”。聚落自唐繁衍发展至今，有1名宋代状元和26名进士，90%的人都姓毛。唐开元十三年（725年），浙江人毛衷任贺州刺史时，一次视察中发现了这片风水宝地，见其山川之秀，曰此地后世当豪杰辈出。毛衷卒官后携子来此居住，从此开宗散枝，子孙繁衍，日渐兴盛。秀水村虽偏隅一角，耕织为生，却有书院学堂数家，读书之气蔚然成风，唐至明清，人才辈出。

图4-123　秀水村、岔山村卫星图

资料来源：郭思侠制作

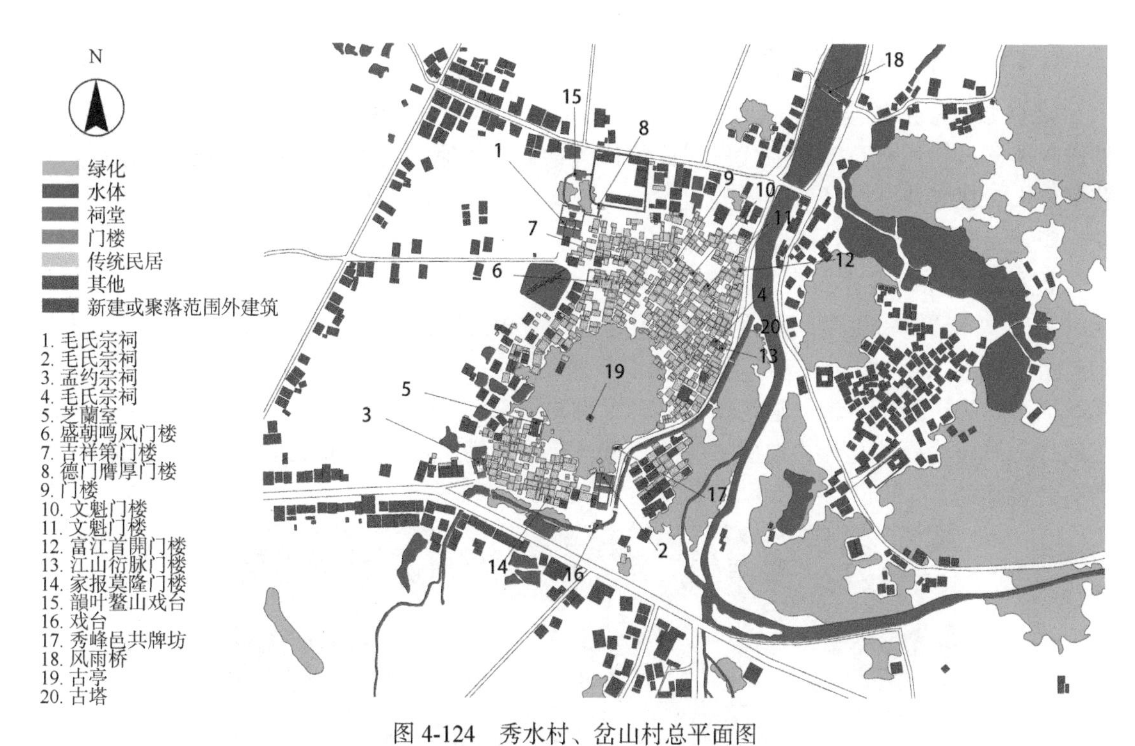

图 4-124　秀水村、岔山村总平面图

资料来源：周彝馨广府古建筑技能大师工作室（郭思侠绘）

岔山村是瑶族聚落，庙宇、祠堂、戏台、民居、路桥、古树、古井、碑刻齐全，是潇贺古道文化的活字典。岔山村属于①型迷宫式聚落类型（图 4-125）。

图 4-125　岔山村肌理

资料来源：吕唐军摄

（4）广西玉林市兴业县庞村

庞村始建于清乾隆四十一年（1776年），嘉庆年间大规模扩建，至晚清基本定型。据庞村梁氏族谱所载，庞村清代民居群始建人梁标文，原为石南镇凤山村（庞村东南约5公里）人，在兴业县城经营染料蓝靛致富，接着兼营房产，成为当时兴业县的首富。梁氏共七子九女，现建筑群各幢即为其后人所建。

庞村属于①型迷宫式聚落。聚落中有兵马府第、进士府第、秀才府邸、唐氏宗祠、大冲庙等民居群共34幢，总面积2.5万平方米，民居朝向、肌理统一，布局严谨，排列整齐（图4-126，图4-127）。建筑面积最大的一座“大大房”有2220平方米，其余的建筑面积均为千余平方米。建筑群所有房屋坐北朝南、呈长方形排列，青砖瓦片结构，双层墙体，外层为青砖瓦片，内层是泥砖，重瓦重檐，底层瓦片是白汉瓦，房高达十余米，兼有一层楼阁。

图4-126　庞村总体布局

资料来源：吕唐军制作

图 4-127　庞村航拍图

资料来源：吕唐军摄

将军第为梁标文的第七子梁际昌所建，梁际昌的二儿子梁毓馨以军功晋升武功将军，他为此建了这座大宅，全宅三进。为了预防不测，每房暗设阁楼，相互联通，精心设计了暗藏门闩，外人很难打开。与将军第相邻的六座房屋因由梁氏先辈多兄弟所有，因而与将军第统称七座楼台。

（5）广西贺州市富川瑶族自治县朝东镇东山村

沿潇贺古道从湖南进入广西，过秀水村、岔山村，就到了东山村。东山村开村于明正德年间（1506~1521 年），从富川何氏开基的东水迁居于此，原名朝东，取“永朝东水，不忘根本”之意。

富川何氏是最早进入富川的名门望族，而且历代人文荟萃，人才辈出。进入富川的何氏始祖是来自山东的初唐俊杰何英公，英公奉高宗圣旨在平定岭南动乱中因功勋卓著而被册封为镇南将军。二世祖冕公为贺州刺史，三世祖文公提点江淮湖北铁冶，赐绯鱼袋；行公为评事；忠公为推府；信公为府知事，代代科举入仕，蔚然成风。仅在明清两代，东山村有史可查的，就有 16 位士子中了举人进士，从东山村的世族门楼就曾经走出过大明豪山才子何廷枢[①]。由于东山村人才鼎盛，功勋累累，代代仕宦不绝，于乾隆三年获赠“世族”殊荣，意指世代为官的显赫家族。

①何廷枢在富川历史上是建树最为昭著的风云人物，他从明万历四十四年（1616 年）中进士始，历任知县、大忠大夫、陕西道监察御史、太仆寺卿、南京都察院御使，代天巡守江南一十三省，位极人臣。他与盘皇妃分别建造的回澜、青龙两座风雨桥成为富川桥梁建筑史上不可逾越的两座丰碑；他齐集富川九大姓氏打造了富水河畔的军事古城堡古明城；他从皇都南京带回了上元节宫灯节，成为富川延续四百年的传统佳节。

东山村属于②型迷宫式聚落。聚落沿一山岗而建，主道攀山而上，村前为八字门楼总入口，气势非凡（图 4-128~ 图 4-130）。八字门楼与村后的一个大闸门首尾呼应，曾经是古村的两个出入口，与潇贺古道前后相连。门楼悬挂“世族”匾额。东山村给人最深的印象，就是进入后道路曲折，与地形、建筑互相配合，岔路出其不意，令人不辨东西，置身其中如置身一大型迷宫。笔者两进东山村，这是唯一一个让笔者至今迷惑的聚落。

图 4-128　东山村航拍图

资料来源：吕唐军摄

近百间民居几乎都是三层建筑，每一个堂屋的门口都有一对摆放石狮子的大石墩。聚落的东南部有一座高楼，名文昌阁。文昌阁是三层阁楼式砖木建筑，重建于清乾隆三十六年（1771 年），造型优美、结构精巧，二层内奉文昌帝君。

聚落的南面有一座高大的石山，名秀山。山顶上建有高大坚固的围墙和山门，围墙和山门用青石铺底，用红砖砌墙，围墙达三米多高，整个城址分布面积达 5000 多平方米，与山下的房舍相望相连，形成一个坚实封闭的整体，山门与东西两面的两个进出的门楼和后门遥相呼应，攻防兼备。秀山石城遗址处于古代交通要道口，是扼守湘桂的咽喉要塞，也是抵御匪患的重要的军事设施，更是东山何氏立足的根本。

（6）广西桂林市灵川县青狮潭镇江头村

江头村是以周氏家族为主的村落，据《灵川县志》和江头村族谱记载，明洪武元年

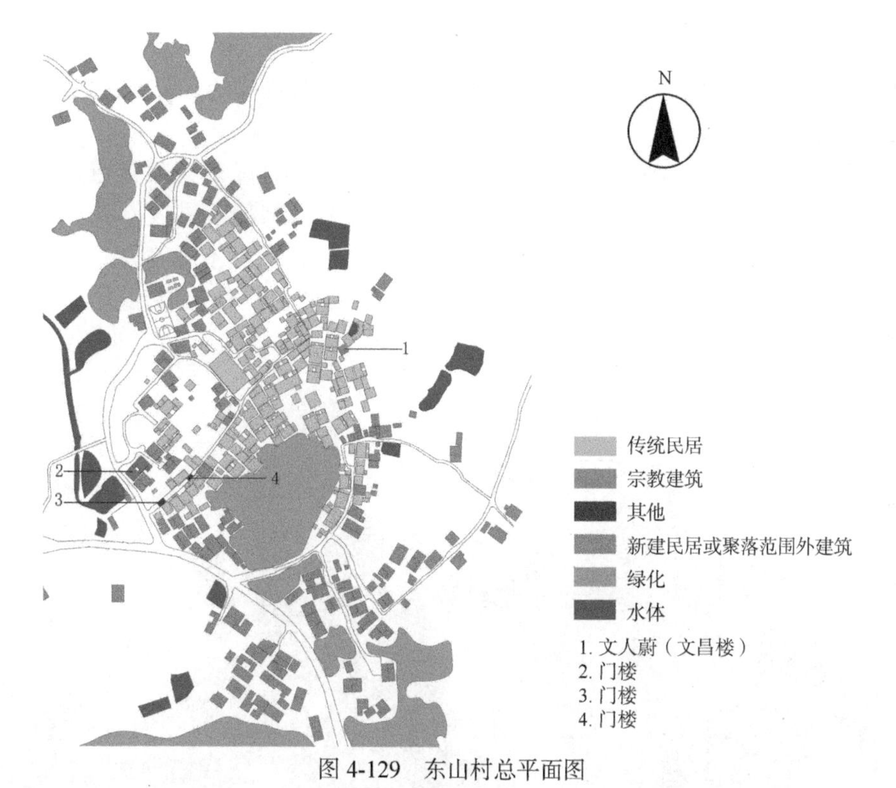

图 4-129　东山村总平面图

资料来源：周彝馨广府古建筑技能大师工作室（刘育焕绘）

图 4-130　东山村肌理

资料来源：吕唐军摄

（1368 年），周敦颐后裔从湖南省道县迁到这里居住。现有 180 余座 620 多间民居，其中 60%以上属明清时代建筑。民居建筑平面多呈矩形，布置灵活多样，大门常设置在建筑正面的一侧或中央。

江头村位于平原丘陵地区，周边平坦，环境格局防御性较弱，聚落以迷宫式布局增强自身的防御能力（图 4-131）。聚落内保留了明代为防御敌人进攻而有意构造的迷宫巷道，属于②型迷宫式聚落。巷道两边的建筑外墙高耸，一般不开窗户，道路尽端方向多变，周边岔路无规律，建筑肌理与巷道肌理均充满变化，使人备受迷惑（图 4-132~图 4-134）。

图 4-131　江头村航拍图

资料来源：吕唐军摄

（7）广西桂林市全州县石塘镇沛田村

沛田村旁有两条溪水流过，村谱记载："左有湛江，右有卢岩之源，前有大井之水，旋绕入宅，大沛我田。"村故得名沛田。村民姓唐，村庄有 500 多年的历史。沛田村始祖唐志政于明景泰年间（1450~1457 年）从全州永岁乡迁徙至此。另一说聚落自明中期从城郊上界洞迁此。古村现保存有 40 余座用青石巷道相连的明代至清代古民居，连同民国时期的传统建筑，共保留有 75 座古建筑（图 4-135）。

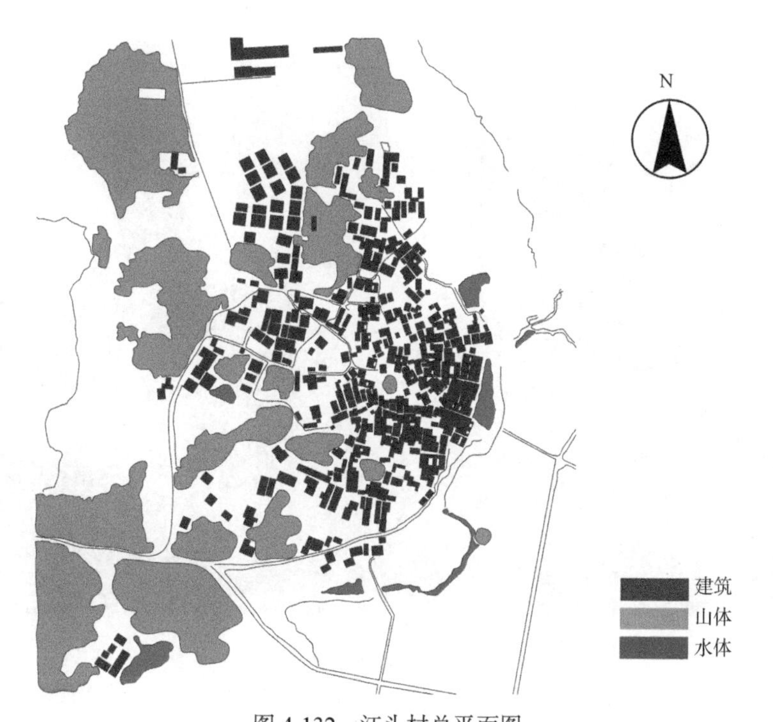

图 4-132　江头村总平面图

资料来源：周彝馨广府古建筑技能大师工作室（马泽桐绘）

图 4-133　江头村肌理

资料来源：吕唐军摄

图 4-134　江头村迷宫巷道

资料来源：周彝馨摄

图 4-135　沛田村航拍图

资料来源：吕唐军摄

沛田村属于②型迷宫式聚落，建筑肌理与巷道肌理均充满变化（图 4-136，图 4-137）。沛田目前还保存有 75 座明代至民国时期的传统建筑，包括 1 个山庄（修建于民国时期的桐荫山庄）、2 座古桥、3 口古井、4 座祠堂 [建于明初的瑾南公祠堂、建于明中期的肖峰公祠堂（俗称人背岭祠堂）、鸣歧公祠堂、鼎台公祠堂] 等，总建筑面积达 3.8 万多平方米。

图 4-136　沛田村肌理

资料来源：吕唐军摄

迷宫般的聚落建筑群里，位于聚落入口的桐荫山庄特别值得注意。桐荫山庄位于沛田村南面，是聚落古民居中最豪华、最气派、气势最宏大的建筑，是民国全州县县长唐杰英的府邸。该山庄于 1925 年动工兴建，1927 年竣工，历时三年建成，由练武厅、文书厅、官厅、会客厅、对面厅、住宿厅和绣花楼七部分构成，依山建造，层层递进，总建筑面积达 5000 多平方米。住宿厅为两层中西结合楼房，地面与楼道厅厅联通，前后有六扇大门。为防匪患，每扇大门上方及两侧均设有瞭望窗和射击孔。山庄吸收明清建筑精华，融合民国建筑的防御功能，建成极具防御性的建筑群，扼守村口作为安全屏障。

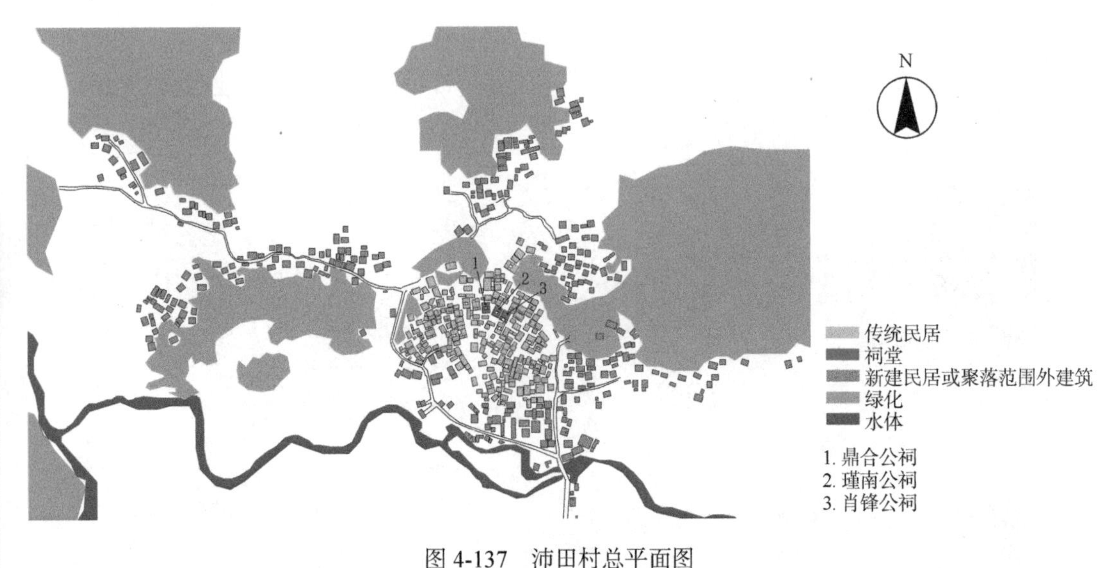

图 4-137　沛田村总平面图

资料来源：周彝馨广府古建筑技能大师工作室（谢龙交绘）

4.5　"八卦"形态聚落

"八卦"形态聚落是广东肇庆高要地区特有的聚落类型。该地区以平原丘陵为主，河塘众多，田地开阔，聚落常建设于低矮的小山岗之上，利用周边水道鱼塘护村，仅留池塘间的几条小路或桥梁作为聚落入口，呈现岛状或半岛状形态。

"八卦"形态聚落常依据小山岗形态呈圆形、扇形或椭圆形分布，道路大致呈蜘蛛网状分布，其中的干道呈放射性与等高线基本垂直，聚落内部支路则曲折多变。聚落中建筑分布类似八卦的卦象，平行于等高线连排分布。山岗各面的建筑采用不同朝向，具体依据山岗形态而定。由于主要道路、排水系统与建筑朝向的合理安排，聚落呈现出一种类似"八卦"形态的、趋向有序的状态。依据"八卦"形态聚落的特征，其实为③型迷宫式聚落，中心明确，路径分为同心圆式路径与放射形路径，多岔路、死胡同，进入时让人备受迷惑，不辨方向。

"八卦"形态聚落外围一圈建筑大门朝内，窗户小而高，形似城墙（图 4-138）。整个聚落在外围设置数个出入口门楼，类似围屋。聚落中通常有位于"八卦"形态中心的公共区域。而在聚落外围，则有分散的公共空间。

"八卦"形态是聚落防御的最优形态，体现在有利于防灾救灾的五个方面：第一，圆形是防御周长最短的形态，最符合经济学原理，在防灾过程中投入的人力、物力最少；第二，圆形是最均衡的形态，外围受力均衡，不存在薄弱环节，并有利于抵抗各种外力；第三，在工程上，圆形防御建筑没有突变部分，其破坏后较易抢修；第四，在防灾救灾过程中人流的疏散最有效率；第五，如果遭受破坏，其损失的风险能减至最小。

"八卦"形态还是最快捷有效的排水系统形态。小山岗中间高、四周低，要最快地疏导雨水，最有效的是与等高线垂直的、放射形的排水系统。"八卦"形态聚落的主要道

图 4-138　广东肇庆高要思福长坑村外围建筑

资料来源：周彝馨摄

路设置与排水系统直接相关，基本按照最有效的排水系统形态安排。

（1）广东肇庆市高要区回龙镇黎槎村

黎槎村位于黎槎岗上（图 4-139），距今已有 700 多年的历史。“黎槎”一名，“黎”有“众多”的意思，“槎”即“用竹木编成的木筏”，“黎槎”指“众多的木筏”，为百姓乘船至此开村的意思。南宋时期聚落仍无水利堤防设施，低洼地带常受洪涝灾害，村民多将房屋建于山腰上。因为山岗形体似凤，所以又名“凤岗”。古语云“凤必朝阳”，所以村民起初都选择凤岗的东面或东南面居住。但现在遗存的聚落中，建筑已经遍布了所有朝向。

聚落总面积 2.93 平方公里，人口 1400 多人。据说，黎槎古村初为周姓人士开村，四面环水，颇具江南水乡特色，原称“周庄”。黎槎村中现有苏姓、蔡姓与黄姓三个主要姓氏。苏姓为南宋嘉定年间（1208~1224 年）和明永乐年间（1403~1424 年）从韶关南雄珠玑巷迁入。蔡姓为明洪武年间（1368~1398 年）从韶关南雄珠玑巷迁入[①]。另有一说蔡姓先祖蔡经生于明永乐间，迁至禄栏都槎村（今属回龙镇），其长子浩然世居黎槎。另外黄姓，始祖黄叙荣于明崇祯年间（1628~1644 年）从金利迁来，至民国三十六

①南雄珠玑巷人南迁后裔联谊会筹委会 . 1994. 南雄珠玑巷南迁氏族谱 • 志选集（南雄文史资料第 15 辑）. 南雄县政协文史资料研究委员会编印。

年（1947年）传十二世[①]。据《高要县志》，周姓为黎槎村开村之族，原居于聚落东部。蔡姓居于聚落西北与西南部。苏姓原居于聚落东北部，后因周姓人丁减少、失传，聚落东部皆为苏姓居住。后来，苏姓人氏继承了周姓人氏的所有财产，形成了黎槎村苏姓居东，蔡姓居西的现状。“周庄”之名也被“黎槎”取而代之。

黎槎村（图4-140）周围的护村池塘总面积达1万多平方米，既可养鱼蓄水，又有防御作用。聚落外沿周长环绕两大池塘，仅留东、南、北3个出入口（图4-141）。其中南北出入口较为宽敞，东部出入口仅在池塘中留一狭长的小路通行（图4-142）。虽然聚落处于平原丘陵地区，无险可守，却也尽量地限制了聚落与外界的联通方式，起到了良好的管理作用。

聚落外围有10个门楼（图4-141），称九里一坊，每一个里坊门楼与门楼对面的风水塘之间都有风水榕树，榕树下面的空间成为居民活动的场所。门楼多用花岗岩或红砂石砌筑基础；在门楼的内、外巷道上都用咸水石或红砂石铺砌路面。

聚落的道路和建筑呈“八卦”形态，主要道路呈放射状，次要道路为同心圆形态。放射状道路和同心圆道路相互交错，道路曲折、方向多变，多岔路和死胡同，是典型的

图4-139　黎槎村鸟瞰图

资料来源：黎槎村门票

①广东南雄珠玑巷后裔联谊会.南雄市政协文史资料研究委员会.2003.南雄珠玑巷南迁氏族谱·志选集.韶关：地图彩印厂。

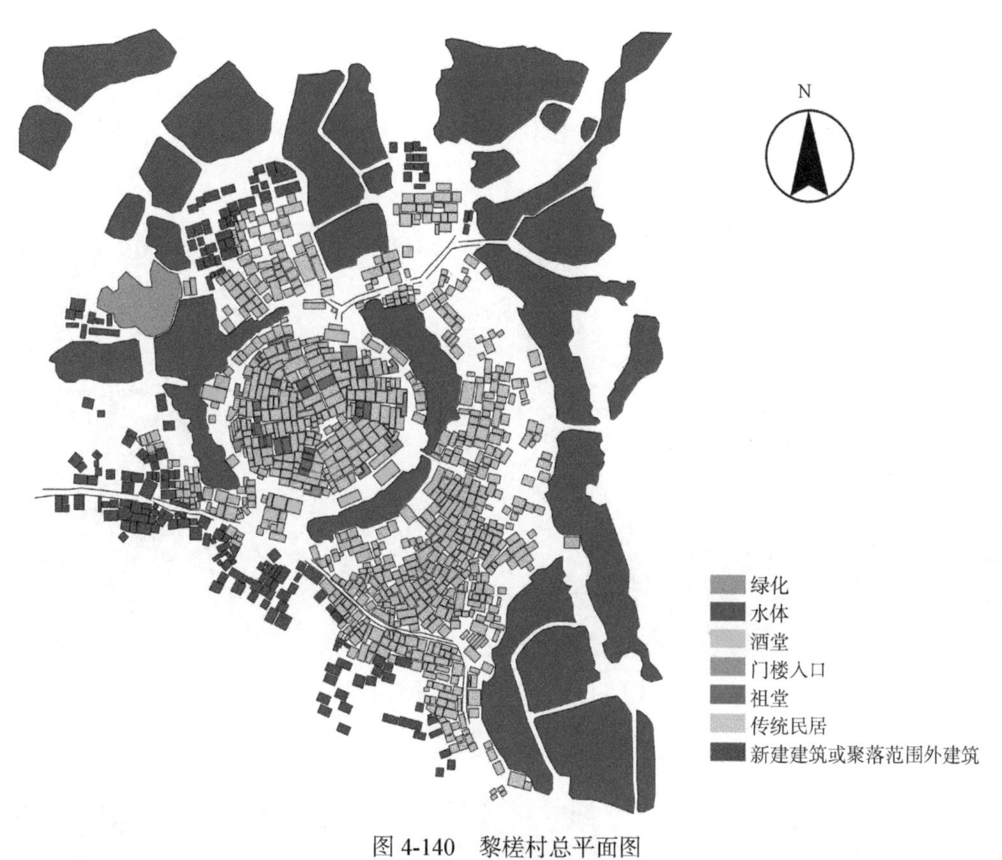

图 4-140　黎槎村总平面图

资料来源：周彝馨广府古建筑技能大师工作室（叶达权绘）

图 4-141　黎槎村出入口与里坊门楼位置图

资料来源：周彝馨广府古建筑技能大师工作室（叶达权绘）

③型迷宫式道路，外人进入容易被困（图 4-143）。黎槎村中有主巷 15 条，横巷 84 条，共 99 条巷道，建筑以乾、坤、震、巽、坎、离、艮、兑等卦形排列。村道以咸水石铺砌，纵横交错，所有干道均以咸水石、红砂岩和花岗石铺设排水明渠或暗渠，形成了完善的排水系统。

图 4-142　黎槎村东部出入口

资料来源：周彝馨摄

图 4-143　黎槎村迷宫式道路

资料来源：周彝馨摄

整个山岗上的建筑群按照方位分为五大片区，不同方位的建筑群顺应山岗，采用不同朝向（东、东南、西南、西、西北），但同一片区的建筑群朝向和肌理均较为统一，呈现出一种相同朝向的、有序的状态，类似于“八卦”形态（图 4-144）。聚落有一眺望塔，高 30 米，八角形，青砖砌筑。岗顶为聚落公共空间，不修建建筑，仅栽有古榕树，有利于防雷，并可以提供居民活动的空间。

整个聚落呈围屋状，聚落外围既不立界碑，也不建围墙，而是以聚落最外围的一圈建筑外墙作为防护墙。这些建筑的外墙厚实，较少开窗或者仅开高窗（图 4-145）。

图 4-144　黎槎村组团朝向分析图

资料来源：周彝馨绘

图 4-145　黎槎村外围建筑

资料来源：周彝馨摄

（2）广东肇庆市高要区蚬岗镇

蚬岗镇从明天启年间（1621~1627年）开始建村，因所在地形状若蚬壳而得名。有李、叶、邓、尹、石、钟、何、陈等17个姓氏，以李姓居多，脉源来自甘肃陇西郡。李氏始祖名秀卿，明初自南海小塘移居至高要蚬岗镇的西南门里，经过长期的繁衍生息，李氏族人自分为五坊十五里。其他姓氏均在明朝期间由南雄珠玑巷等地移居至此。

蚬岗镇位于一近似圆形的山岗之上，周边是平原水乡，如一巨蚬蛰伏水中。聚落被众多池塘环绕（图4-146，图4-147），限制了聚落与周边的交通联系，仅在池塘之间保留数个狭窄的出入口。据传蚬岗镇有“八卦十六祠”，全村有8个出口、8个大水塘。然而据实地调研，蚬岗镇其实共有12个出口、12个环村水塘，其中6个水塘较大（图4-148）。聚落形态是四面环水的岛状聚落，聚落入口处原设有碉楼与大门，现已拆除。

图4-146　蚬岗镇航拍

聚落的主要道路呈放射状，次要道路为同心圆形态。村道以咸水石铺砌，纵横交错，所有干道均以咸水石、红砂岩和花岗石铺设排水明渠或暗渠，形成了完善的排水系统。聚落内部放射状道路和同心圆道路相互交错，是典型的③型迷宫式聚落路径。

整个山岗上的建筑群按照方位分为五大片区，分别朝向东北、东南、西南、西、西北

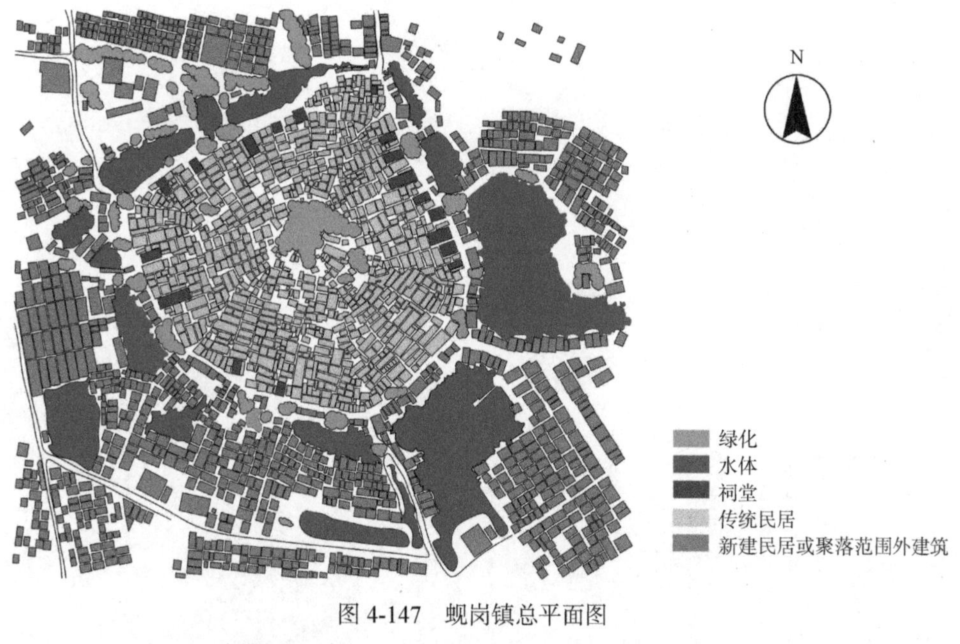

图 4-147　蚬岗镇总平面图

资料来源：周彝馨广府古建筑技能大师工作室（巫民杰绘）

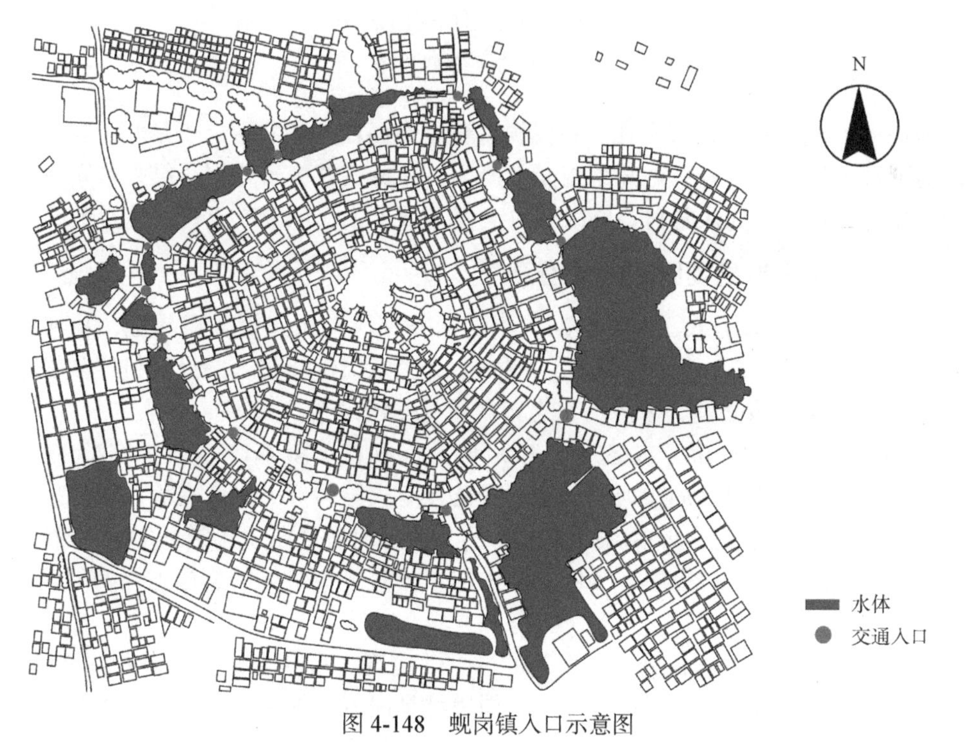

图 4-148　蚬岗镇入口示意图

资料来源：周彝馨广府古建筑技能大师工作室（巫民杰绘）

（图 4-149）。聚落有一眺望塔，高 30 米，八角形，青砖砌筑。岗顶为聚落公共空间，不修建建筑，仅栽有古榕树，有利于防雷，并可以提供居民活动的空间。

图 4-149 蚬岗镇组团朝向分析图

资料来源：周彝馨绘

抗日战争时期，蚬岗镇有十几个村民探得日军在西江运载物资，于是联手在羚羊峡出口处，劫了日军的货船。日军得知是蚬岗人所为，兵分三路突袭蚬岗。结果日军进入蚬岗镇，却不知蚬岗是圆形的八卦村。所以环村反复走来走去，惊陷八卦村，最后惊惶离去。

（3）广东肇庆市高要区回龙镇澄湖村

据澄湖村李氏族谱记载，南宋时期，李、邓等姓氏的祖先因躲避战乱，从河南等地迁徙到澄湖村。现全村总人口 2900 多人，共有 12 个姓氏。历史上的澄湖村经常发水灾，1975 年宋隆河大堤建成之前，宋隆河水患曾严重威胁澄湖村。

聚落占地面积约 300 亩，古建筑约 4500 间。澄湖村（图 4-150~ 图 4-152）位于丘陵间的平原地区，得天独厚，周边河湖众多。聚落没有天险可守，因此聚落内部采用③型迷宫式聚落路径，并且建设了众多的门楼、碉堡。聚落内有 2 条主干道，60 多条巷道；有门楼 22 座，各类不同风格的碉楼 14 座，其中邓甲楼是规模最大的、标志性的碉楼。聚落内还有明代至清代古井 18 口。

邓甲楼位于聚落的原入口处，为聚落的标志性建筑。邓甲楼 5 层高，整个澄湖村可尽收眼底。邓甲楼修建时，澄湖村还是水乡，周边都是河流，青砖都是用船运回来的。

（4）广东肇庆市高要区白土镇思福村

思福村（图 4-153，图 4-154）是行政村，包含横岗村与长坑村两个自然村。“思福”之名，一说为壮语地名，“思”指村，“福”指土坡，即聚落建于土坡上。思福村七成人口姓夏。思福村沿聚落外围分布有许多的社稷坛与水井。

图 4-150　澄湖村航拍图

资料来源：吕唐军摄

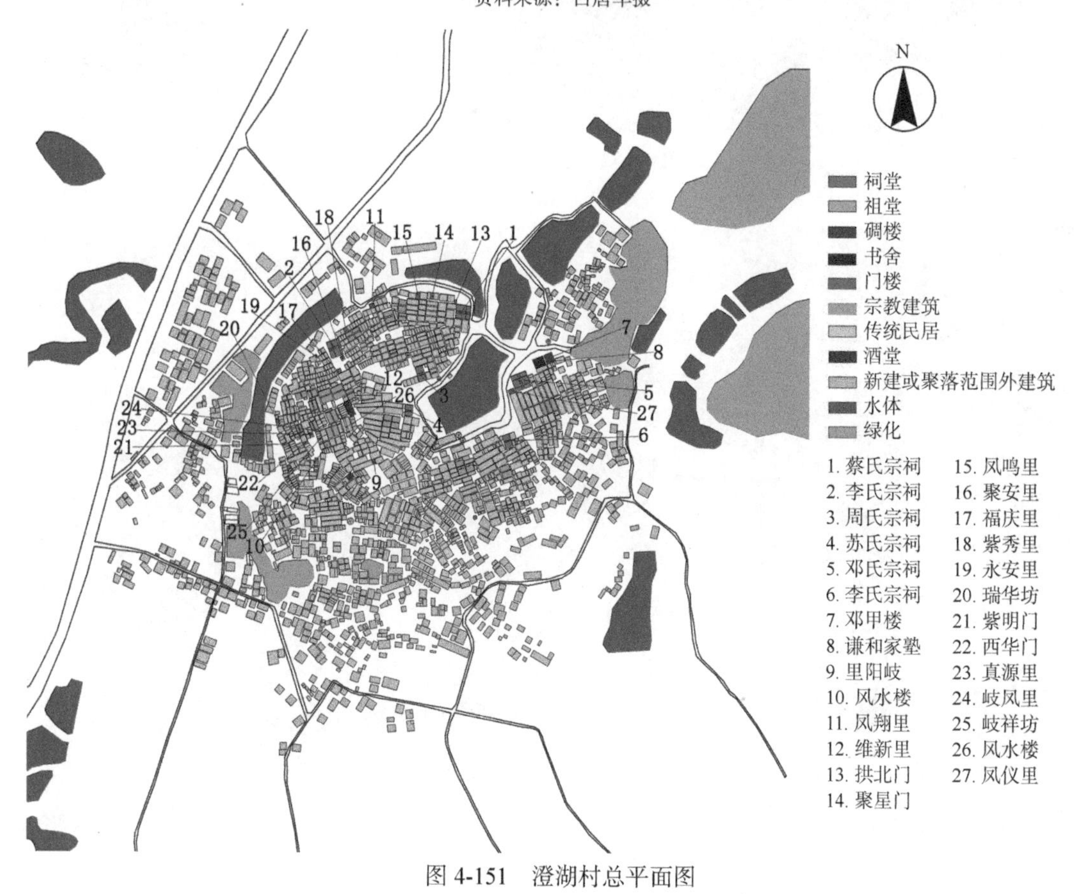

图 4-151　澄湖村总平面图

资料来源：周彝馨广府古建筑技能大师工作室（陈纯子、黄耀风绘）

图 4-152　澄湖村肌理

资料来源：吕唐军摄

图 4-153　思福村航拍图

资料来源：吕唐军摄

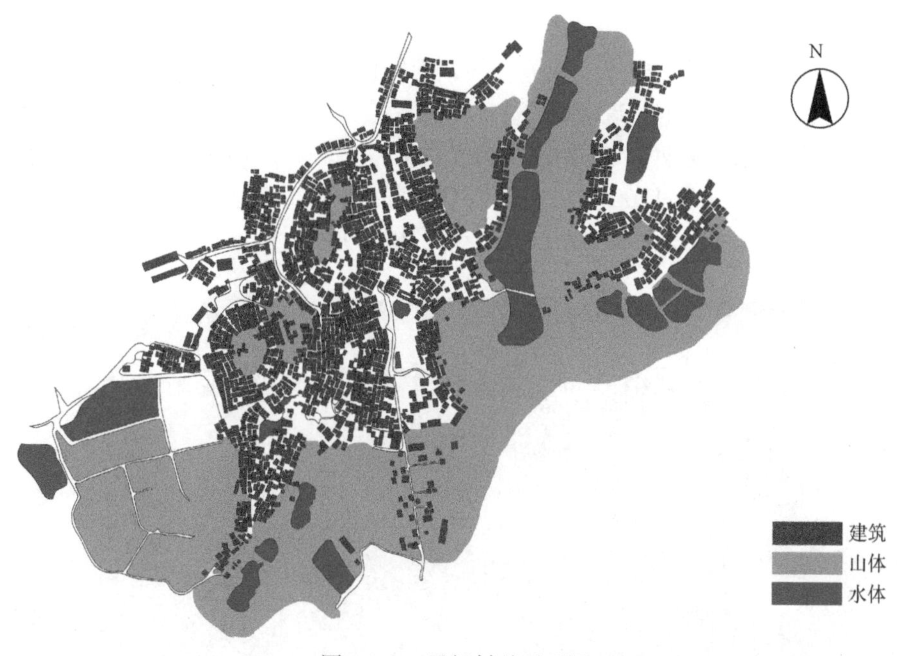

图 4-154　思福村总平面图

资料来源：周彝馨广府古建筑技能大师工作室（丘小圆绘）

长坑村有 700 多年历史，村名寓意周边有一条长河。长坑村（图 4-155）地处丘陵山岗地带，全村面积 3200 亩，其中耕地 1800 多亩，鱼塘 1000 亩，总人口 3000 多人。长坑村主要姓氏有夏、邓、何。夏氏原籍河南，随宋高宗南渡后至浙江，于元大德年间（1297~1307 年）从韶关南雄珠玑巷迁至宋隆，再分支到白土长坑。

图 4-155　思福长坑村航拍图

资料来源：吕唐军摄

长坑村外部的平台高度约为 4.2 米，并由质量良好的石料与青砖砌筑，在洪涝淹浸线以下的台基是用当地的毛石砌筑，而淹浸线以上则以青砖砌筑，以防止水灾对聚落台基的破坏。聚落有道路入口 2 个，现存门楼 11 个。

横岗村因村庄沿一东西走向的山岗而建，故名“横岗”（图 4-156）。横岗村总人口 3000 多人。全村主要耕地 1200 多亩，鱼塘 800 亩，集体经济收入主要来源为鱼塘。聚落入口处有“志英夏公祠”，各姓氏均有其专有门楼，共 11 个。

图 4-156 思福横岗村航拍图

资料来源：吕唐军摄

（5）广东肇庆市高要区白诸镇上孔村、石霞村

上孔村、石霞村两个聚落相邻相依，互为阴阳八卦，十分特殊（图 4-157，图 4-158）。

上孔村当地原有位于上方的上村与位于下方的孔村，后两村合并，村名各取首字，合称上孔。上孔村现有人口 1300 多人，耕地面积 1000 多亩，收入主要来源为鱼塘。上孔村主要姓氏有冼、钟、孔。其中孔姓传为孔子子孙，为开村之族。孔氏始祖唐散骑常侍孔昌弼，避朱温篡乱南迁南雄，其后代安愈于元代末年（1334~1367 年）迁居高要温贯荔林，其后代叔显迁居高要区上孔村。然而其后人丁稀少，变为势力较弱的姓氏。冼姓先祖冼天眷，曾任江西信丰知县，于明代由南雄珠玑巷迁居高要大湾，其第五子冼琛一支分居上孔村为始祖，现已历 21 代[①]，现在约有 300 人。钟姓始祖钟文广明代从南雄珠玑巷迁入，至

①据上孔村冼氏宗祠中碑刻——大房世系表及二房世系表。

图 4-157　上孔村、石霞村环境格局

资料来源：梁雄制作

图 4-158　上孔村、石霞村总平面图

资料来源：周彝馨广府古建筑技能大师工作室（梁雄绘）

民国三十六年（1947年）传十五世，现在约有100人。

上孔村位于一小山岗上，为正型的“八卦”形态聚落。现有4个入口、5个门楼、5个宗祠、3个祖堂。其中3个宗祠朝北。东面有“素吾公祠”，西北有“冼氏宗祠”，北面有“孔氏宗祠”，东北有“冼氏宗祠”与“钟氏宗祠”。

石霞村位于上孔村的东南面，与正型的“八卦”形态聚落相反，石霞村的“八卦”形态中心是全村地势最低的洼地池塘，四周地势越往外围海拔越高，是一个负形的“八卦”形态聚落。

（6）广东肇庆市高要区白土镇乐塘村

乐塘村建筑群分为3个部分，位于相邻成“品”字形的3个小山岗上，周边池塘众多，具有典型的“八卦”形态（图4-159~图4-161）。

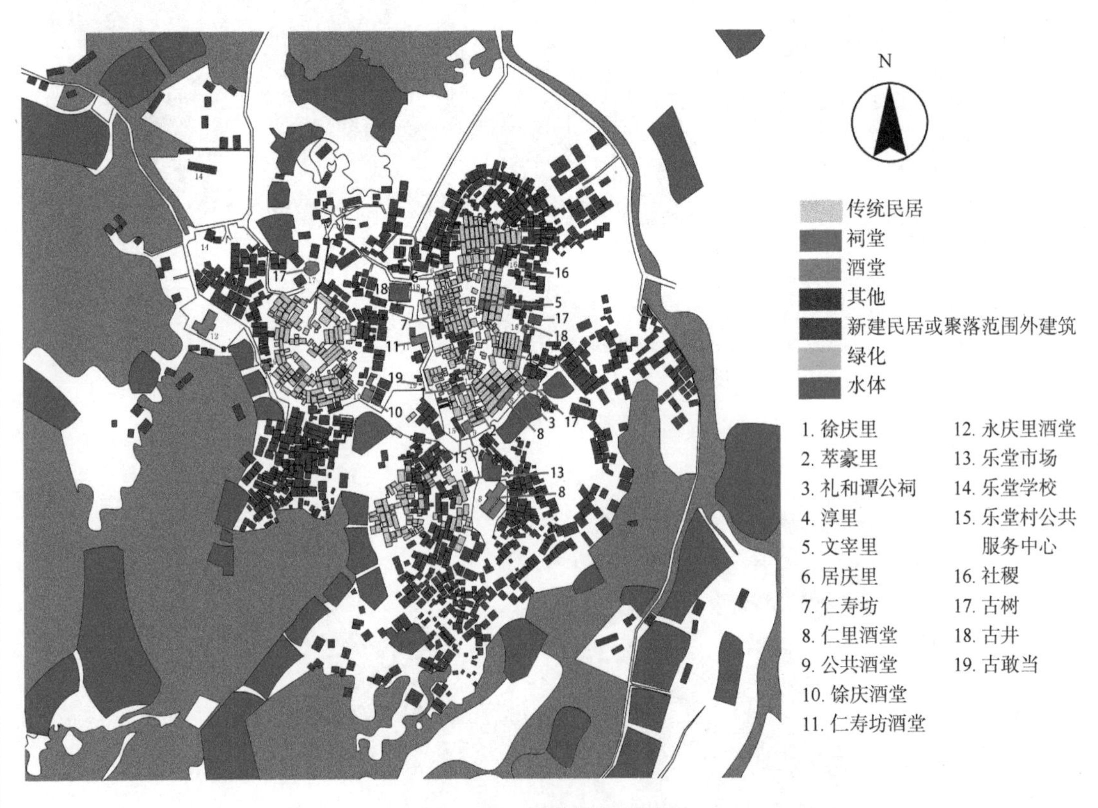

图4-159　乐塘村总平面图

资料来源：周彝馨广府古建筑技能大师工作室（黄耀凤绘）

（7）广东肇庆市高要区马安新江一村（原名百丈村）

新江一村建于元末，初名鹧鸪岗，后因“邓林高百丈”的诗句改称百丈村，1953年改称新江一村。聚落为邓姓，是历史上文风鼎盛的村落。邓姓一说于南宋咸淳年间（1265~1274年）从韶关南雄珠玑巷迁至；一说于南宋期间（1127~1279年）从南雄珠玑巷迁至金利宋隆，再由宋隆分支至百丈。新江一村有耕地700亩，盛产塘鱼（图4-162）。

图 4-160　乐塘村肌理

资料来源：吕唐军摄

图 4-161　乐塘村航拍图

资料来源：吕唐军摄

图 4-162　新江一村（原百丈村）总平面图

资料来源：周彝馨绘

据《百丈村邓氏族谱》所载，元顺帝至正年间（1341~1368 年），有邓姓名元达，原名邓汝胜，字仲元，有弟两人：一是邓汝鸿，字仲维；一是邓汝显，字仲达。兄弟三人是高要邓族始祖材辅公[①]第六代子孙，原生活在高要白土思礼大乾岗（今邓坑）。汝胜为长，先逃来要邑新桥鹧鸪岗，化名元达，住岗之大井头处，为始祖；汝鸿于明朝初转迁长山后再迁鹧鸪岗之隔塘村（今新江二村）为始祖；汝显约元至正四年（1344 年）携妻罗氏及新生小儿一清逃至新桥的荒野之地黄坭屈（土名）藏匿了 20 多年。至正二十二年（1362 年），一清娶布塘廖氏立室，至正二十四年（1364 年）三月初八日，生一子名斌。邓斌为岗东第三世祖。洪武二年（1369 年），一清携同父子迁来鹧鸪岗东边定居。

明朝中叶，鹧鸪岗上各姓人户脱离观籍，除邓姓两户和部分白姓人外，相继迁往他地。留下的白姓者至清末时归入邓元达祖而改邓姓。从此，岗上由原来十姓十一户人变为只有一姓两大户（元达、汝显）的裔人。洪武十六年（1383 年），邓斌成为恩贡生。洪武三十一年（1398 年），晋升为锦衣卫同知[②]。永乐二年（1404 年），旨令邓斌为锦衣卫指挥使[③]，册封为昭武将军，禄正三品，邓之权势显赫朝野，乃成祖最亲信之重臣。

① 宋朝议大夫邓珉的曾孙，由三水白坭迁居要邑宋隆。
② 从三品，是副统帅。
③ 正三品，是最高统帅，由皇帝指令。

是年冬，邓与任肇庆府通判的莫以信和乡绅贡生钟环聚合议，请皇旨准于新桥一带筑一堤围，历经 3 年筑成，称新江围，后改名银江围，又称为皇围。自建此堤围后，围内乡民受益。清嘉庆年间，新桥建永安寺，银江围围众念邓斌、莫以信、钟环聚三公之恩德，在寺中立碑纪念。光绪二十六年（1900 年）邓族族长忆念邓斌之丰功伟绩，在邓氏宗祠之东建“昭武公祠”祀奉，邓氏宗祠与“昭武公祠”今尚在。在清代，百丈村习文学武之风盛行，人才辈出，有“五举人、四才子”之说。新江一村现有门楼 6 个、宗祠 2 个、支祠 2 个、祖堂 2 个。

（8）广东肇庆市高要区莲塘镇罗勒村

罗勒村建于明代，村民经南雄珠玑巷迁白土镇雅瑶至此定居。罗勒为壮语，“罗”指山谷，“勒”指深，即聚落建于深谷附近。罗勒村面积约 4 平方公里，总人口 3000 多人，是莲塘镇人口相对集中的村（图 4-163）。

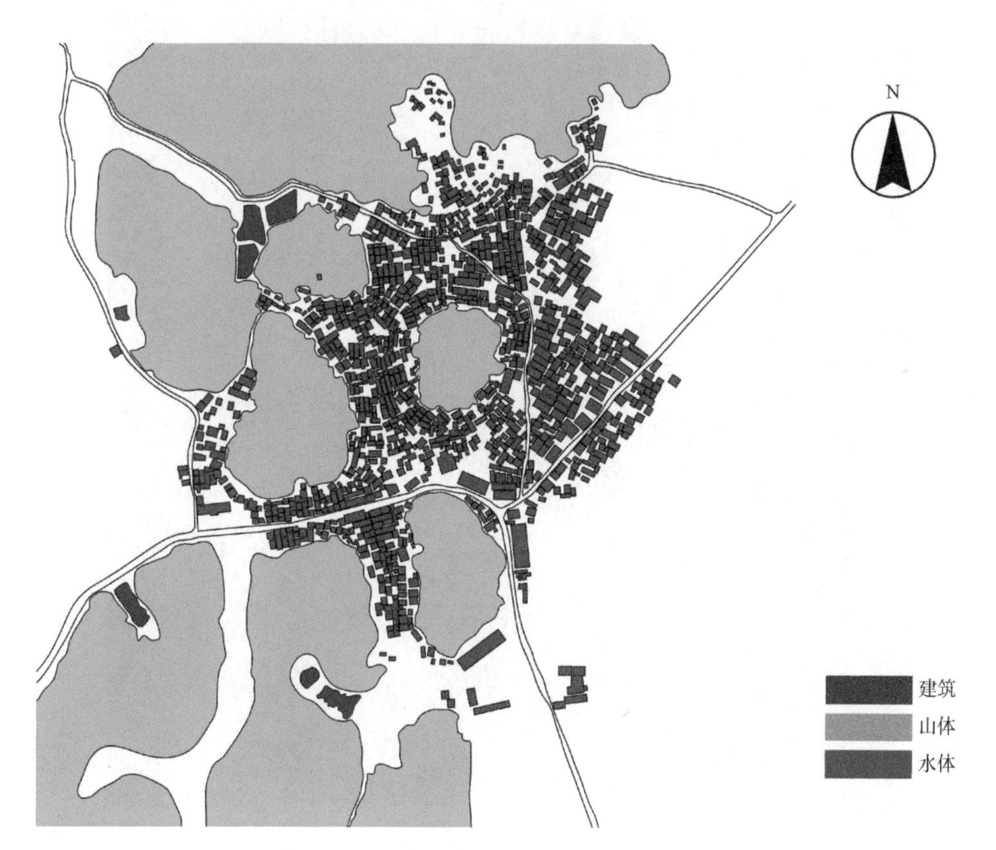

图 4-163　罗勒村总平面图

资料来源：周彝馨广府古建筑技能大师工作室（田俐绘）

（9）广东肇庆市高要区莲塘镇官塘一村

官塘一村在山体的西面，聚落整体坐东朝西，面向一系列池塘（图 4-164，图 4-165）。

图 4-164　官塘一村航拍图

资料来源：吕唐军摄

（10）广东肇庆市高要区白土镇冷水村

冷水村包括了冷水一村和冷水二村，两个自然村均位于一个小山岗上，其中冷水一村具有比较典型的“八卦”形态肌理（图 4-166~ 图 4-168）。

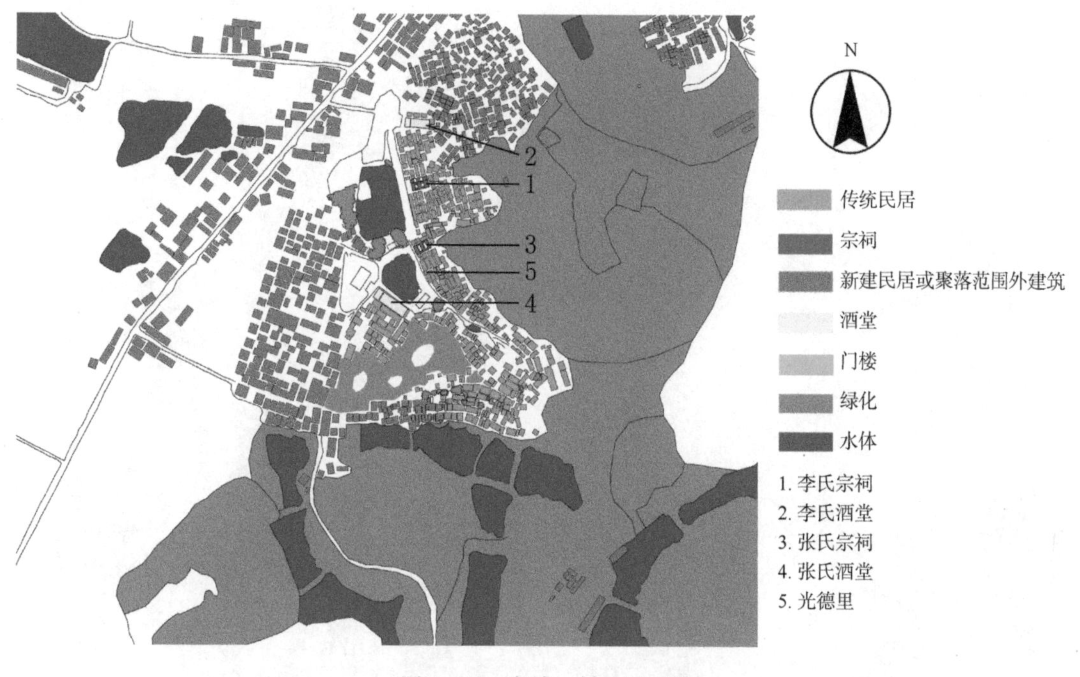

图 4-165　官塘一村总平面图

资料来源：周彝馨广府古建筑技能大师工作室（王捷达绘）

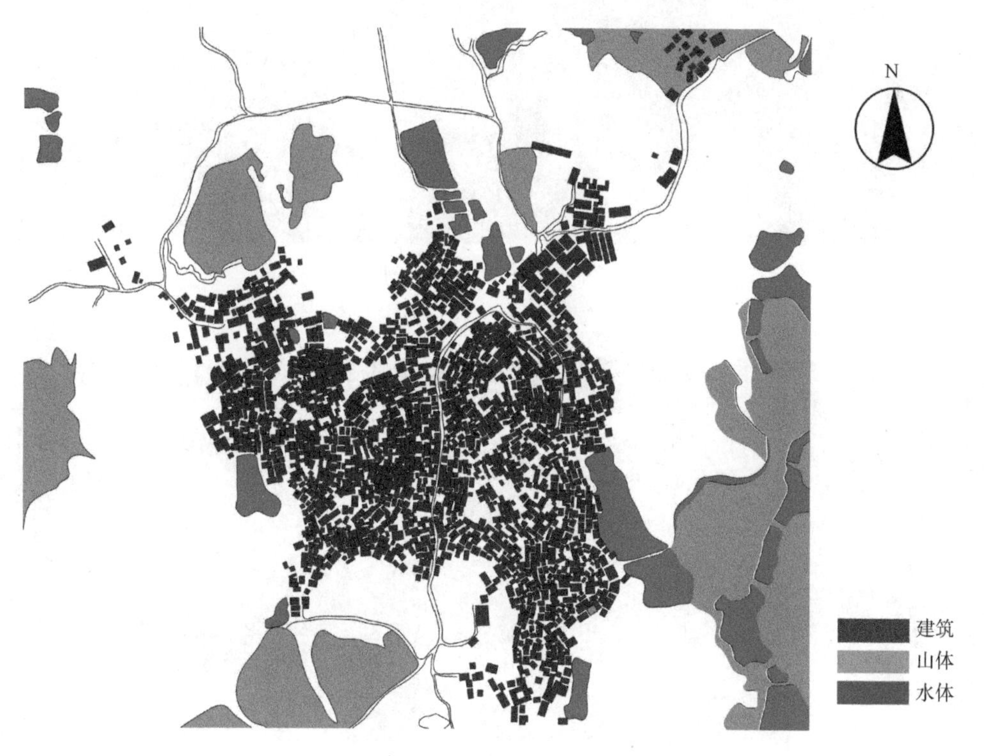

图 4-166　冷水村总平面图

资料来源：周彝馨广府古建筑技能大师工作室（吴桂阳绘）

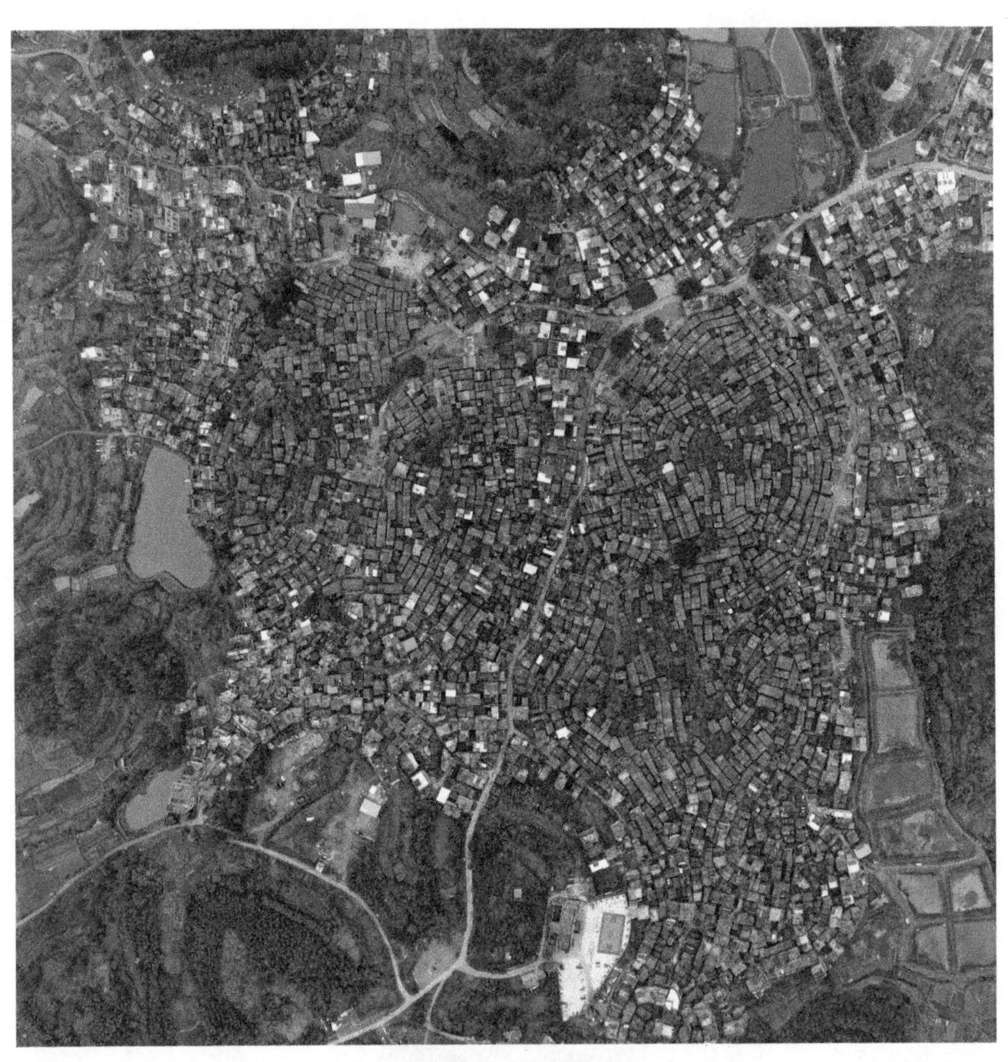

图 4-167　冷水村肌理

资料来源：吕唐军摄

图 4-168　冷水村局部航拍图

资料来源：吕唐军摄

（11）广东肇庆市高要区白土镇雅瑶村

雅瑶村位于三个山岗之间，成品字形结构，周边河湖密布，环绕聚落形成天然屏障。北部的山岗规模较大，建筑数量较多（图 4-169~ 图 4-171）。

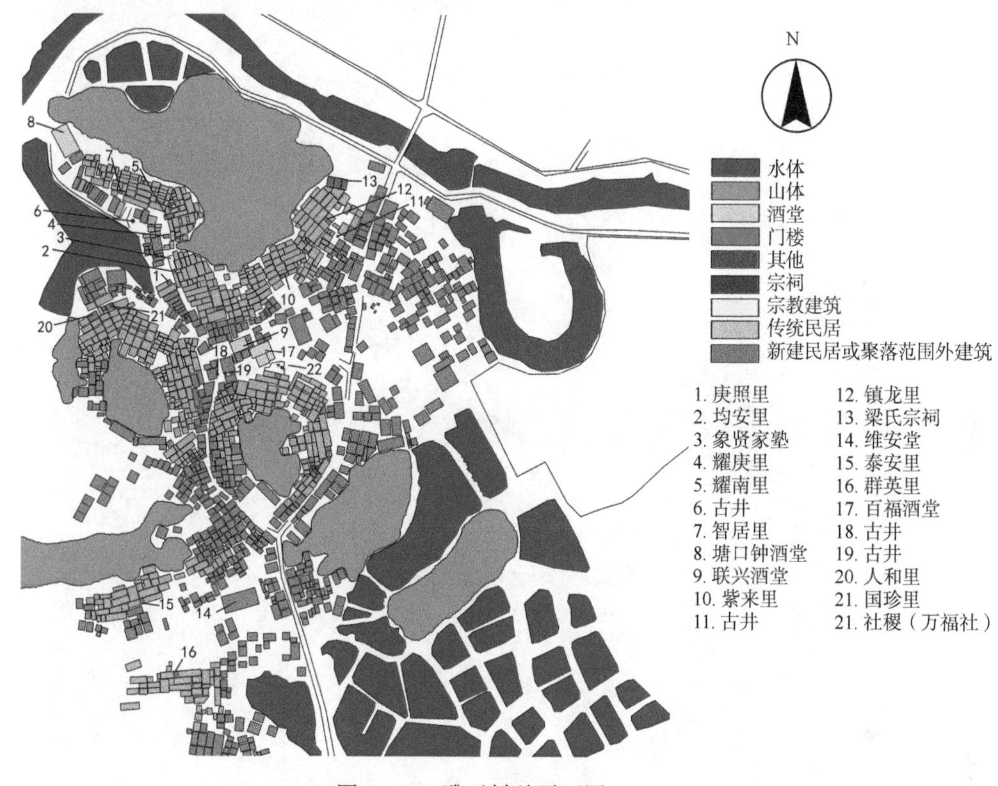

图 4-169　雅瑶村总平面图

资料来源：周彝馨广府古建筑技能大师工作室（叶达权绘）

（12）广东肇庆市高要区回龙镇同攸岗村

同攸岗村坐落于宋隆河东岸，位于宋隆河漫地与丘陵交汇处的同攸岗上，村庄整体坐东朝西（图 4-172）。聚落始建于明末，由陈、黄两姓组成。陈姓集居村北，黄姓集居村南。未建宋隆机闸时，若遭遇西潦泛滥，村庄内涝严重，农田变泽国。

村中有洪圣宫，《迁建洪圣宫碑序》记载：原庙建在宋隆河西岸，建于何年无碑记载，因原庙处于河边低洼处，常受河水浸润，造成墙裂瓦崩，故迁建长庚社坛后。

（13）广东肇庆市高要区新桥镇牛渡头村

牛渡头村主要姓氏有梁、郑、姚、邓。梁姓始祖梁品德，南海人，明朝时曾任高要新桥营千总，遂落籍于牛渡头村，至民国三十六年（1947 年）传 17 世，分支有小洞山、大端村。邓姓由宋朝议大夫邓珉于南宋期间（1127~1279 年）从南雄珠玑巷迁至金利宋隆，其后代再由宋隆分支迁至。

聚落现有 10 个入口门楼、2 个宗祠、1 个祖堂。大积梁公祠位于聚落内部，坐北朝西；邓氏宗祠位于聚落外围，坐东朝南（图 4-173）。

图 4-170　雅瑶村肌理

资料来源：吕唐军摄

图 4-171　雅瑶村航拍图

资料来源：吕唐军摄

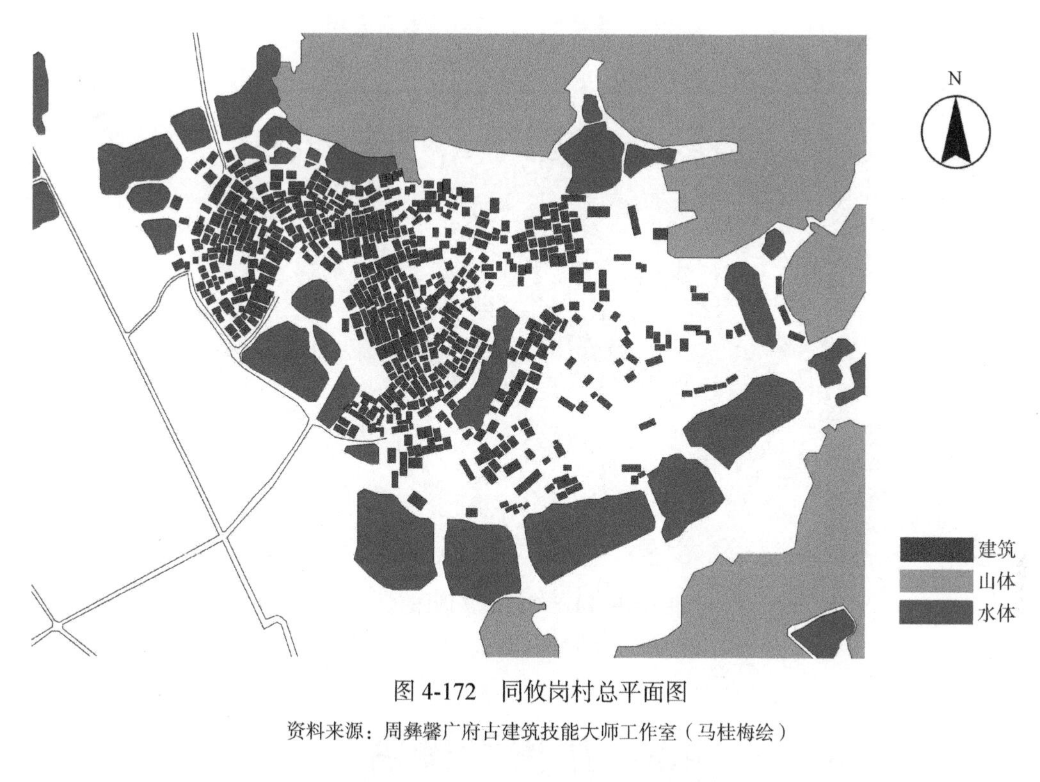

图 4-172　同攸岗村总平面图

资料来源：周彝馨广府古建筑技能大师工作室（马桂梅绘）

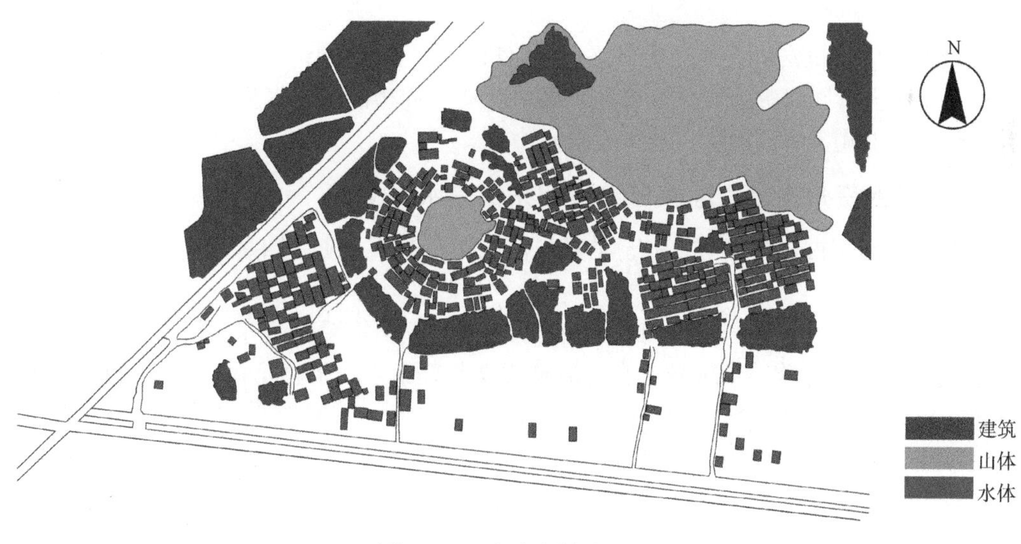

图 4-173　牛渡头村总平面图

资料来源：周彝馨广府古建筑技能大师工作室（田俐绘）

（14）广东肇庆市高要区回龙镇刘村

刘村周边有众多池塘围绕聚落，形成了天然的屏障，聚落依据两个相近的山岗发展，形成了比较明显的“八卦”形态肌理（图 4-174）。

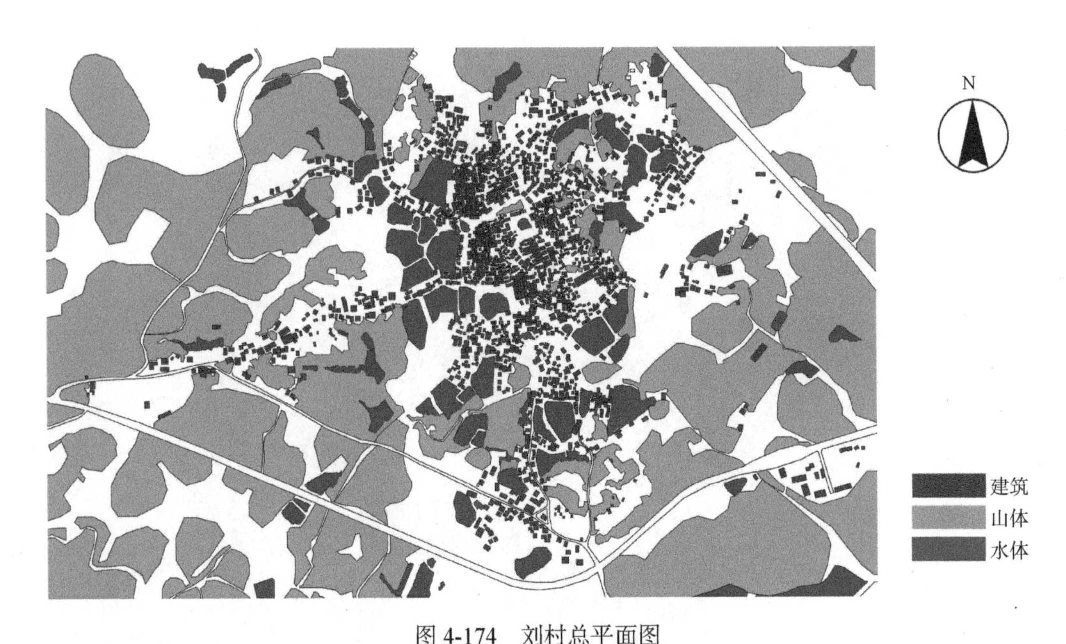

图 4-174　刘村总平面图

资料来源：周彝馨广府古建筑技能大师工作室（马桂梅绘）

4.6　集聚型聚落

集聚型聚落建筑密集，道路狭窄，入村路口多以门楼管制，以密集方式作为防御的基础。外人无法大量同时进入，进入者处于弱势状态。周边的建筑多为 2~3 层，居高临下，并有窗口、射击孔等防御设施，利于战防。

（1）广西贺州市富川瑶族自治县朝东镇东水村

东水村是潇贺古道古聚落之一，是富川何氏四东的第一东，四东分别为东水、东庄、东泽、朝东。

唐朝何英①，授潮州、惠州、广州刺史，敕封“镇南将军”镇守广州，生四子，第四子何冕②于唐大历十三年（778 年）自青齐调守贺州任太守，于唐元和二年（807 年）从贺州徙居富川朝东铁炉湾（即今朝东镇东水村面前山东边），生二子，次子镗。何镗③观东水溪山水胜、林木幽、田壤肥、人事朴，宜卜宅，于唐元和年间自铁炉湾徙居东水。生四子，何文、何行、何忠、何信。何文④仍居东水，东水房之祖也。何行⑤至仕后徙居蓝田，后徙

①何英，字秀卿（688~749 年），世居青齐临淄。性聪敏，多兵法，深得临淄王李隆基器重。公元 710 年，随临淄王讨伐“韦后叛乱”，提升为“行军司马”。朝廷因英公战功显赫，授潮州、惠州、广州刺史。唐玄宗开元十年（722 年），安南（今越南）发生国乱，岭南各处，盗贼蜂起，民遭蹂躏。英公领旨，挥师难下，所到之处，群贼授首，民籁以安。唐玄宗开元十八年（730 年），因平虏有功敕封“镇南将军”镇守广州。

②何冕，字敬之（737~809 年），以父之勋调任贺郡刺史，任期威德覃敷，边蛮诚服。

③何镗，字文仪（785~849 年），仕为府通判。

④何文，字尚礼，族名应龙，生唐宝历元年，仕为奉议郎提点江、淮、湖北铁治铸钱办事，赐绯鱼袋。

⑤何行，字尚敬，生唐大和辛亥，仕为评事。

居东庄，东庄房之祖也。何忠[①]唐咸年间徙居东泽（塘贝），东泽房之祖也。何信[②]徙居朝东，朝东房之祖也。因四祖居住地东水、东庄、东泽、朝东皆有“东”字，后人简称“四东”。

东水村北面背倚群山，南面前临小河，聚落坐北朝南，沿一个小山岗展开，基本成行列式密集布局（图 4-175，4-176）。村口集中了多个公共建筑，一风雨桥跨溪流接通河流

图 4-175　东水村航拍图

资料来源：吕唐军摄

图 4-176　东水村卫星图

资料来源：刘育焕制作

① 何忠，字尚质（833~893 年），仕为府推事。

② 何信，字尚实（835~907 年），仕为府知事赞政。

南北两岸，南岸为文庙，北岸原有一寺庙，现仅剩下寺庙的戏台，富有特色。东北部为古民居群，5 条纵向巷道为主路，路口原来皆有门楼，现在多已不存，仅剩一处。横向巷道如树枝状从纵向主要道路中生出。道路布局类似于广府的梳式聚落，但建筑单体并不相似（图 4-177，图 4-178）。

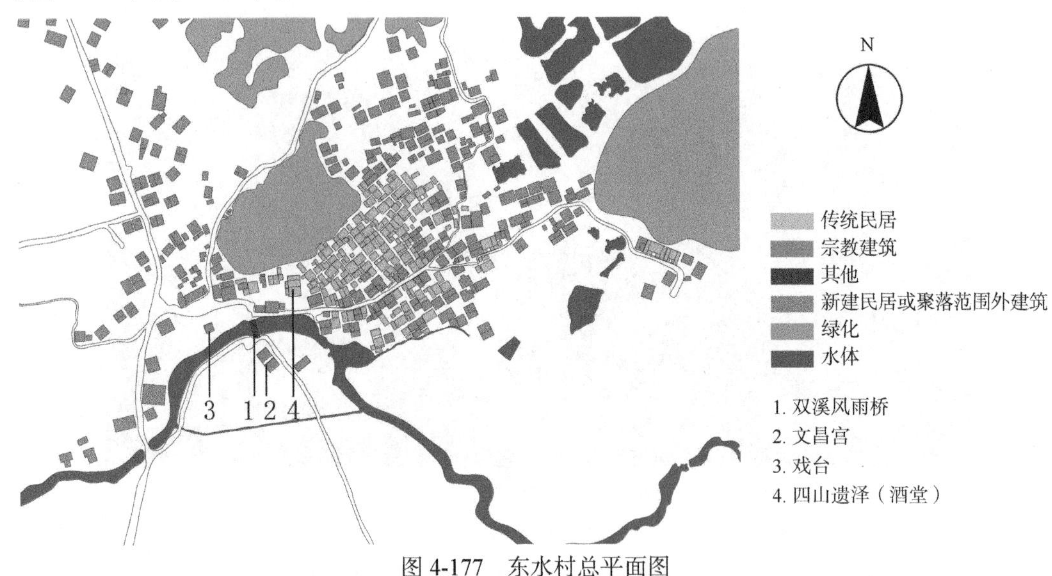

图 4-177　东水村总平面图

资料来源：周彝馨广府古建筑技能大师工作室（刘育焕绘）

图 4-178　东水村集聚式空间

资料来源：周彝馨摄

（2）广西贺州市富川瑶族自治县朝东镇福溪村（瑶族聚落）

福溪村位于黄沙岭，在秦汉潇贺古道、楚粤通衢旁，是古代驻扎兵马之所，历史上曾一度称之为“南邪关”。福溪村原名“沱溪”，据《福溪源流记》所述，“厥予村境蒋、周、陈、何各县贤祖列宗，分异邑郡县，于唐末宋初先后不一地迁徙而来。其初地形凹凸高低不等，故名为沱溪。后经祖先辛勤僻野开拓，扩展兴修建砌，物丰丁旺，安居乐业，更名福溪矣！”村中何姓祠堂大门东侧的粉壁上写有该姓祖先由秦都咸宁搬迁到此经过的《乡官路引歌》，其诗曰：“寿光辞别出湖常，无锡会坛步凤阳；婺源石棣东流过，九江彭泽娶妻黄；停住德安居九载，随身六子到萍乡；万载亦居年十四，五六咸宁至武昌；大冶衡阳酃县富，蓝山永郡道州庄；路遥五万三千里，万水千山卜福坊！”从诗里他们搬迁路线中“永州—道州—富川的这一段，正是潇贺古道的北段主干道，福溪村的何姓先民，正是经由秦之潇贺古道、汉之楚粤通衢搬迁到此建寨定居的。在唐朝李靖征岭南时，福溪是潇贺古道上的一处重要关口，五代时是楚与南汉的必争之地。据福溪村周氏族谱记载，“先祖周敦颐宦游路过此地时，看中了这块风水宝地，便留下一子在此安居。”村中建有周氏宗祠，又称“濂溪祠”。北宋时始有周、蒋二姓最先在福溪定居，北宋末年，又有随军南下征剿的陈、何两姓留在了福溪村定居。福溪村南宋开始兴盛，明清达到了高峰。

聚落位置在五座山梁包围的一块谷地里，四面被高耸入云的石山峰团团围住，坐西朝东，号称“五马归槽”的地形，周围方园几公里内没有人烟，周边环境可谓独特（图 4-179~图 4-181）。

福溪村在村头有一处地下河涌泉，常年泉水不断，自北向南飘落山间，这条小溪原名沱溪，后来改称福溪。聚落顺应泉水资源，将水系引入聚落内部，沿巷道路边做成明渠，清澈的溪水在明渠中流淌，最后流出聚落灌溉田地。

为了防御，福溪村绕村建有厚重的石墙，隐掩于翠竹绿树之中，聚落内形成了主商业街、民居巷道和寺庙、戏台广场等功能区。福溪村有一溪、二庙、三桥、四祠、十三门楼、十五街巷。沿福溪边有一条长度超过 500 米的大石板街，今人又称此石板街为“三石街”，中间为一米宽的青石板，最大的有两米长，两边再镶一块 30 厘米宽的石条。以“三石街”为中心，临街建造有 13 座大门楼，每一座大门楼后面，都是长长的小青石板巷道。商业和公共建筑基本都集中于三石街中，民居则集中于后部的各个巷道中。福溪村鼎盛时期曾经有过 24 座戏台、24 座庙宇、1 座风雨桥。现在保存完好的还有风雨桥、3 座戏台和 3 座庙宇。

福溪村中有一座马殷庙和两座马楚大王庙。马殷庙，坐落在灵溪河畔，又名为“灵溪庙”或“百柱殿”。初建于唐末宋初，村人为纪念五代十国时南楚国的开国君王马殷[1]大王剿灭匪寇、建立地方政权、开拓福地使民众安居乐业等功德而建。距庙前 30 米处和 150 米处的濂溪河畔、河中分别建起了戏台和濂溪风雨桥，使马殷庙与古戏台、濂溪风雨桥犄角遥望，相互辉映。聚落入口处另有两座并排一起的马楚大王庙，庙前有大型广场、古井和戏台。

---

①马殷（852~930 年），字霸图，许州鄢陵（今河南省鄢陵县）人，一说上蔡人（《三楚新录》），五代十国时期南楚开国君主。

福溪村中随处可见立于村寨中央的各种形状、大小不一的岩石，村民称这些石头为生根石。这些生根石原来就生长在村寨中，先人在建村立寨时，尽量不破坏这些天然的石头。

图 4-179 福溪村航拍图

资料来源：吕唐军摄

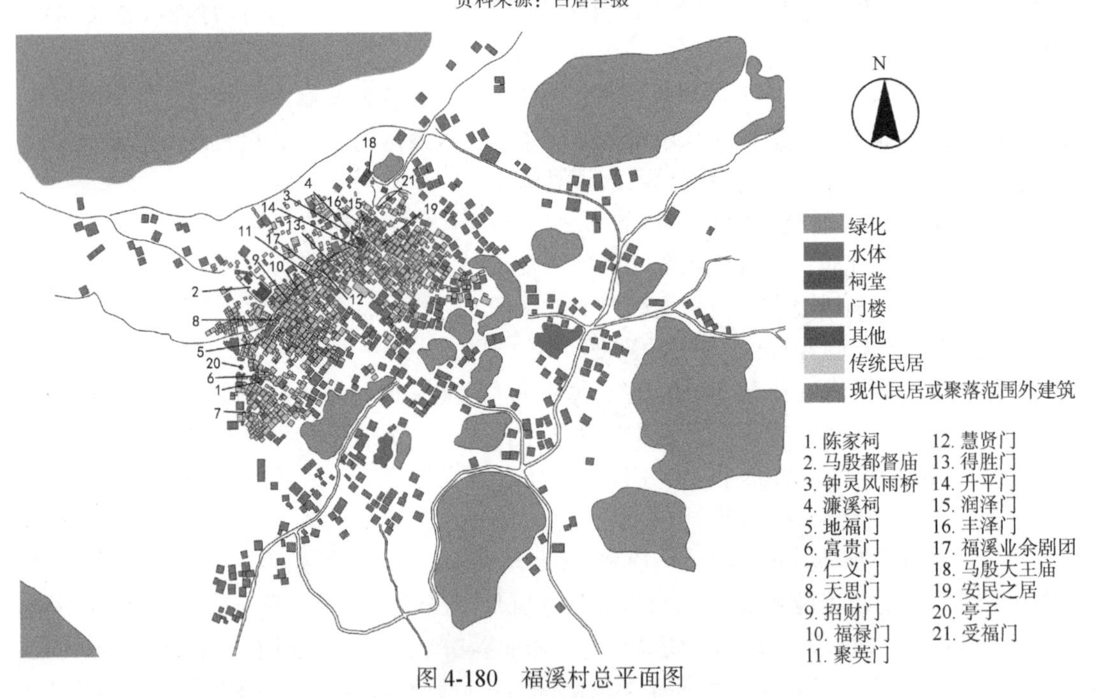

图 4-180 福溪村总平面图

资料来源：周彝馨广府古建筑技能大师工作室（马泽桐绘）

（3）云南红河哈尼族彝族自治州元阳县箐口村（哈尼族聚落）

红河哈尼族彝族自治州是哈尼族人口较多的一个州，哈尼族人口占总人口的17.5%，其中元阳县哈尼族人口占总人口的52%（第六次全国人口普查数据）。箐口村东为麻栗寨

图 4-181　福溪村集聚式空间

资料来源：周彝馨摄

河，全村最低海拔 1500 米，最高海拔 1650 米，地势北低南高，树木环绕，外围是上万亩的元阳哈尼梯田。村边流水潺潺，是哈尼农耕文化的缩影。

红河哈尼梯田是哀牢山区以哈尼族为代表的各族人民在千百年勤奋劳作中开创的一套梯田文明系统，它是中国山区稻田农耕的典范，是中国人工湿地的经典。箐口村地处红河哈尼梯田核心区，具有哈尼山寨典型的山林－小溪－村寨－梯田“四素同构”景观。箐口村寨中广场是寨子的中心地带，全由石板铺就。广场北临浩瀚梯田。再往东穿竹林、过石桥，到水碾、水碓、水磨区。历史上，哈尼人粮食加工如碾米、磨面、踩粑粑等，均不用人力，仅靠自然山泉的水力。寨脚有一个古老的祭祀场地和磨秋、吊秋场（图 4-182）。

图 4-182　箐口村航拍图

资料来源：吕唐军摄

哈尼族民居以传统式土木结构建筑的蘑菇形茅草房为主，通常称为“蘑菇房”。哈尼族蘑菇房历史悠久，传说是哈尼族祖先在迁徙过程中，为防狂风暴雨、烈日暴晒，从路边拔起一堆草捆扎成蘑菇形状顶在头上挡风遮雨，后来，为纪念祖先的这一经历，哈尼人逐渐把房屋建成了今天的蘑菇房。蘑菇房建筑材料以石头、木材、稻草、竹子为主，建房选址一般都是背靠青山，面对流水，地势较为开阔平坦，择址时正前方不宜有遮挡物，不宜面对高山、石崖和坟山（图 4-183）。屋面用竹条和草铺盖，尖顶，四面斜坡，远望像蘑菇形状，故称“蘑菇房”。房屋一般占地面积为 70~80 平方米。主屋为三层楼房，底层主要是关牛、马或猪，堆放农具；中层住人，左侧设有终年不熄的火塘，左角为厨房，左角前为主人卧室，右侧为儿女卧室，中间为待客的地方，顶层堆放粮食。

图 4-183 箐口村肌理

资料来源：吕唐军摄

（4）广东云浮市云城区前锋镇增村

增村（图 4-184~ 图 4-186）占地面积 3000 多平方米，古民居大多建于清代的中后期，部分建于明代后期。

图 4-184　增村航拍图

资料来源：吕唐军摄

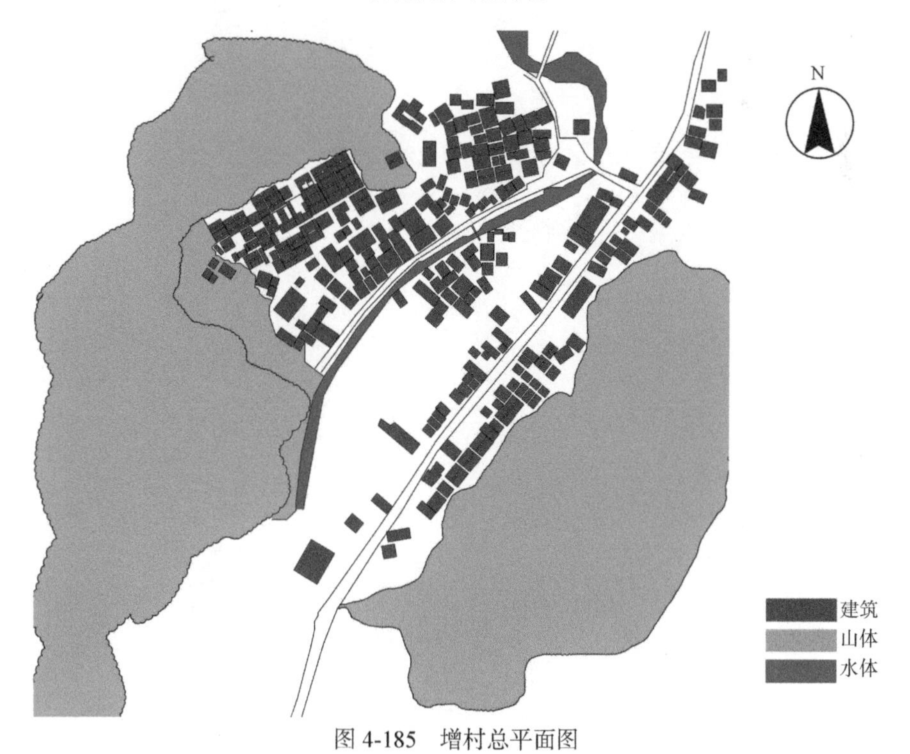

图 4-185　增村总平面图

资料来源：周彝馨广府古建筑技能大师工作室（杨贵林绘）

图 4-186　增村肌理

资料来源：吕唐军摄

5

聚落中的防灾建筑和工程设施

5.1 聚落中兼具防灾功能的重要建筑物

5.1.1 云南红河哈尼族彝族自治州建水县回新村（彝族聚落）纳楼茶甸长官司署

纳楼茶甸长官司署是全国保存较为完整的土司衙署建筑之一，规模较大，具有地方特色。司署雄踞回新村制高点，为纳楼茶甸长官司土副长官普氏的衙署之一（图 5-1），高居山头有利于防御和固守，以维护长官的统治和地位。

图 5-1 纳楼茶甸长官司署航拍图

资料来源：吕唐军摄

司署始建于清光绪三十三年(1907年)，坐北朝南，占地面积2.8万平方米，建筑面积近3000平方米，三进院落，房舍70余间，沿中轴线依山而上，气势非凡，融彝族“土掌房”和汉族建筑风格为一体。大门建在3米多高的石台基上，前有演兵场、照壁，四角各建有碉楼一座（图5-2），碉楼至今仍有斑斑点点的弹痕。左侧台基上立有清嘉庆十五年(1810年)由土官普承恩勒石的署临安明示碑。东西碉堡高3层，护卫大门，并与门前长10余米、高6米、厚1米余的衙门照壁相呼应，围成200多平方米的演兵场。

图5-2　纳楼茶甸长官司署

资料来源：周彝馨摄

司署前院屋高二层，是衙丁和警卫的住所及监狱、水牢、厕所等。一进大院宽敞，分高低两台，正面建筑为正厅司署公堂，是司署的主要建筑，也是土司办理辖区事务、审理案件、举行重大典礼的地方。二进院落较小，为居住空间。卷棚顶的走廊将大堂建筑与后院连在一起，并将二进院落一分为二。后院走马转角楼为二层建筑，有书房、客厅、花园、绣楼等，为土司与家人住所。

5.1.2　广西桂林市阳朔县高田镇朗梓村（壮族聚落）瑞枝公祠（覃氏三世公祠堂）–状元宅建筑群

朗梓村原名榄子村，因村旁长着三株茂盛的榄子树得名，光绪三年，该村进士覃孟榕将榄子改名为“朗梓”，取明亮之意，沿用至今。聚落为壮族覃姓村落，是阳朔县里仅存的古代军事建筑群，共耗时40年才建成。据记载，朗梓村始建于清顺治年间(1644~1661年)，其始祖覃正尧，为广西宜山庆远人，原为明末农民起义军领袖李自成部下一名战将，驻守北平，南撤后定居于此。育有一子两孙，由于居家俭朴，勤奋劳作，至咸丰年间(1851~1861年)，覃氏人丁兴旺，家财富有。于是请匠购料，扩建居所。

朗梓村坐西朝东，西面、南面有小山岗做背靠和围合，北面利用小溪做护城河，东面有2个池塘，仅留东面一条路作为入口。内部古建筑群分为两处，相距约15米，占地面积达7000多平方米，大小共计63间，护村墙体相连，有古碉楼2座、祠堂2座（图5-3）。其中最气势雄伟的是瑞枝公祠（覃氏三世公祠堂）–状元宅建筑群（图5-4）。

图5-3　朗梓村航拍图

资料来源：吕唐军摄

瑞枝公祠（覃氏三世公祠堂）–状元宅建筑群由两部分组成，分别为瑞枝公祠和状元宅，外部由统一的高大墙垣围合成一个整体，北面是护城河，水深约1米。东北、西北、西南三个角落均有碉楼，其中西北角碉楼巍峨高耸，整个建筑群极具城堡色彩（图5-5）。瑞枝公祠即覃氏三世公祠堂，建于同治年间（1862~1874年），占地面积约2000平方米，由天池、厢房、正堂组成。大门门框皆由青色花岗石组成。状元宅在瑞枝公祠的左侧（北面），占地面积约3000平方米，是光绪初年举人覃孟昌的故居，有“一门四进士，同堂两县官”的故事。清代该宅登科及第6人，五品骑尉及六品奉迁大户20多人，其中覃兆

图 5-4　朗梓村瑞枝公祠 – 状元宅建筑群

资料来源：吕唐军摄

图 5-5　朗梓村防御建筑

资料来源：周彝馨摄

昉曾于同治十二年（1873 年）拜翰林院大学士。3 个碉楼中，西北角的碉楼最巍峨，其高 30 米，共 7 层，每层约 30 平方米，为大小不等的卵石伴灰浆构筑而成。迄今为止碉楼仍是朗梓村最高的建筑物，置身楼顶（图 5-6），可以鸟瞰整个朗梓村建筑群。建筑群的外部是长 150 米、高 7 米的护城石墙，称为“藤墙”。

图 5-6　朗梓村碉楼内部

资料来源：周彝馨摄

5.1.3　广西来宾市武宣县东乡镇下莲塘村刘统臣庄园

刘统臣庄园位于下莲塘村西南部，是民国陆军中将刘炳宇（字统臣）于民国初年（1912 年）所建，为中西结合的庄园建筑（图 5-7，图 5-8）。刘统臣庄园坐北朝南，占地面积为 6267 平方米，建筑面积为 3014 平方米，西式城堡格局，紧凑对称，极具防御性。刘统臣庄园中间主楼 4 层，布局紧凑，房间之间用内廊相连，左右严格对称。主房后设置神堂，前有院落，院落两侧均有厢房，院落四角设有岗楼，前两岗楼用走马楼相连。清末年间法国教士带来了西方教堂的建筑形式，该宅建造也深受影响。

整个庄园外面是坚固厚实的围墙，与围屋围墙的做法一致，围墙、主楼、岗楼等建筑上均布有射击孔，甚至房屋内部房间之间亦有射击孔，军事特点十分明显。

图 5-7　刘统臣庄园

资料来源：吕唐军摄

图 5-8　刘统臣庄园大门

资料来源：周彝馨摄

5.1.4 广西桂林市灌阳县文市镇月岭村聚落外围碉堡型建筑

月岭村聚落外围的部分建筑建造得犹如碉堡，外部围墙高耸，对外不开窗户，还在不同方向布置了数个射击孔（图 5-9）。

图 5-9 月岭村聚落外围碉堡型建筑

资料来源：周彝馨摄

5.1.5 广东肇庆市德庆县高良镇罗阳村光裕堂

光裕堂（图 5-10）是民国二十二年（1933 年）由罗阳村人李宝霖兴建的，1944 年 11 月，抗日自卫中队曾以此为据点击退日军进攻，解放战争时期，光裕堂为德庆“二·二八”武装起义的主攻据点。

光裕堂坐西朝东，两侧为鱼塘，前面为宽广的田地，门前还有一道窄长的水道与田野分离，鱼塘与水道形成了天然的防御屏障。建筑为围屋形态，呈长方形，外部有高大围墙围合，总面阔 23.3 米，总进深 49 米，占地面积 1141.7 平方米。原有大厅、碉楼、后花园等五进，近代碉楼、后花园遭毁坏，现仅存三进，面阔五开间，第一进一层，后两进两层，砖木结构。门堂前有狭长晒场，两边有院门。整个建筑群的围墙、建筑上均布有大量射击孔，结合水体、密林等元素，有很强的防御性。

图 5-10　光裕堂

资料来源：吕唐军、周彝馨摄

5.1.6　广东云浮市云城区腰古镇水东村仕楼（明朝古屋）

水东村地处云浮与肇庆交汇点，坐落于新兴江畔，地势平坦，占地面积达 45 000 平方米。聚落始建于明永乐二年（1404 年），全村程姓，始祖是北宋理学家程颢，程颢嫡孙为避战乱从河南迁至岭南，延至程氏岭南八世程绍明娶宋氏为妻，于新兴江畔建村繁衍生息，至今已传至 20 多代，分别以序伦、笃庆、聚顺为堂号。

水东村以村的中间巷为分界线，古村分为东、西两部分，一面坐东朝西，另一面坐西朝东（图 5-11）。聚落中现保存明清建筑 588 座，其中有明代庙宇 1 座（明徽庙），明代祖祠 3 座，民居 163 座；清代祖祠 6 座，民居 421 座。

水东村内有两座防御性特别强的城堡型建筑，其中规模最大、历史最长的是仕楼，即明朝古屋（图 5-12）。该建筑坐西朝东，整个建筑以坚实的青砖砌筑，墙基为红砂岩，外部以高大墙垣围合，墙垣第一进两层高（图 5-13），后面两进三层高，城垣外布有多处射击孔，有如城堡，整个墙垣内的地基高度超过 1 米。东面偏北开正门（非中轴线上），正门进入后为一小天井，天井后为两进建筑。建筑对外均不开窗户，仅在天井二层以上开窗。天井旁厢房与建筑的二层相通，形成走马廊，并开有射击孔，有典型的军事防御功能。建筑两侧有门可以进入两厢，但两厢与建筑内的其他空间不相通。另一座城堡型建筑（图 5-14）已经佚名，形制与仕楼基本一致，高度稍小。据推测，该两组建筑为聚落内储存财物之地。

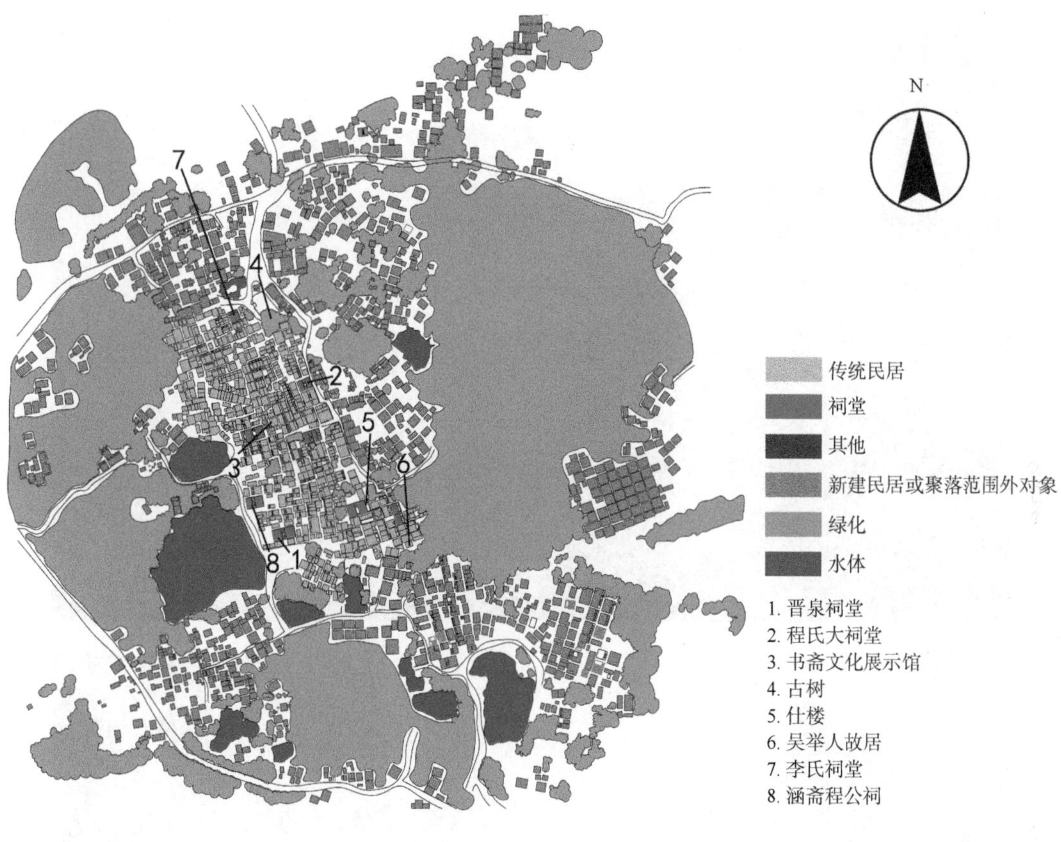

图 5-11　水东村总平面图

资料来源：周彝馨广府古建筑技能大师工作室（刘湘娴绘）

图 5-12　水东村仕楼（明朝古屋）

资料来源：吕唐军、周彝馨摄

图 5-13　水东村仕楼（明朝古屋）第一进天井

资料来源：周彝馨摄

图 5-14　水东村另一城堡型建筑及其第一进天井

资料来源：吕唐军、周彝馨摄

5.1.7　广东肇庆市怀集县凤岗镇孔洞村孔乡书院、裕后楼

孔洞村并不姓孔，因其先民尊孔倡儒而命名。孔洞成氏祖先曾任明代朝廷命官，后被贬入粤，历经数代，五度迁徙，直到明宣德年间（1426~1435 年）才正式定居孔洞村。当时孔洞村有陈、黄、钱、何等几姓人家。成勤珠与钱氏女子结为夫妻，生有数子，其中有一子名为成德惠，深受外祖父钱维才一家的喜爱，并常居住在外祖父家中和他们一起生活。明天启年间（1621~1627 年），钱氏举族南迁到现怀集县甘酒镇的钱村。搬迁前，钱维才将房屋、田地、山林尽送给成德惠。从此，成德惠苦心经营外祖父的产业，又在产权内的上、下马磅山开采金矿致富。

聚落由两个小盆地构成，一山相隔，一溪相连，分成上寨、下寨，占地面积达 1.5 万平方米，传统建筑面积达 2100 平方米。建筑群顺坡而建，依山傍水（图 5-15）。古建筑物均建于清朝中叶，现存的主要有德惠成公祠、观音堂、裕后楼、孔乡书院、成国选公堂、成氏宗祠等重要建筑。整个聚落布局以舞龙山下的德惠成公祠、观音堂为核心，分东、西两翼，分别以孔乡书院、裕后楼为主调，呈“品”字结构。建筑前都有围墙、门楼，围墙前面有半月形的水塘。孔乡书院（图 5-16）、裕后楼（图 5-17）都是集祠堂、民居、碉楼于一体的建筑，风格独特。

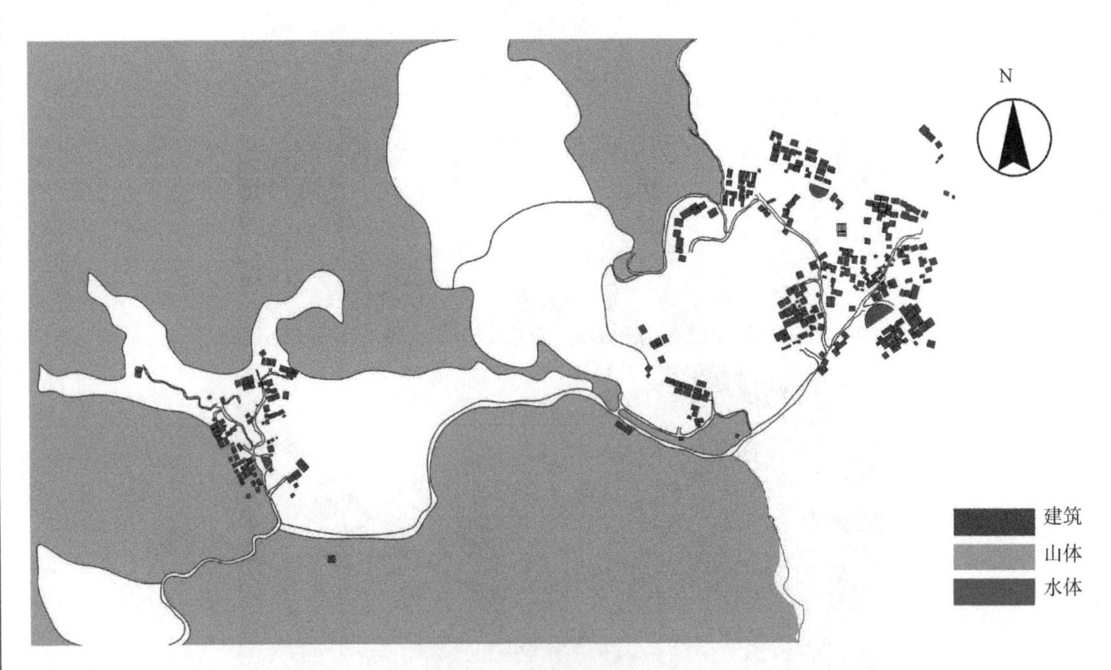

图 5-15　孔洞村总平面图

资料来源：周彝馨广府古建筑技能大师工作室（曹爱芳绘）

图 5-16　孔乡书院

资料来源：周彝馨摄

图 5-17　裕后楼

资料来源：周彝馨摄

5.2 碉　楼

5.2.1 贵州安顺市西秀区七眼桥镇本寨碉楼群

本寨择平地而建，寨中现存碉楼（图 5-18）7 座，其中金氏族人修建于民国时期的“鸿鹄别墅”是碉楼民居的典型代表。高耸的碉楼，互为犄角之势，俯视远近。碉楼墙体上均开有“凸”形、“口”形观察孔和“一”“上”“十”“O”形射击孔。

图 5-18　本寨碉楼

资料来源：周彝馨摄

5.2.2 广东肇庆市高要区活道镇姚村水楼

姚村沿山谷南北走向，聚落主体坐北朝南，西部建筑群坐西朝东。

姚村水楼始建于1769年，由主楼和副楼组成，主楼坐西北朝东南，门朝西开，整栋碉楼建在池塘中间，故名姚村水楼（图5-19）。水楼砖木结构，由主楼和副楼组成，主楼为正方形，平面四角突出，面宽12米，楼高4层共15米（未计水中部分）；副楼面宽12米，深4.3米，楼高2层，镬耳山墙。该楼为砖木结构，基础为3米高的咸水石。楼板、楼梯均为木质，每层楼四面均有两个瞭望窗口。主楼大门与厢房之间有一天井，天井中央有一口水井，供避难时人们生活饮用。楼内中央设有地下秘密逃生地道，直通楼外出口。

图5-19　姚村水楼

资料来源：周彝馨摄

5.2.3　广东肇庆市高要区回龙镇澄湖村邓甲楼及其他碉楼

邓甲楼始建于清光绪三十一年（1905年），1921年竣工，是规模最大的、标志性的碉楼。由邓甲在澳大利亚等地经商后返乡修建，他十分注重后代的教育，于是在邓甲楼的前面专门修建了楼高两层的“谦和家塾”。邓甲楼高5层，整个澄湖村可尽收眼底，内部为木楼板、木楼梯（图5-20）。邓甲楼修建时，澄湖村还是水乡，周边都是河流，青砖都是用船运回来的。澄湖村有各类不同风格的碉楼14座（图5-21）。

5.2.4　广东云浮罗定市金鸡镇大垌八角村八角楼及其他碉楼

八角村有多组围屋型建筑群（图5-22，图5-23），包括八角楼、广信堂、广居堂、

图 5-20　澄湖村邓甲楼

资料来源：周彝馨摄

图 5-21　澄湖村其他碉楼

资料来源：周彝馨摄

水岩三座屋、茶墩三座屋、渤海第、司马第等。围屋多为深三进、横三路的大宅，后部多建有碉楼。其中最宏伟的是八角楼。

八角楼建于清光绪三十一年，背倚 50 米高的石灰岩孤峰，山上有岩洞，洞内有民国时的摩崖石刻，记录了民国时期叶肇带兵来此剿匪的经过与善后情况。八角楼坐西南朝东北，三路四进，面阔37米，进深60米，占地面积达2220平方米。前三进为传统围屋型民居，最后一进为4层高碉楼，后院地坪较高，两侧为厢房。碉楼平面四角突出，顶部以镬耳山墙装饰，俗称八角楼。后院砌有两个形如蟹眼的泉眼水井，左边的井供饮用，右边的井供洗涤用。

图5-22　八角村八角楼

资料来源：吕唐军摄

图5-23　八角村其他碉楼

资料来源：周彝馨摄

金鸡镇大垌八角村是常遭兵匪之地。民国时期，金鸡镇的街道曾被烧毁，在乾相村一个山洞里还遗存着被烟火熏死的数十人的尸骨。金鸡镇的遗址也不少，尤以战争遗址较多。但八角村除了茶墩三座屋曾被烧过门墩外，其余的都未被掠劫过，这与八角村八角楼及其他碉楼优越的防御性能是分不开的。

5.2.5　广东肇庆市德庆县永丰镇古蓬村太平楼（八卦楼）

古蓬为壮语，“古”指角落，“蓬”指烂泥，即聚落搭建在河漫滩附近。据古蓬村的《陈氏族谱》，聚落的始祖来自中原，南宋开禧元年（1205年）正月，由于金兵入侵中原，世居中原的陈世兴和弟弟陈仁兴逃难来到广东南雄珠玑巷，停留休整后携子继续南迁，辗转来到德庆县儒林坊（今德庆县城内）。明嘉靖三十六年（1557 年）八月，陈仁兴的第九代孙陈文庆迁徙到德庆县永丰镇古蓬村。

古蓬村地处丘陵山岗地带，耕地面积 3286 亩，其中水田 2725.9 亩。古蓬村为梳式聚落布局，坐东北朝西南，拥有粤西最大、保存最为完好的古祠堂群（图 5-24，图 5-25）。聚落内保存有明清时期的祠堂 12 座，包括伯甫陈公祠、秀枝陈公祠、文庆陈公祠、铉望陈公祠等，书室 3 座，碉楼 1 座，古民居 280 多座。其中明万历年间（1573~1620 年）修建的伯甫陈公祠规模最大。

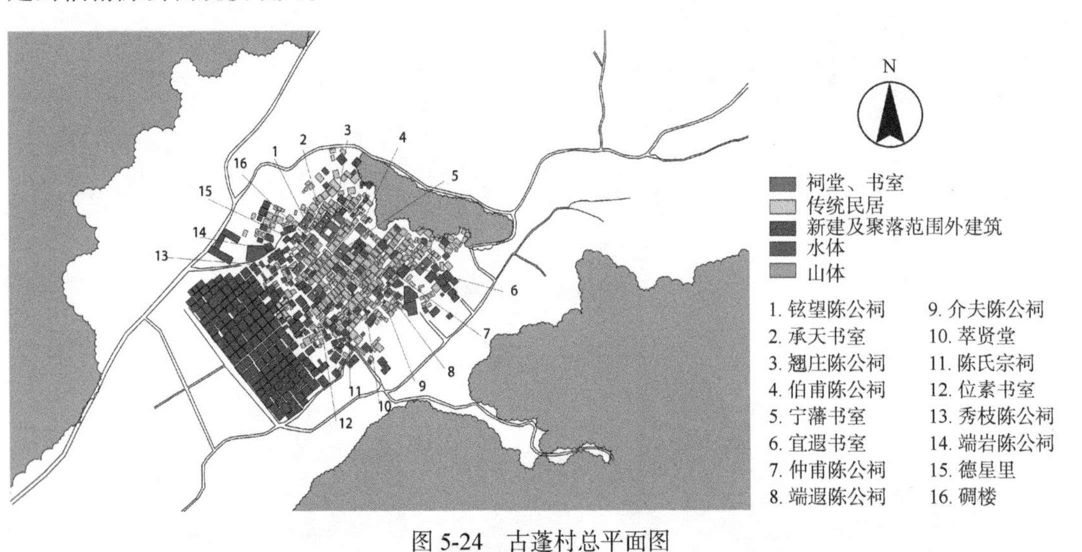

图 5-24　古蓬村总平面图

资料来源：周彝馨广府古建筑技能大师工作室（张清楷绘）

图 5-25　古蓬村航拍图

资料来源：吕唐军摄

古蓬村的富贵之家太多，自然会引来土匪的关注和袭击。该村的陈氏祖先为了抗击土匪，修建了一座固若金汤的碉楼。当地人称这座明代碉楼为“太平楼”“八卦楼”（图5-26）。碉楼楼高四层（30多米），内部为木楼梯、木地板。首层墙壁有1米多厚，第二～第四层墙壁的厚度逐层递减，但是顶层的墙壁厚度近80厘米。入口大门只有2米高，60厘米宽，只能容一人通过。门框采用的是厚度超过1米的花岗岩，第一道门是厚度超过20厘米的铁门，第二道门是厚度超过30厘米的坚硬木门。每层楼的四周都遍布内宽外窄的八字形射击孔、瞭望孔。

图5-26　古蓬村太平楼

资料来源：周彝馨摄

5.2.6　广东云浮市云城区南盛镇大田头村碉楼

大田头村为清中后期至民国初期所建，有古民居24处，祠堂1间，原有碉楼5座。建筑群内有多个围屋，每一个围屋都有堂号，从村头至村尾分别为载福堂、积善堂、潮善堂、培桂堂、杏春堂、玉庆堂、宝善堂、光裕堂、桂发堂、巨兴堂、绿耕堂、志喜堂、天如堂、荫福堂、巨兴堂（司马第）、爱日堂、厚福堂等20多个堂号（图5-27）。

大田头村原有5座碉楼，3座碉楼保存良好，1座碉楼被减去了两层，1座碉楼已毁（图5-28）。最高的碉楼有6层，另外两座碉楼有5层，其中两座碉楼四面都设有燕子窝构造。

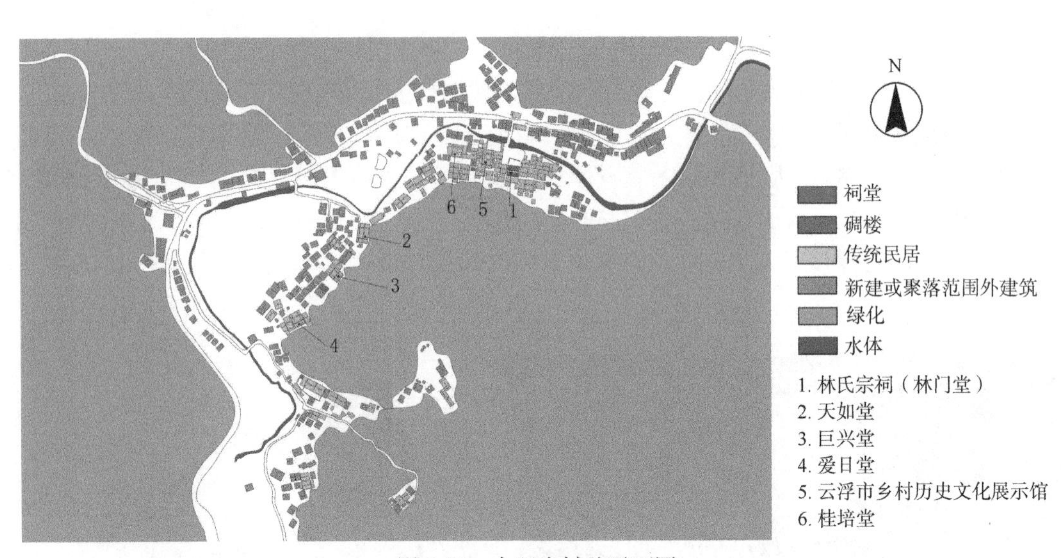

图 5-27　大田头村总平面图

资料来源：周彝馨广府古建筑技能大师工作室（刘育焕、邓敏华绘）

图 5-28　大田头村现存的 4 座碉楼

资料来源：周彝馨摄

5.2.7　广东云浮市云城区腰古镇冼村碉楼

冼村坐南朝北，背靠大山，前临广袤的田野，棋盘式布局，建筑群大部分为清末民初建筑（图 5-29，图 5-30）。聚落共有 3 座碉楼（图 5-31），其中 2 座高耸的碉楼分布在聚落东北角和西北角两翼，面临田野，俯瞰着聚落前面的广袤平原，高 6 层，四面皆有射

图 5-29　冼村航拍图

资料来源：吕唐军摄

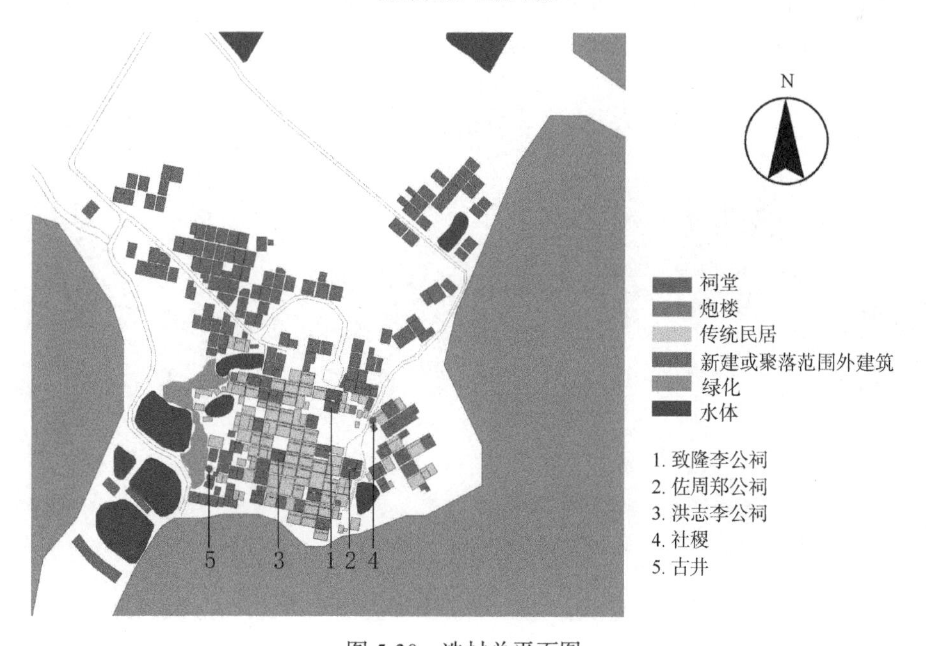

图 5-30　冼村总平面图

资料来源：周彝馨广府古建筑技能大师工作室（黄守彪绘）

击孔与燕子窝。第3座碉楼现存部分高3层，在聚落的中后部，防守聚落的后山部分。据形制猜测原来高于3层，是后世改动的结果。

图 5-31　冼村的3座碉楼

资料来源：周彝馨摄

5.2.8　广东云浮市新兴县车岗镇楪村碉楼

楪村因村中遍布楪树而得名。楪村始祖张善祐，当年从韶关珠玑巷因躲避战乱，一路逃难至此处，后世代相传，今已传至第二十二世。

楪村坐东朝西，背靠山岗，前面是水塘和农田。聚落为梳式布局，是典型的集聚型聚落（图5-32~图5-34）。聚落北部有一座5层高的碉楼，是整个聚落最重要的防御性建筑

图 5-32　楪村航拍图

资料来源：吕唐军摄

（图 5-35）。樑村碉楼建于民国，青砖瓦木结构，坐东朝西。碉楼面阔 11.3 米，进深 7.6 米，建筑占地面积达 85.9 平方米，由门楼、围墙、碉楼组成。前为门楼，硬山顶，人字山墙，石门框，有趟栊门，门楼山墙与围墙接连。进入门楼为碉楼主体，青砖墙，当前楼高 5 层，木板楼，四边墙体有炮洞、射击孔，炮洞和射击孔均为花岗石框。屋面为钢筋水泥，四周护栏用花瓶式装饰。据《新兴县志》记载，樑村碉楼原为 7 层建筑，在抗日战争时期，为避免目标过大被日机轰炸，拆去了 2 层。

图 5-33　樑村肌理

资料来源：吕唐军摄

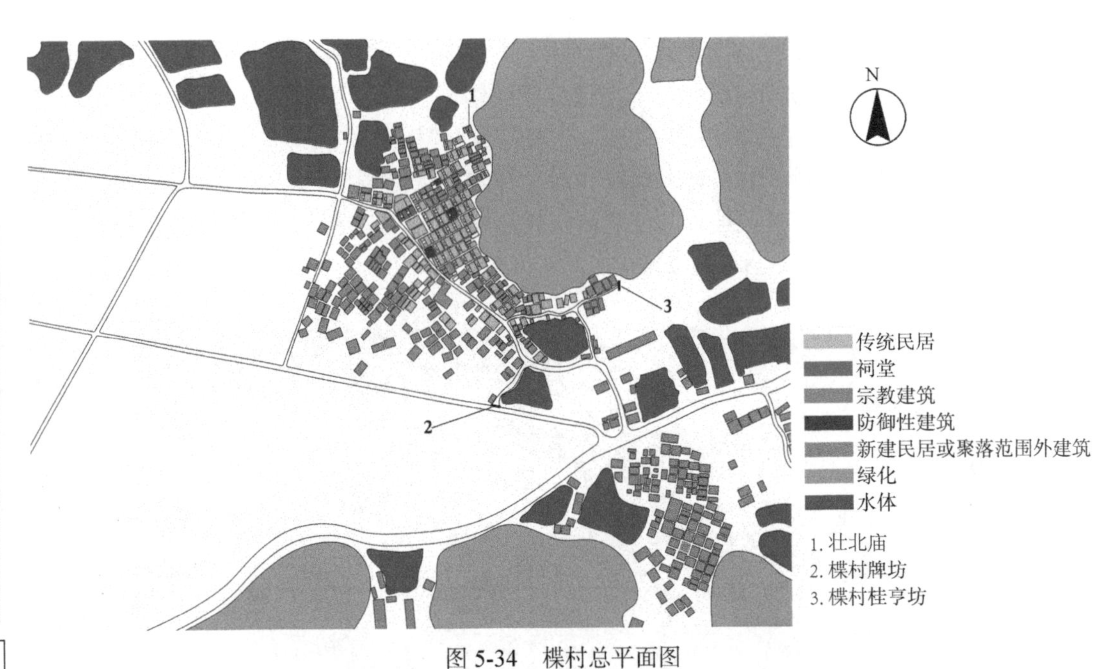

图 5-34　楪村总平面图

资料来源：周彝馨广府古建筑技能大师工作室（郑乃山、王彦祺绘）

图 5-35　楪村碉楼

资料来源：周彝馨摄

5.3 城墙、城门、瓮城与护城河

传统聚落的外围防护常模仿关隘、城池的做法，城墙、城门、瓮城与护城河等设施俱全，严密防御，环环相扣。

5.3.1 贵州黔东南苗族侗族自治州黄平县岩门司城（岩门司村）城墙与城门

岩门司城是自明代以来，贵州东部建设得最为完整和最为坚固的屯堡。

岩门司城坐北朝南，平面呈三角形，城垣全部石砌，周长1600多米，高3.33米，加上垛墙共高4.66米，墙厚2.67米（图5-36~图5-38），设有东、南、西3座城门（图5-39），其中南面城墙还有两个“过马门”，是专为骑马从此过的官军用的。北面靠山，城墙顺山势延伸而上，于高险处构筑炮台3座（图5-40），城门有楼，炮台有房，靠江还建有水关2座。此城的修建汇集了湖、广两地的能工巧匠，以糯米、桐油、石灰熬浆黏接，工艺精湛，结构坚固。

图5-36　岩门司城城墙

资料来源：吕唐军摄

图 5-37　岩门司城城墙上步道

资料来源：周彝馨摄

图 5-38　岩门司城城墙细部（炮洞、墙砖）

资料来源：周彝馨摄

图 5-39　岩门司城城门、水关

资料来源：周彝馨摄

图 5-40　岩门司城炮台

资料来源：周彝馨摄

5.3.2　贵州黔东南苗族侗族自治州剑河县柳基古城（柳基村）城墙、城门与炮台

柳基古城城墙依山而建，南高北低，用方形大青石料砌成，周长 1194 米，墙高 5 米，墙基厚 5 米，墙顶部厚 3 米，可供士卒在墙头自由行走，执行警械和作战任务。古城设有东、南、西、北 4 座城门，每座城门占地约 7.4 米 ×11 米，门通道约 3.5 米 ×7 米（图 5-41）。

门通道现在还可以看到装门板用的转轴圆孔，栅门用的方形栅孔。南门的通道是拐弯的，古人认为南门直通，城内易有灾祸，所以通道就拐了一个弯。整个城墙设有炮台6座（含南门台）（图5-42）。

图5-41 柳基古城城门（左上图北门为重修现状）

资料来源：周彝馨摄

图5-42 柳基古城炮台

资料来源：周彝馨摄

清咸丰年间，由于受苗族反清的战争破坏，除城门和炮台保持完整的大青石外，东西两侧及南方墙体多处可见各种不规则的砌墙石料，砌墙的质量也各不相同，有多次修补的痕迹。

5.3.3　贵州安顺市西秀区大西桥镇鲍家屯内瓮城

鲍家屯运用“八阵图”原理，结合地形，暗藏内外“八卦阵”。内八阵以大庙为核心（中军）、内瓮城为纽带，8条街巷、几百幢石砌建筑构成8个防御阵地。街巷设门，一道高大的石筑寨墙将八阵包围，形成城墙、瓮城、街阵、院落等多层防御体系（图5-43）。

内瓮城是鲍家屯军事防御体系的精华。瓮城指城门内外增修的小城，可作为古代守城备战的一道防线。瓮城常见，而内瓮城不多见。把瓮城设置在城门的里边，就有条件设置瓮洞，使守军的防御能力大增。鲍家屯的内瓮城是模仿南京聚宝门（今中华门）的瓮城模式而建。鲍家屯一大两小的三个长方形内瓮城，相互连接守望，形成“品”字布局。大瓮城四周有6道门，可以与屯中“八阵图”相连。鲍家屯内瓮城达到多重防御的目的，第一重防御是城门，第二重防御是大瓮城、小瓮城；第三重防御是六道门；第四重防御是碉楼和瓮城大炮。内瓮城的威力可见一斑。

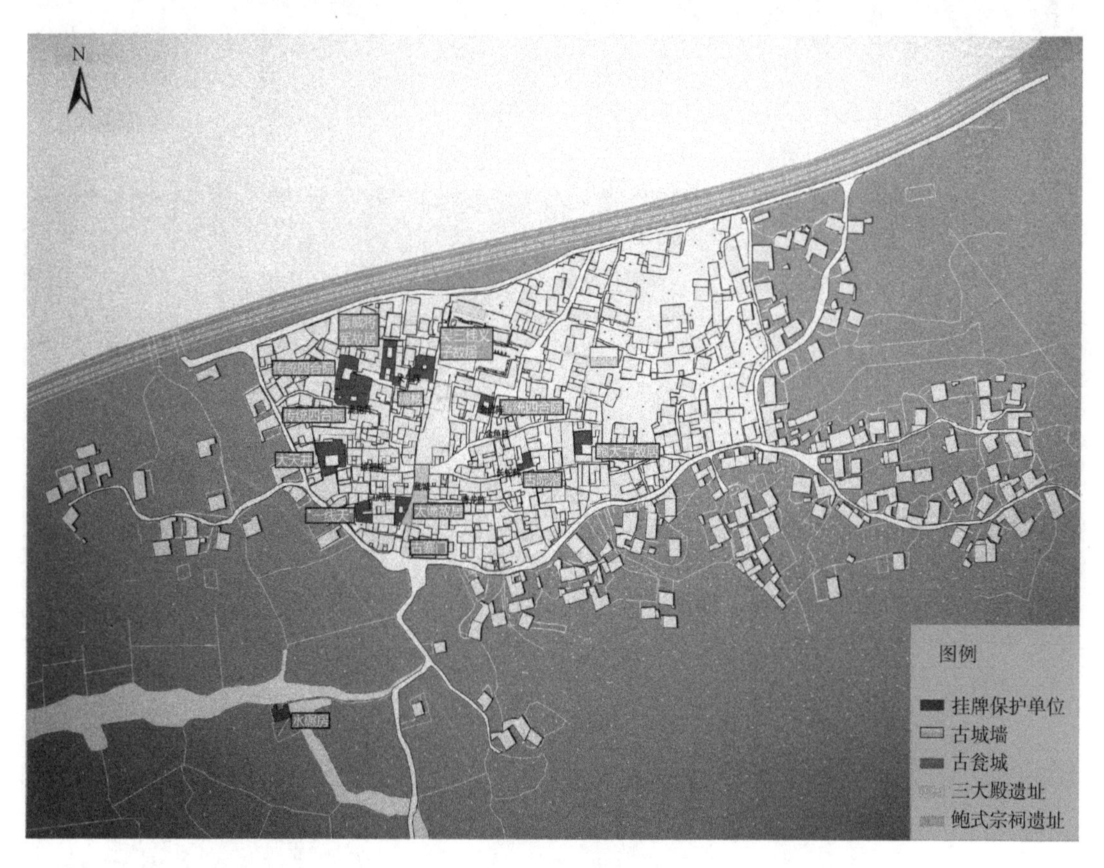

图5-43　鲍家屯内八阵

资料来源：鲍家屯旅游宣传版面

5.3.4　贵州贵阳市花溪区石板镇镇山村（布依族聚落）屯墙

镇山村屯墙依山而建，总长1600米，有石屯门2座。屯墙始建于明万历年间（1573~1620年），清代修葺，以大块规整的青石砌筑。虽大部分屯墙已经倒塌，但整个屯墙墙基全部保存。现位于屯堡正中的屯墙长700余米，高5~10米，基宽3~4米（图5-44）。屯墙厚3米，有战道等设施，设南、北2门（图5-45）并建有门楼。

图5-44　镇山村屯墙

资料来源：周彝馨摄

图5-45　镇山村寨门

资料来源：周彝馨摄

5.3.5 贵州安顺市西秀区七眼桥镇本寨屯墙

本寨寨内保存有防御工事的屯楼、屯门、屯墙等军事设施，寨门两边古寨墙向东西延伸（图 5-46）。石板小巷两侧是石筑的高耸围墙，围墙内是各个民居大院。

图 5-46 本寨屯墙

资料来源：周彝馨摄

寨内民居建筑群以三合院、四合院为主，每一个大院犹如一个自成一体的堡垒，外部有高大的石质墙垣包围。寨中的寨门、寨墙和建筑墙体上均开有“凸”形、“口”形观察孔和“一”“上”“十”“O”形射击孔。

5.3.6 广东肇庆市封开县杏花镇杏花村城墙

杏花村有一明代古城，仍有部分城墙与城门（图 5-47），是难得的古代民城标本。古城建于一个略为高起的小山岗之上。城墙随着地形蜿蜒，为不规则的长方形，长 140 米，宽 55 米，东北、西北两角略呈圆角，东南、西南两角为直角。现存砖砌城墙高度在 1.5~5 米。城开两门，一东一南，门亦为砖砌，门深 1.5 米，有城楼。门楼的正面及两侧均有瞭望窗。清嘉庆十三年 (1808 年) 重修了东门。

北更楼为封开县现存年代最早的碉楼建筑。楼高 3 层，砖木结构，与城墙同时修建，建于城墙边并凸出城墙外，便于防守，为当时城堡的制高点。楼由双层砖砌筑而成，外层

图 5-47　杏花村城墙、城门

资料来源：吕唐军、周彝馨摄

为烧制的青砖，内层为泥砖。青砖防雨水，泥砖韧性好，枪弹难以穿透。楼三面均布有数个射击孔，孔眼内宽外窄。当年日夜有人在楼上看守，发现情况即鸣锣击鼓。城内还有粮仓兼碉楼等建筑。两口与古城同时期的水井，其中一口紧靠外城墙而建，充分考虑紧急情况时取水的安全。

5.3.7　广东云浮市郁南县连滩镇西坝村光二大屋城墙

光二大屋城墙整体建筑呈方形，西北角凹入。城垣厚约 1 米，高 8~13 米。光二大屋最后一进顶层为碉楼（值班房），与城墙结合，为全屋制高点，高 20 米，可监视整体环境。墙垣顶部有环绕一圈的通道和瞭望台，通道穿越了后进碉楼（图 5-48）。光二大屋四角和两边都有城墙的垂直交通空间，战备状态下城墙防御成为一个紧密的整体（图 5-49）。在城墙上还布有 16 个射击孔。

图 5-48　光二大屋城墙上的通道

资料来源：周彝馨摄

图 5-49　光二大屋城墙内的垂直交通

资料来源：周彝馨摄

5.3.8　广西玉林市玉州区南江镇岭塘村朱砂垌客家围屋（客家聚落）护城河、城墙与瓮城

朱砂垌客家围屋南部有一条护城河（图 5-50），河宽数米。护城河旁城墙高 6 米，厚 0.7

米，有垛口，呈马蹄状环绕整个聚落，城墙上遍布射击孔并设有瞭望、射击用的碉楼，并有排水口以防水淹。整个布局犹如城池（图 5-51）。

城墙的西南和西北角各有一个大门，均做成瓮城的形态，瓮城内外两重门均成 90°转角，内外城均布有多个射击孔，布局极具军事特色（图 5-52）。

图 5-50　朱砂垌客家围屋南部护城河

资料来源：周彝馨摄

图 5-51　朱砂垌客家围屋围墙及其射击孔、排水口

资料来源：周彝馨摄

图 5-52　朱砂垌客家围屋的两个瓮城

资料来源：周彝馨摄

5.3.9　广西玉林市陆川县平乐镇长旺村客家围屋（客家聚落）前护城河

长旺村客家围屋建筑前均有水塘，其中一个围屋前水塘做成长条形环绕状，如护城河形态，被称为“金带环腰”，与围屋外的围墙相结合，固若金汤（图 5-53）。

图 5-53　长旺村客家围屋前护城河

资料来源：吕唐军摄

5.3.10　广西贺州市钟山县玉坡村（玉西村部分）护村石墙

玉坡村（玉西村部分）背靠大庙山与珠山为屏障，前以池塘为基础开挖壕沟，壕沟边砌护村石墙作防。村前一座门楼在西，一座门楼在南，门楼与坚固的护村石墙相配合。村后大庙山与珠山间形成的山坳，两旁为陡壁，中间平缓，山坳中设门楼和石墙，石墙延伸至两山峭壁之处；即使穿过山坳，还有村外厚重的石墙和寨门。石墙上均匀地布有射击孔(图5-54)。

图5-54　玉坡村（玉西村部分）护村石墙及其射击孔

资料来源：周彝馨摄

5.3.11　广西来宾市武宣县东乡镇下莲塘村刘统臣庄园外墙

刘统臣庄园外墙坚固厚实，与围屋围墙的做法一致，围墙上均匀地布有射击孔，军事特点十分明显(图5-55)。

图5-55　刘统臣庄园外墙及其射击孔

资料来源：周彝馨摄

5.4 门　　楼

5.4.1 广东肇庆市高要区回龙镇黎槎村里坊门楼（九里一坊）

黎槎村聚落外围有 10 座门楼，称九里一坊（图 5-56）。门楼多位于高大的平台之上，用花岗岩或红砂石砌筑基础（图 5-57）。

图 5-56　黎槎村里坊门楼示意图

资料来源：周彝馨广府古建筑技能大师工作室（叶达权绘）

图 5-57 黎槎村里坊门楼

资料来源：周彝馨摄

5.4.2 广东肇庆市高要区白土镇思福村门楼

思福村包含横岗村与长坑村两个自然村。长坑村有道路入口 2 个，现存门楼 11 座。横岗村聚落入口处有“志英夏公祠”，现存门楼 11 座（图 5-58~ 图 5-60）。

图 5-58 思福村门楼分布图

资料来源：周彝馨制作

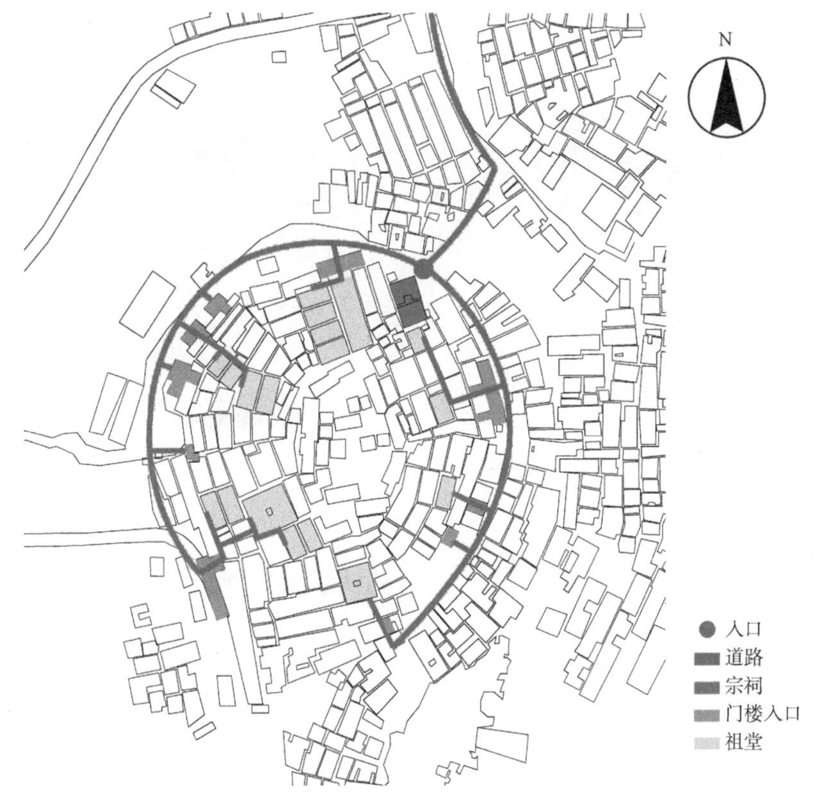

图 5-59　横岗村出入口与里坊门楼示意图

资料来源：周彝馨绘

图 5-60　思福村里坊门楼

资料来源：周彝馨摄

5.4.3　广东肇庆市高要区白土镇雅瑶村门楼

雅瑶村包括三个山岗，成品字形结构，据统计，现存门楼 13 座（图 5-61，图 5-62）。

图 5-61　雅瑶村门楼分布图

资料来源：周彝馨广府古建筑技能大师工作室（叶达权绘）

图 5-62　雅瑶村门楼

资料来源：周彝馨摄

5.4.4　广东肇庆市高要区回龙镇澄湖村门楼

澄湖村现存门楼 22 座（图 5-63）。门楼不仅位于聚落外围入口，在聚落内部的关键位置也设有部分门楼。

图 5-63　澄湖村门楼

资料来源：周彝馨摄

5.4.5　云南红河哈尼族彝族自治州建水县团山村寨门

团山村现存 3 个寨门。东寨门处于整个团山民居群的对外交通要冲，建于清光绪年间，建筑形制为三层牌坊式，单孔拱形大门，土木结构，门楼上布有射击孔（图 5-64）。北寨门处于团山村西北部，此处山青树碧，流水淙淙，故取名为“锁翠楼”（图 5-65）。北寨门建于清光绪三十年（1904 年），建筑形制为三层牌坊式，单孔拱形大门，门楼上布有射击孔，为团山民居的北部防御工事。南寨门建于清光绪三十年，建筑形制为碉堡式门楼，其内布有射击孔。

图 5-64　团山村东寨门

资料来源：周彝馨摄

图 5-65　团山村北寨门

资料来源：周彝馨摄

5.4.6　广西贺州市钟山县回龙镇龙道村各种类型门闸

龙道村是笔者调研过的门闸最多的一个聚落，聚落中大小门闸上百个。聚落入口有门闸，巷道内有门闸，庭院与巷道之间有门闸，住宅内更有多个门闸，可谓关卡众多，防备周全。门闸上下有方形或圆形的榫眼，上方下圆或者上圆下方，一一对应，以木柱子插入，横闩锁死，成为坚固的栅栏式大门（图 5-66）。

图 5-66　龙道村巷道中的门闸

资料来源：周彝馨摄

5.5　水源工程

5.5.1　贵州黔南布依族苗族自治州福泉市福泉小西门水城

福泉小西门水城被誉为“中国古代军事防御的绝妙之作”，精华之处在于“里三层，外三层，石墙围水小西门”，是结合了瓮城原理和水利工程的一项伟大的水利防御工事。

福泉是贵州开发较早的地区之一，殷周时期便为且兰国地。贵州自古是西南大通道，明代从湖广通往云南的大驿道上修建了许多卫所，它们承担着镇守军事要隘、保障驿道畅通的重任。在这条驿道上总共有 16 座卫城。福泉古城垣，就是当年的平越卫城。

福泉城建于明洪武十四年(1381 年)，由指挥李福垒土为城。明洪武二十四年(1391 年)改建为石城，周长 4700 米，墙高 7 米，厚 3 米。原有 4 座石拱的城门，3 座月城[①]。城垣建筑群，包括高大的墙体、城门、城楼、串楼、垛口、窝铺、月城、护城河、水关等。

明正统末年(1449 年)，苗民起义，围攻城池甚紧。城内仅靠一股小小的福泉和吊井，不能解决饮水问题。众多的兵士、百姓，以及战马和其他牲畜都被渴死，城池不攻自破。明成化二年(1466 年)，平越卫城的指挥张能便在西门外的沙河边建一水城，引河水入城，以便战时能到河中取水，但因开战时小西门水渠被堵，饮水问题依然无法解决。明万历三十一年（1603 年），贵州总兵安大朝、指挥使奚国柱、知府杨可陶吸取教训，在水城

①在城门外边还增加一个半月形的城墙，用来增强防御功能。

外又筑外城墙 183 米，在拦截河流的城墙上建上下两座三孔石拱桥，将一段沙河水包进城里，以防被敌军围困时城内水源断绝，至此终于完成了状若梯形防线，也形成了现如今的小西门水城。

小西门水城依山而建，城墙下犀江河水蜿蜒而过，由内城、水城、外城三部分组成一座瓮城；内城蜿蜒于两侧山腰之上，在两山腰结合处开一城门，曰“小西门”；水城呈三角形，城墙外围两侧与内城连接，上下相对高度数十米，邻近河道处开一小门，并从门侧城墙下修一暗沟，城墙外筑坝引水入暗沟进城内方井中，再从另一暗沟流出城外；外城又称外水城，城域呈半月形，一端接内水城，另一端与内城及内水城相接，将犀江围于城中，上下两座约 10 米高的三孔石拱桥卧于犀江上，桥上有墙体护城，桥侧有两道石拱门通往水城内外，上下拱桥既是桥梁，又是墙体，俗称“桥上城，城下桥”（图 5-67，图 5-68）。

图 5-67　福泉小西门水城总貌

资料来源：吕唐军摄

小西门水城外城的城墙与原来的古城墙连接在一起，沿着山岭伸进河水中，然后，又沿着对岸的山脊，蜿蜒盘旋，而河水则通过城墙脚下的孔道流进城中（图 5-69~ 图 5-71）。外城的城垣跨河而建，在水中建起了石拱桥。石拱桥一共有 3 个孔，长 25 米。为了防止敌人偷袭，在桥孔都安置了铁栅和闸门。外城的城墙上开着一道小门，有路通向城外。在外城中还建起了一道水坝，横跨在河上，这道水坝长 43 米，宽 6 米，高 2.6 米，方便人们行走，并且在水坝下设计了 5 个泄水孔，水量小时，河水从泄水孔中流过，水量大时（如洪水期间），河水就从水坝上涌过。

小西门水城在贵州乃至世界上都是罕见的。

图 5-68　福泉小西门水城鸟瞰图

资料来源：吕唐军摄

图 5-69　福泉小西门水城城墙

资料来源：吕唐军、周彝馨摄

图 5-70　福泉小西门水城城门和水门

资料来源：周彝馨摄

图 5-71　福泉小西门水城取水口

资料来源：周彝馨摄

5.5.2 贵州安顺市西秀区大西桥镇鲍家屯水利工程

鲍家屯水利工程是明初修建的“鱼嘴分流式”大型水利工程，原理与都江堰水利工程相似，被称为“黔中都江堰”，如今仍然发挥着灌溉功能，为600多户村民生产生活提供了用水保障，堪称奇迹。鲍家屯水利工程具备灌溉、防洪、生产、养殖、用水、排污、景观观赏、生态保护、安全防卫等功能，是贵州目前发现的唯一保存最完整并依然有效发挥水利功能的明代古水利工程。

鲍福宝是鲍家屯的创建者，也是鲍家屯水利系统的创建者。据鲍家屯人从“水仓”附近发现的一块“驿马井石碑”上的落款“大明庚午年立”推断，鲍家屯水利系统至今已有600多年的历史。

鲍家屯处于乌江上游支流型江河流域山间坝子间，地势呈西北高东南低。九溪河的支流大坝河自西南进入鲍家屯坝子，绕小菁山东流，经坝子东南流出，具有自流灌溉的水利条件（图5-72）。“水仓”是鲍家屯水利工程的“龙头”，也是最早修建的“拦蓄引水”工程。鲍家屯先人在这里筑起了一道既能拦水灌溉又能溢流泄洪的拦河坝，同时采用“鱼嘴分水”的方式，向下游“小坝湾”方向开了一条长1.33公里的新河，把上游河道一分为二，

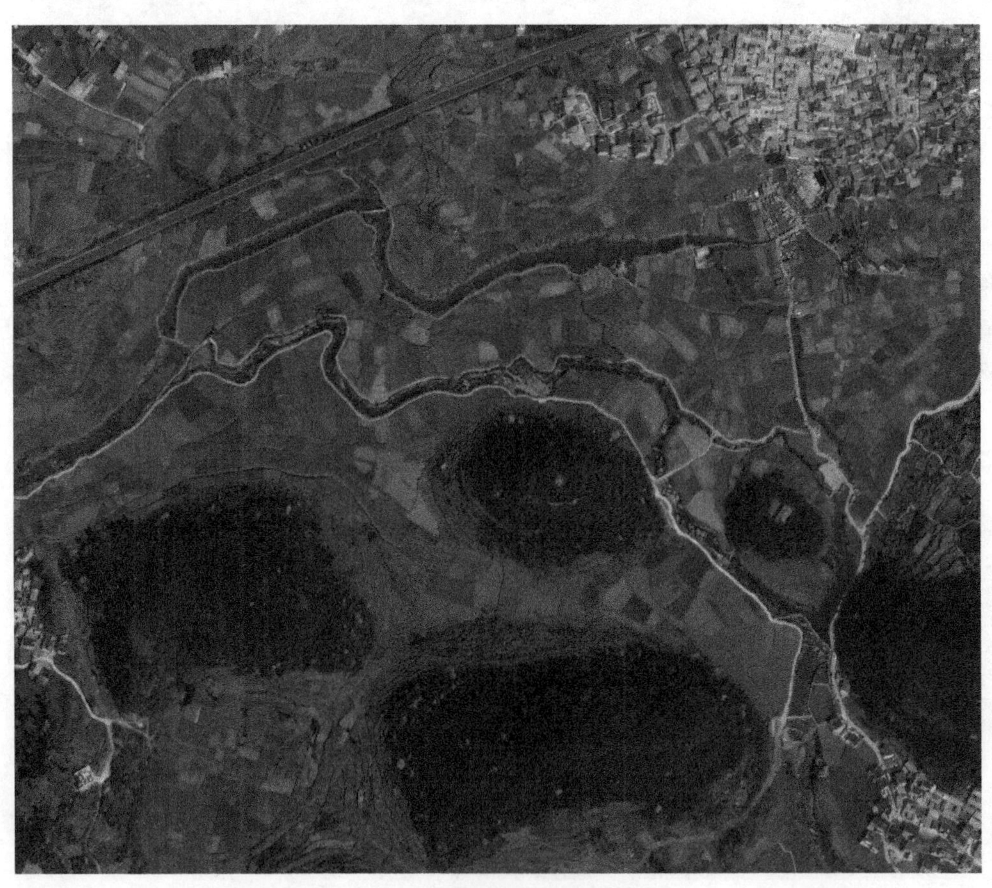

图5-72 鲍家屯水利工程卫星图

资料来源：邓敏华制作

形成“两河绕田坝”的态势（图 5-73，图 5-74）。顺河而下，又修建 5 座引水坝和 5 条引水渠，使大部分不同高程的 2300 亩田地都能得到自流灌溉。

鲍家屯 600 多年来从未遭受较大的洪涝和干旱，拦河坝的建造因势利导，和周围自然环境宛然一体，不但本村水土丰茂，相邻的几座村落也享受着拦河坝带来的便利。这项兴建于明代的古水利工程，是先人善于利用环境、塑造小气候的经典之作。S 形坝的修建透露出一种极简约的智慧：先在河口用泥巴修筑水坝，观察水流冲击的位置，几年后再用坚固材料重建，不需要复杂的工程模型。

图 5-73 鲍家屯水利工程“鱼嘴分水”总貌

资料来源：吕唐军摄

图 5-74 鲍家屯水利工程“鱼嘴分水”鸟瞰图

资料来源：吕唐军摄

工程技术方面，在坝型、分水配水设施及渠线规划中显现出中原水利技术的渊源。整个工程系统布局合理、设施简洁且功能完备，除灌溉外还具有供水、排洪、水力利用等功能，并为鲍家屯创造了风景秀丽的自然环境。

5.5.3 贵州黔东南苗族侗族自治州锦屏县隆里古城（隆里所城）七十二井

隆里古城对防御需要的水源、防火等特别重视。72口水井分布于各街巷和宅院，除了满足饮食、浣沐和消防需要外，还有一个重要的因素是军事需要。天井内放有青石制成的防火缸，内有暗沟以便排水。

5.5.4 广西桂林市灌阳县文市镇月岭村防御型井坪与水源系统

月岭村有先进的水源系统，每个大院都有古井、石盘洗衣、鱼池等，螺丝井、上井、双发井等著名古井遗留至今仍在使用（图5-75）。聚落中有多处井坪，既有取水引用处，亦有石盘洗衣处。

图5-75 月岭村螺丝井、双发井、上井

资料来源：周彝馨摄

聚落后部有一大型井坪非常特殊。井坪（图 5-76，图 5-77）为长方形，外部有方石累筑的墙垣，墙垣对外有射击孔，明显带有防御性，应为保护水源的军事措施。内部井分为三级，第一级为取水引用处，涌出之水流入第二级，为石盘洗衣处，再流入第三级流出井坪之外。如此具有高度防御性的井坪是作者目前仅见的唯一案例。

图 5-76　月岭村井坪

资料来源：吕唐军摄

图 5-77　月岭村村民在井坪中洗衣、洗菜场景

资料来源：周彝馨摄

5.5.5 广西南宁市宾阳县古辣镇蔡村蔡氏古宅中古井

为了战时水源的充裕，围屋内部必有井泉。蔡村蔡氏古宅也如此，在围屋围墙内有一大型古井（图 5-78），以砖砌通花栏杆围合，条石接替，旁有碑刻，都证明了该古井在围屋中的重要性。

图 5-78 蔡村蔡氏古宅中古井

资料来源：周彝馨摄

5.5.6 广西贺州市富川瑶族自治县朝东镇福溪村给水、排水系统

福溪村在村头有一处地下河涌泉，常年泉水不断，自北向南流动于山间，这条小溪原名沱溪，后来改称福溪。聚落顺应泉水资源，将水系引入聚落内部，沿巷道路边做成明渠，清澈的溪水在明渠中流淌，最后流出聚落灌溉田地。马殷庙前和濂溪祠前溪流位于泉水上游，聚落营造出开阔空间，以供居民洗涤之用，其他巷道边的明渠则可作为排水系统使用（图 5-79）。

图 5-79　福溪村给水、排水系统

资料来源：周彝馨摄

5.5.7　广东云浮市郁南县连滩镇西坝村光二大屋古井及其防御设施

光二大屋内部的古井位于建筑平面的凹空间中，三面均为墙壁，周边墙壁上均布满了射击孔，古井空间附近的墙壁上亦有多处射击孔（图 5-80）。可见对水源的安全防御极其谨慎。

图 5-80　光二大屋古井及其防御设施

资料来源：周彝馨摄

5.5.8 广东肇庆市高要区白土镇思福村的井和蓄水塘

思福村聚落外围有众多的池塘，多达十几个，可蓄水度过旱年。聚落中还开凿了大量的井，基本上每个支族均不止 1 口井，可适应水旱不均的气候。如图 5-81、图 5-82 为思福村的井及其分布示意图，聚落分布有 10 口井。

图 5-81 思福村井分布示意图

资料来源：周彝馨制作

图 5-82 思福村的井

资料来源：周彝馨摄

5.5.9 广东肇庆市高要区白土镇雅瑶村的井和蓄水塘

雅瑶村聚落外围有河流，并有众多的池塘，可蓄水度过旱年。聚落中还开凿了 4 口井（图 5-83）。

图 5-83 雅瑶村井分布示意图

资料来源：周彝馨广府古建筑技能大师工作室（叶达权绘）

5.6 防水灾设施

西江流域的传统聚落具体运用了高、坚、防、导、蓄的防洪方略。

高：聚落选址于小山岗或山地上，许多西江流域地区的村名就显示了其地形特征，如蚬岗、茶岗、腰岗、横岗等。高要地区的"八卦"形态聚落很有代表性，据统计，"八卦"形态聚落多数位于小山岗之上，并且外围多数有 2 米以上高的台基，聚落入口筑于台基之上，使整个聚落免受洪涝侵袭；同时利用山地高差，以最快的速度排走降水。

坚：洪水线以下构筑物皆以天然石或青砖砌筑，坚实不怕洪水冲击浸泡。鉴于此西江流域地区的聚落和建筑地基，多以红砂岩、咸水石、花岗石或青砖铺设。

防：聚落外围建筑下部封闭不开门窗，类似于城墙碉堡。聚落外围入口有门可以关闭御水。

导：以“八卦”形态聚落为例，道路系统与等高线垂直，每一条放射形道路上都设有青石板砌筑的明渠或暗渠，充分利用聚落中间高四周低的地形特点，以最短时间疏导雨水，避免降水滞留影响道路、建筑地基。巷道都用鹅卵石或红砂岩铺砌路面，可以防水和保护路基。

蓄：西江流域很多聚落周边水网密布，不少村名也反映出这一特点，如镇洲、龙沙、龙湾塘、波西、牛渡头等。聚落通常利用周边水道、鱼塘作护村池塘，兼有调蓄雨水、防御、风水、养殖等功能。唐代开始端州（今广东肇庆）就有池塘放养家鱼，是土地利用的一个新方向。

（1）广东肇庆市高要区回龙镇黎槎村排水系统

从地名学上分析，高要这个地名是典型的因水为名的命名方式，可见水对此地区的深远影响。“八卦”形态聚落所在地区是新兴江与宋隆河流域，多为河谷平原或珠江三角洲河网地带。

黎槎村是高要地区典型的“八卦”形态聚落。“八卦”形态是最快捷有效的排水系统形态，山岗中间高、四周低，要最快地疏导雨水，最有效的是与等高线垂直的、呈放射状的排水系统。“八卦”形态聚落的主要道路设置与排水系统直接相关，基本按照最有效的排水系统形态安排。巷道上都用咸水石或红砂岩铺砌路面，有防水的作用。聚落的主要道路呈放射状，所有干道均以咸水石、红砂岩和花岗石铺设排水明渠或暗渠，形成了完善的排水系统（图 5-84，图 5-85）。

图 5-84　黎槎村排水系统分析图

资料来源：周彝馨制作

图 5-85　黎槎村道路旁的排水明渠

资料来源：周彝馨摄

（2）广东肇庆市高要区蚬岗镇排水系统

蚬岗镇也是高要地区典型的“八卦”形态聚落。聚落依岗而建，周边有 12 个水塘。聚落的主要道路呈放射状，所有干道均以咸水石、红砂岩和花岗石铺设排水明渠或暗渠，形成了完善的排水系统（图 5-86）。

图 5-86　蚬岗镇排水系统分析图

资料来源：周彝馨制作

（3）广东肇庆市高要区白土镇思福长坑村的高台基

思福长坑村也是高要地区典型的“八卦”形态聚落。聚落周边有河流、鱼塘，鱼塘有 1000 亩。1949 年以前，每年的洪水季节长坑村被洪水淹浸的深度约为 4 米。因此长坑村外围的平台（地基）高度约为 4.2 米，并以质量良好的石料与青砖砌筑，洪涝淹浸线以下的台基以当地的毛石砌筑，而洪涝淹浸线以上的台基则以青砖砌筑，以防止水灾对聚落台基的破坏（图 5-87）。据老年人回忆，当年洪涝灾害时，对外交通只能依靠船舶，台基外的阶梯就成为船舶的临时渡口。

长坑村也像其他“八卦”形态聚落一样，聚落内的排水明渠或暗渠与等高线垂直，形成了完善快捷的、呈放射状的聚落排水系统。

图 5-87 思福长坑村外围高台基

资料来源：周彝馨摄

（4）广东云浮罗定市素龙街道凤阳村（羊塘头村）的排水明渠系统

凤阳村又名羊塘头村，位于罗定盆地中心地带。聚落由明嘉靖元年（1522 年）凤阳村籍陈氏族人——广西南宁府宣化县知县陈宾所建，后经陈氏子孙不断发展，逐渐成为明清时期罗定州城周围著名的“三头两赤”5 个古村之一。聚落核心区域面积有 5000 多平方米，聚落中大石铺砌的两条古街长达 1000m（图 5-88）。

凤阳村的排水明渠系统相当发达，不同时期的排水明渠以不同的材料砌筑，最早的是以红砂岩砌筑的排水明渠，时间大约为明末清初；后期有以花岗石和青砖砌筑的排水明渠。渠道沿路边和民居之间的空隙展开，顺应地形高差，布局优越、渠道宽敞、砌筑工艺非常高（图 5-89~ 图 5-91）。

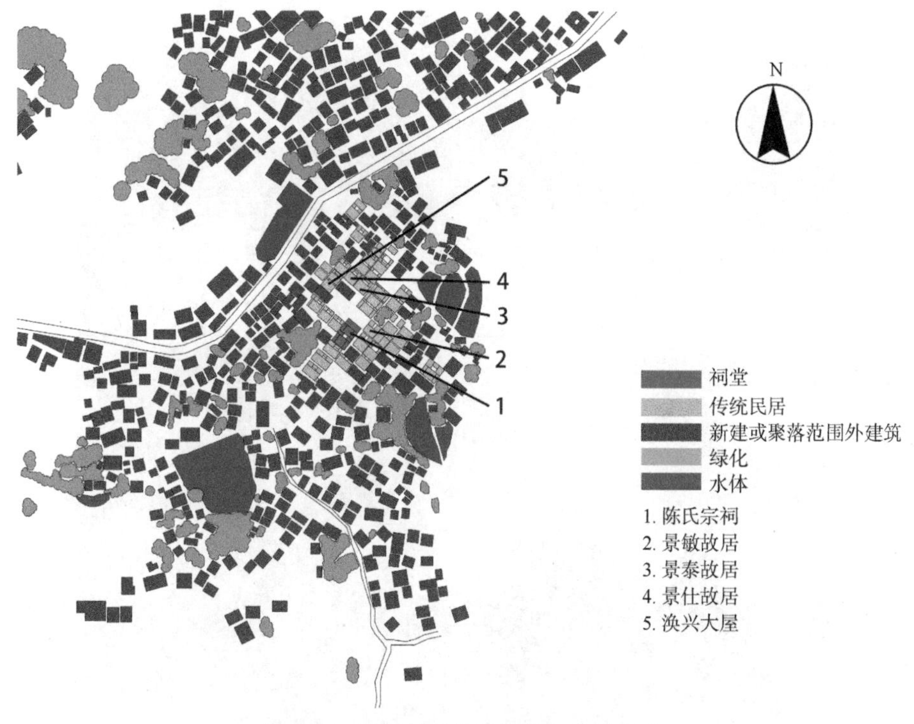

图 5-88 凤阳村（羊塘头村）总平面图

资料来源：周彝馨广府古建筑技能大师工作室（马桂梅、黄俊杰绘）

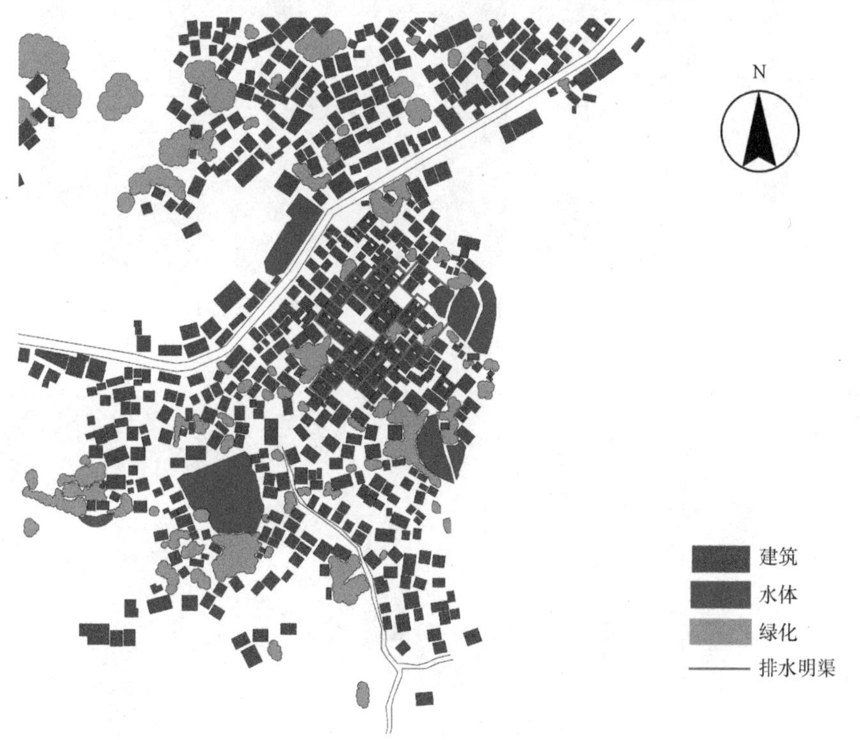

图 5-89 凤阳村（羊塘头村）排水明渠分布示意图

资料来源：周彝馨广府古建筑技能大师工作室（马桂梅、黄俊杰绘）

图 5-90　凤阳村（羊塘头村）排水明渠系统 1

资料来源：周彝馨摄

图 5-91　凤阳村（羊塘头村）排水明渠系统 2

资料来源：周彝馨摄

5.7 防火灾设施

（1）贵州黔东南苗族侗族自治州从江县往洞镇增冲侗寨（侗族聚落）水网

增冲侗寨位于增冲河急拐弯处的河流凸岸，三面环水，形如半岛，增冲河成为其天然的护城河，寨中沟渠交错，池塘星罗棋布，水源充足。

增冲侗寨从村头引入增冲河水，寨内水渠网络密布，河边建有防洪堤和码头，历经数百年仍然功能完好。纵横的水渠网络还暗含八卦玄机，亦为全村的防火水渠，与村中多处水塘结合防火（图 5-92）。完好的消防设施使增冲侗寨数百年来未发生过一起火灾，百余年来亦无水患。这在整个以木构建筑为主体的侗族地区堪称奇迹。

图 5-92　增冲侗寨水网图

资料来源：底图引自《贵州传统村落（第一卷）》328 页（黄俊杰制作）

（2）贵州黔东南苗族侗族自治州锦屏县文斗村蓄水防火

文斗村中有魁星塘，并现存 10 多口太平缸。魁星塘为朝玺公一族来此定居后修造的，发挥了蓄水防火、养鱼栽藕、美化寨景、关锁风水的作用。太平缸以青石板砌筑，呈方体或长方体等形状，可提供消防用水和生活用水，一般设置于大户人家的天井、寨子中间位置和住户特别密集的地方。

（3）广东佛山市三水区乐平镇大旗头村的火巷

大旗头村是典型的梳式布局聚落，其建筑布局非常重视防火。每两列建筑之间设一小巷，称为里，古称火巷，既为聚落中的主要交通道路，也为隔离两列建筑的防火距离。大旗头村火巷旁的建筑更以镬耳式封火山墙来进一步防备火势的蔓延。

5.8 储粮设施

各地的粮食储存方法各有不同，但储粮设施均为聚落建设的重点。

贵州的苗寨和侗寨家家户户都靠禾仓储存粮食，禾仓一般建于水上。放置谷物的地方，大约高出水面1米。这样的禾仓设计简单，却具有防盗抢、防火、防鼠、防蚁虫等功能。同时也有建于山地的禾仓，也是干栏建筑的形态。

广东地区潮湿，因此粮仓做得高大结实，一般在两层以上，以砖石建筑为主。

（1）贵州黔东南苗族侗族自治州雷山县大塘镇新桥村（苗族聚落）水上粮仓

新桥村为苗族聚落，聚落三面环山，前有小河流过，聚落内建有水上粮仓44座，修建粮仓的历史已超过600年。

新桥村水上粮仓群位于寨子中央的低洼处，为寨中核心保护部分，周边的民居建筑将其团团围住，可防盗抢。整个新桥村以水上粮仓群为中心，呈辐射状布局(图5-93~图5-95)。

图5-93 新桥村航拍（核心部分为水上粮仓）

资料来源：吕唐军摄

寨中中央为面积3000多平方米的水塘，水不深，47座粮仓组成的粮仓群就建于水塘之上，仓底距离水面约2米（图5-96，图5-97）。粮仓群整齐地排列分布在水塘中，数条小道穿行其间，过道以鹅卵石铺砌。粮仓为二层干栏建筑，建于水塘之中，大部分面阔二间、进深一间，面积约25平方米，高3.5~4米，为穿斗式吊脚楼，以青石块垫脚，6根木柱置于

图5-94　新桥村总体布局（核心部分为水上粮仓）

资料来源：吕唐军摄

图5-95　新桥村水上粮仓群

资料来源：吕唐军摄

图 5-96　新桥村水上粮仓群入口

资料来源：周彝馨摄

图 5-97　新桥村水上粮仓细部

资料来源：周彝馨摄

石墩上，在距离水面1.5米处凿榫穿木枋，再装楼板及板壁，小青瓦或杉木皮顶。每座粮仓可储粮约5000千克。平时仓门关闭，粮仓与道路分离，靠活动木梯攀登进入。

据考证，这一独特的建筑至今已有600多年历史，目前主要分布在黔东南苗族侗寨自治州的雷山、从江、榕江等县的苗族、侗族村寨，黔南布依族苗族自治州亦有少量分布。

水上粮仓群建筑的粮食储备思路简明直接，与贵州其他民族地区的粮仓建筑存在着显著区别，同时具备防盗抢、防火、防鼠、防蚁虫等功能，是少数民族智慧的结晶。历史上新桥村经过两次大火灾，粮仓却保存良好。新桥村的水上粮仓群被建筑专家称赞“罕见的建筑风格，举世无双”。

（2）贵州黔东南苗族侗族自治州黎平县茅贡镇额洞村（侗族聚落）山地禾仓群与水上禾仓群

额洞村（图5-98）有禾仓275栋。部分禾仓群建于山地上，部分禾仓群则建于水塘中。额洞村是山地禾仓群（图5-99）与水上禾仓群（图5-100）皆有的典型聚落。

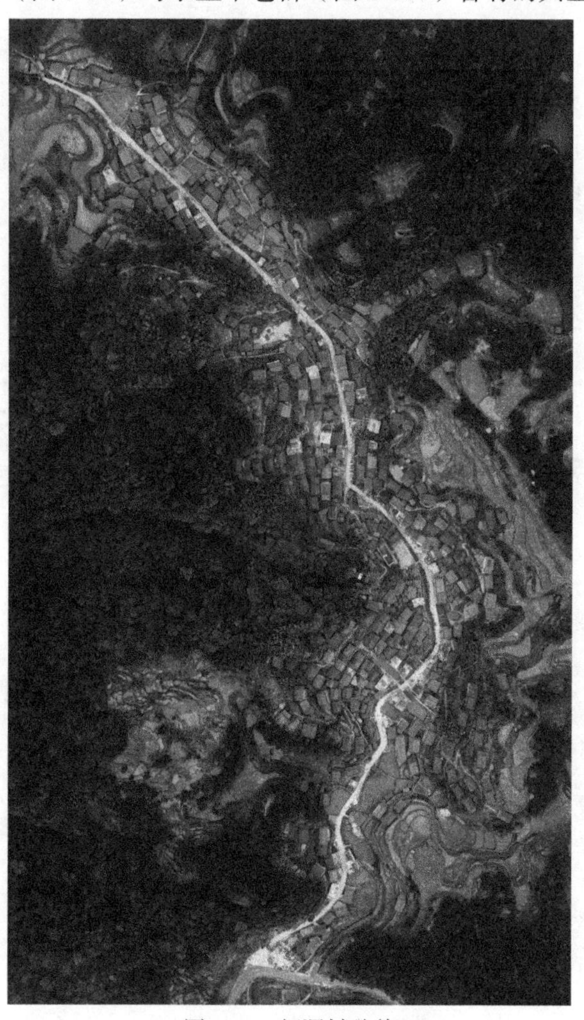

图5-98　额洞村总貌

资料来源：吕唐军摄

图 5-99　额洞村山地禾仓群

资料来源：周彝馨摄

图 5-100　额洞村水上禾仓群

资料来源：周彝馨摄

（3）贵州黔东南苗族侗族自治州黎平县茅贡镇地扪侗寨（侗族聚落）山地禾仓群与水上禾仓群

地扪，是根据侗语音译的地名，直译为泉水源源不断的水源头，音译为村寨发祥、人丁兴旺的地方。地扪侗寨（图 5-101）距离清水江源头之一 4 公里，侗寨面积为 22.1 平方公里，耕地面积为 1667.3 亩。全村都是侗族，90% 是吴姓，吴姓在元末明初移居地扪。在民国时期有几户外姓搬迁至地扪居住。地扪人的祖先原本生活在珠江下游，后来为避战乱便溯江而上，几经迁徙，于唐代来到地扪定居。他们勤劳耕作，丰产足食，人丁兴旺，不久便发展至 1300 户，此时村寨无法容纳更多人丁，村民才开始往周边迁徙。这 1300 户就是最早的“千三”侗族，而地扪就是“千三”的总根，至今仍有“千三侗寨”之称。

地扪的百年禾仓群有 400 多座，其中大部分建于清朝嘉庆、光绪年间，是国内目前保存最完好、最大的百年禾仓群。部分禾仓群建于山地上（图 5-102），在聚落与后山之间，部分禾仓群则建于水塘中。地扪侗寨是山地禾仓群与水上禾仓群皆有的典型聚落。

图 5-101　地扪侗寨总貌

资料来源：毛梅倩制作

图 5-102　地扪侗寨山地禾仓群

资料来源：周彝馨摄

（4）贵州黔东南苗族侗族自治州黎平县茅贡镇流芳村（侗族聚落）水上禾仓群

流芳村（图 5-103）约形成于清康熙年间，村寨坐落在青山脚下，共有两座寨门，通过花桥有一条鹅卵石铺成的花街小路过前门而入寨内。聚落内有多个禾仓群（图 5-104，图 5-105），百年禾仓有6座，古井有4口，始建于清康熙年间的鼓楼有1座，另有萨岁坛、古道、老寨门、石板桥及明代农民起义军领袖吴勉曾驻扎的吴勉洞等。

图 5-103　流芳村总貌

资料来源：毛梅倩制作

图 5-104　流芳村水上禾仓群

资料来源：吕唐军摄

图 5-105　流芳村水上禾仓群局部

资料来源：吕唐军摄

（5）贵州黔东南苗族侗族自治州黎平县岩洞镇岩洞村（侗族聚落）大型禾仓

与其他侗族聚落的分散型的小型禾仓相比，岩洞村是集中型的大型禾仓，并且设置于靠农田的位置（图 5-106，图 5-107）。

图 5-106　岩洞村总貌

资料来源：吕唐军摄

图 5-107　岩洞村大型禾仓

资料来源：周彝馨摄

（6）广东云浮罗定市黎少镇榃濮村梁家庄园粮仓

在梁家庄园东部，“九座屋”东侧百米处有一列粮仓共4座，每座都有7个仓，中仓有券门，各座粮仓间有天井廊庑（图5-108，图5-109）。仓为两层，上层有天桥相通，下层底部用泥砖加厚，仓的东面与晒地相连，晒场与各仓之间都有桥台相连，桥台底下有巷道，粮仓东南西北均有碉楼，晒场与仓库均有门楼，红石台阶与码头相连。

图5-108　广东云浮罗定黎少镇榃濮村梁家庄园粮仓鸟瞰图

资料来源：吕唐军摄

图5-109　广东云浮罗定黎少镇榃濮村梁家庄园粮仓

资料来源：周彝馨摄

6 建筑单体防灾设施

6.1 门　　闸

（1）广西贺州市钟山县回龙镇龙道村建筑门闸

龙道村庭院与巷道之间有门闸，住宅内更有多个门闸，可谓关卡众多，防备周全。门闸上下有方形或圆形的榫卯位置，上方下圆或者上圆下方，一一对应，以木柱子插入，横闩锁死，成为坚固的栅栏（图 6-1，图 6-2）。

图 6-1　龙道村院落与巷道之间的门闸

资料来源：周彝馨摄

图 6-2　龙道村的入户门闸

资料来源：周彝馨摄

（2）广西贺州市钟山县燕塘镇玉坡村（玉西村部分）建筑门闸

玉坡村（玉西村部分）与龙道村类似，有多处门闸，户内的门闸保留得比较好，还有木栅栏留存（图 6-3）。

图 6-3　玉坡村（玉西村部分）门闸拆解示意

资料来源：周彝馨摄

6.2 走 马 廊

考虑到战时快速交通和掩护人员转移的需要，部分防御建筑之间，或者防御建筑与其他建筑之间，设计建造了走马廊这种军事构造。走马廊一般位于二楼以上，直通军事建筑内部，密封不开窗户。外部入侵者既不容易攻破，亦不知道内部人员的情况。

（1）广西桂林市阳朔县朗梓村瑞枝公祠－状元宅建筑群中的走马廊

朗梓村瑞枝公祠－状元宅建筑群中，就有走马廊这种军事构造。走马廊附着在高大的外墙上，全木结构，全封闭，外墙一边有射击孔，在祠堂与碉楼之间起连接作用（图 6-4）。

图 6-4　朗梓村瑞枝公祠－状元宅建筑群中的走马廊

资料来源：周彝馨摄

（2）广西桂林市全州县石塘镇沛田村桐荫山庄中的走马廊

桐荫山庄住宿厅为两层中西结合楼房，与绣花楼之间有走马廊。走马廊原为封闭结构，由于日久天长，木头腐朽脱落，可看到其内部结构中的两个对外的射击孔。通过内外对比，发现射击孔在外部非常狭小，在建筑装饰线上，隐蔽得非常好，几乎不可察觉（图 6-5）。

图 6-5　沛田村桐荫山庄走马廊及其上射击孔

资料来源：周彝馨摄

6.3　瞭望孔、射击孔、炮洞、狗洞

射击孔、瞭望孔是最常见的军事防御设施，其可以与各种建筑类型结合，包括墙垣、门楼、碉楼、民居等，一般为整块石头打凿，镶嵌于关键防御的位置，洞口内大外小，剖面成梯形。射击孔与垛口、燕窝、阁楼等各种建筑构造相结合，可以扫射任何方向，包括可以居高临下地扫射下方空间。

（1）贵州安顺市西秀区大西桥镇鲍家屯的射击孔

鲍家屯在各个门楼、巷道和对应关键交通位置的建筑上，都布置了瞭望孔和射击孔（图 6-6）。

图 6-6　鲍家屯的瞭望孔和射击孔

资料来源：周彝馨摄

（2）广西桂林市灌阳县文市镇月岭村的射击孔

月岭村中通道边处处布置了射击孔。射击孔以整块石头挖洞制作，镶嵌于砖墙中，而且射击孔方向还依据对应的道路而改变，非常重视实战能力（图 6-7）。

图 6-7　月岭村面向来敌方向的射击孔

资料来源：周彝馨摄

（3）广西桂林市阳朔县朗梓村瑞枝公祠－状元宅建筑群中的射击孔

朗梓村瑞枝公祠－状元宅建筑群中，在不同的地方有多处不同的枪眼、箭洞，并充分重视门楼的防御性，在门楼建筑门框上设有众多不同形态的射击孔（图 6-8，图 6-9）。

图 6-8　朗梓村西北角碉楼上的射击孔

资料来源：周彝馨摄

图 6-9　朗梓村瑞枝公祠－状元宅建筑群门框上的射击孔

资料来源：周彝馨摄

（4）广西贺州市昭平县樟木林镇新华村田洋（石城）客家围屋射击孔

新华村田洋（石城）客家围屋的外墙各处遍布射击孔，每隔一定距离分布，高低不同时形状也不一样，高处为三角形射击孔，低处为长条形射击孔。大门处尤其考究，面对门前的不同方向同时开设了不同的射击孔（图 6-10）。

图 6-10　新华村田洋（石城）客家围屋遍布外墙的射击孔

资料来源：周彝馨摄

（5）广西来宾市武宣县东乡镇下莲塘村刘统臣庄园射击孔

刘统臣庄园的围墙、主楼、岗楼等建筑上均布有射击孔，甚至内部房间之间亦有射击孔，军事特点十分明显（图 6-11）。

（6）广西玉林市陆川县长旺村围屋的射击孔和炮洞

长旺村围屋不仅有各式射击孔，而且在建筑底部有整块石料做的炮洞（图 6-12）。射击孔形状分为长条形和葫芦形。

图 6-11　下莲塘村刘统臣庄园射击孔

资料来源：周彝馨摄

图 6-12　长旺村围屋的射击孔和炮洞

资料来源：周彝馨摄

（7）广东云浮罗定市金鸡镇大垌八角村八角楼射击孔

八角楼四周遍布射击孔，射击孔形状特别，内外差异巨大。射击孔在碉楼外部成长条形，在墙体中截面呈喇叭形，内部上方呈半圆形（图 6-13）。射击孔内部非常宽敞，扫射角度很大。

图 6-13 八角村八角楼射击孔

资料来源：周彝馨摄

（8）广东云浮市郁南县连滩镇西坝村光二大屋射击孔

光二大屋的城垣、碉楼、中路建筑、巷道、从屋等地方都布置了不同的射击孔。其第一进院落周边的正房和从屋上就有大量射击孔（图 6-14~ 图 6-16），城垣上也有 16 个射击孔。

图 6-14 光二大屋中路第一进建筑上的大量射击孔

资料来源：吕唐军摄

图 6-15　光二大屋第一进院落从屋上的大量射击孔

资料来源：周彝馨摄

图 6-16　光二大屋的各类型射击孔

资料来源：周彝馨摄

（9）广东云浮市郁南县大湾镇五星村（大湾寨）围屋射击孔、狗洞

五星村围屋在各个关键的防御部位布置了相同类型的射击孔，均为红砂岩石块制作，中间开竖向长方形射击孔，并于多个门闸下方设置了以红砂岩石砌筑的狗洞（图 6-17，图 6-18）。

图 6-17 五星村围屋射击孔

资料来源：周彝馨摄

图 6-18 五星村围屋射击孔与狗洞

资料来源：周彝馨摄

6.4 燕子窝（角堡）

燕子窝原来指碉楼上部的四角建有的突出悬挑的全封闭或半封闭的角堡，这些角堡内开设了向前和向下的射击孔，可以居高临下地射击敌人。这种构造一般见于广东地区的传统建筑，被广泛应用于民居或其他建筑需要防御的方位，形态多变，关键是在建筑中突出悬挑，可以向下开设射击孔。

（1）广东云浮罗定市双东镇大同管理区倒流榜村建筑上的燕子窝

倒流榜村建筑群外围，为了满足防御需要在原建筑上增建了1座碉楼，其上有燕子窝，形态突出。该燕子窝呈方形，全封闭，三面和下方均有射击孔（图6-19，图6-20）。

图6-19　倒流榜村鸟瞰图

资料来源：周彝馨摄

（2）广东云浮市云城区南盛镇大田头村碉楼与民居上的燕子窝

大田头村原有5座碉楼，建筑群内有多个围屋。其中2座碉楼四面都设有燕子窝构造。部分民居的角部也设有燕子窝构造，燕子窝上的射击孔正对着道路（图6-21），机巧非常。

图 6-20 倒流榜村燕子窝

资料来源：周彝馨摄

图 6-21 大田头村碉楼与民居上的燕子窝

资料来源：周彝馨摄

（3）广东云浮市云城区腰古镇冼村碉楼上的燕子窝

冼村共有 3 座碉楼，其中 2 座高耸的碉楼分布在聚落东北角和西北角两翼，面临田野，俯瞰着聚落前面的广袤平原，高 6 层，四面皆有射击孔与燕子窝（图 6-22）。

图 6-22　冼村碉楼上的燕子窝

资料来源：周彝馨摄

6.5　防水、排水设施

（1）广东云浮市郁南县连滩镇西坝村光二大屋的围屋防水措施

光二大屋立于南江畔的滩涂之上，每年南江水涨难免被淹。光二大屋的门可插三层木板，木板之间可灌泥夯实，木板、水、泥土可共同作用抵挡洪水压力；光二大屋多个楼梯处设有木制抽水车装置，可将屋里的积水及时抽排到外面；在出现外洪内涝时，人们可从一楼搬到二楼居住，二楼房与房相通，并设置了许多铁环，可拴备用的小船，以船为交通工具。据说，离光二大屋仅 80 多米的南江河在 20 世纪 60 年代洪水暴发时，西坝村的村民都到大屋躲避水灾。

（2）广东云浮市郁南县大湾镇五星村（大湾寨）围屋排水孔、排水明渠和暗渠

五星村围屋在各个天井的地坪都设置了排水孔、排水明渠和暗渠。其排水孔的式样讲究，有做成蝙蝠、麒麟等瑞兽的，也有做成金钱和花朵等纹样的（图 6-23）。

图 6-23　五星村（大湾寨）围屋排水孔、排水明渠和暗渠

资料来源：周彝馨摄

（3）广西贺州市八步区莲塘镇仁冲村江氏客家围屋群（客家聚落）天井排水明渠和暗渠

江氏客家围屋建筑内部天井采用排水明渠和暗渠相结合的排水方式（图 6-24），排水系统非常科学，不管多大的雨，屋内也不会积水。围屋中的 18 口天井历时 100 多年，下水道却未翻修过，一直排水良好。

图 6-24　仁冲村江氏客家围屋群（客家聚落）天井排水明渠和暗渠

资料来源：周彝馨摄

6.6　防火设施

广东云浮市郁南县连滩镇西坝村光二大屋的大门灭火装置见图 6-25。光二大屋的三个大门都有防御火攻的功能，大门上方的墙体内部有输水渠，木门上方有缝隙和出水口可以向下输水灭火。

图 6-25　光二大屋大门灭火装置

资料来源：周彝馨摄

7 聚落防灾信仰与心理补偿

千百年来，前人在不断开发西江流域的过程中，不断地遭遇艰辛的生存环境。西江流域传统聚落的先人在漫长的岁月里，不断地与自然灾害和生老病死作顽强抗争。在极其艰苦的生存斗争中，不同地域与族群形成了不同的信仰。在科学不发达的古代，族群求助虚幻的精神力量来战胜灾难，因而产生了各种膜拜的偶像和防灾的信仰，从而得到精神上的支撑和族群的团结。西江流域是多神信仰的典型区域，社稷、儒释道信仰、民间神祇等遍布各地，并且有强大的兼容性，和谐共存。

另外，由于人力不可胜天，一直存在着前人无法解决的灾难问题，或者存在着灾难过后的心理创伤需要抚平，族群精神上需要多样的心理补偿。因此，聚落中有多种心理补偿的方式，如西江流域传统聚落中常见的石敢当和各种辟邪的神物，就是先人对对冲空间的敬畏与崇拜的表达。

7.1 石 敢 当

石敢当为民间的一种厌胜禁邪物，以石碑、石块或小石人、石狗等立于桥道要冲、建筑宅院外墙正对街衢巷口之处，可镇鬼禳灾。西江流域传统聚落中到处可见石敢当。石敢当位于聚落的对冲空间中，主要分布在道路交叉的空间和建筑的阳角处。建筑面对道路的墙脚或门边常砌有作为石敢当的花岗石条，聚落的异形空间、对冲空间中，也有专门树立的石敢当石碑，重要的石敢当石碑上一般书写文字“泰山石敢当”，表现出先人对聚落对冲空间的重视和思考。

（1）广西桂林市灌阳县文市镇月岭村石敢当

月岭村石敢当数量非常多，布置方式多样，有位于巷道对冲空间的尽端的，也有位于房屋与道路空间对冲的部位。比较有特色的是，月岭村部分石敢当是置于建筑外墙上方的，与其他地区置于建筑外墙下方不同（图 7-1）。

（2）广东佛山市顺德区杏坛镇古朗村石敢当

图 7-2 是古朗村石敢当分布示意图。古朗村有众多的石敢当（图 7-3）。

图 7-1　月岭村的石敢当

资料来源：周彝馨摄

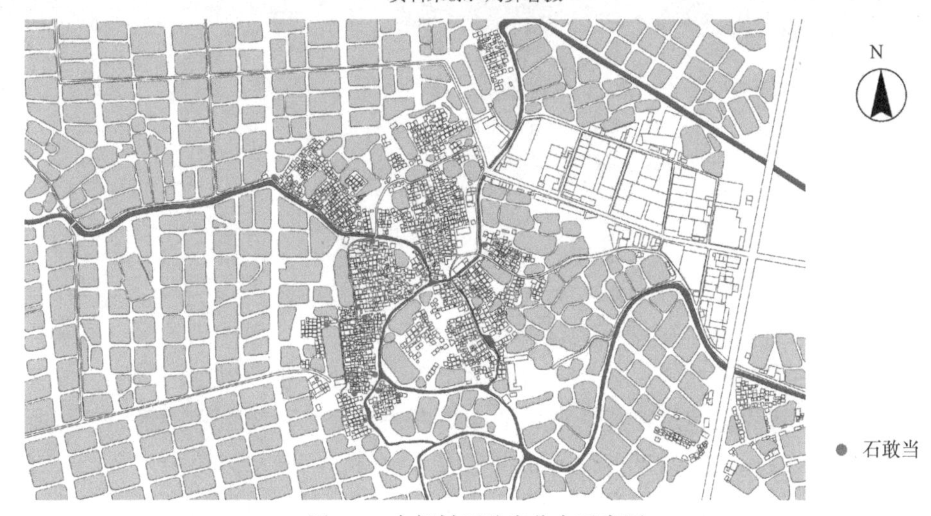

图 7-2　古朗村石敢当分布示意图

资料来源：周彝馨广府古建筑技能大师工作室（陈桂涛、陈阳阳、陈光恒、骆琪绘）

图 7-3 古朗村石敢当

资料来源：陈桂涛、陈阳阳、陈光恒、骆琪摄

7.2 社 稷

在西江流域传统聚落中供奉了大量的社稷与土地神。社，即“后土”，是掌管大地山川万物之美和阴阳生育的社神，或称“五土之神”。“社”字乃以“示”字为偏旁，表示先人精灵之所寄，祖先灵魂之依托，所以要立一石头或植某种树木来表示地祇之所在。社神的出现，乃与氏族家长制时期的祖神崇拜有着某种内在的联系。稷为“五谷之神”，社稷合起来为远古人们对自然的崇拜与敬畏，并将此神秘力量与祖先崇拜结合起来。由此可见，村人祭“社稷”，其起源是与祭祀先人同而合之的。广东肇庆高要地区的“八卦”形

态聚落在此方面尤为突出，每个村落都供奉大量的社稷，多达十几处，少则五六处。如上孔有太平社、西阳社等，而亲珠有文阑社等。

（1）广东肇庆市高要区白土镇思福村的社稷

思福村的不同方位都设有社稷，沿聚落外围分布有 8 处社稷（图 7-4）。据村民访谈，每个族群都有各自的社稷供奉。其中 6 处社稷有固定的形制，建造讲究，但仍有 2 处社稷比较简陋，仅在泥地上竖起作为社公崇拜的石头（图 7-5，图 7-6）。

图 7-4 思福村社稷分布示意图

资料来源：周彝馨制作

图 7-5 思福村的社稷

资料来源：周彝馨摄

图 7-6　思福村形制简陋的社稷

资料来源：周彝馨摄

（2）广东佛山市顺德区杏坛镇古朗村社稷

古朗村有众多的社稷（图 7-7，图 7-8）。由于古朗河网路网错综复杂，人们常常烧香敬神，祈求平安。古朗村里的社稷大多数分布在河边或者小巷街，此外还有几处供奉土地公公和土地婆婆，这些都保持着古代先人的生活习惯。

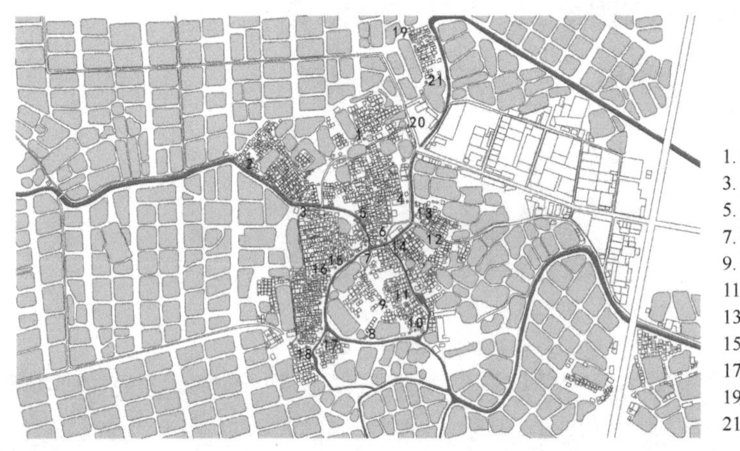

1. 陈相公祠　2. 北翰社
3. 秀水社　4. 东兴社
5. 永丰社　6. 古塚
7. 福德祠（1）8. 兴隆社稷
9. 福德祠（2）10. 荣仓社稷
11. 日新社　12. 先锋府
13. 太平社　14. 青云社稷
15. 西春社　16. 福德祠（3）
17. 南兴社　18. 泰宁社
19. 福德祠（4）20. 进源社
21. 新兴社

图 7-7　古朗社稷分布图

资料来源：周彝馨广府古建筑技能大师工作室（陈桂涛、陈阳阳、骆琪、陈光恒、周彝馨绘）

图 7-8 古朗村社稷

资料来源：周彝馨、陈桂涛、陈阳阳、骆琪、陈光恒摄

7.3 儒家“和”的伦理道德思想

宗族组织及其规范与儒家文化具有高度的、内在的精神与逻辑的合一性。伦理道德思想是维护大和谐观（与天地和谐、与万物和谐、与人和谐）的基础，成为聚落的一种内在信仰与心理补偿。

聚落的空间亦反映出人们对伦理本位思想的适应性。规模最大、形制最高的建筑均为宗族建筑。宗族建筑不仅在物质上提供了公共福利与安全保障，组织与协调了生产和生活；在精神上亦满足了人们对自身历史感与归属感的深刻追求。家庭围绕在祠堂、祖堂周围居住，显示出宗族的凝聚力。

西江流域传统聚落崇尚“和”的观念，聚落有众多的细节与其匹配适应。聚落内部的里坊门楼命名与对联都体现了中国人的大和谐观。广东肇庆市高要区回龙镇黎槎村《蔡氏族谱·序》中论及，蔡姓居于聚落西北、西南部，苏姓居于聚落东部与东北部，“各居吉向，姓裔流芳”。可见修谱之族人对“和”的追求，其几百年来对各自安居方位满足乐道，并无冲突。

7.4 道家与堪舆文化

岭南文化受道教文化影响深远，岭南人民将道家思想世俗化并与地方文化相融合，表达了追求和谐合一、阴阳合德的哲学观念。西江流域传统聚落总是力图与堪舆学说相吻合，标榜聚落的“枕山、环水、面屏”。聚落依靠之山被视为龙脉，有生气；无山的平原地区则视水为龙脉，为聚落保护神，四周环水乃聚落外部空间的另一种模式。对不理想的地形，人们则积极处理，使之顺应聚落需要，如引水成塘、挖塘蓄水或种植密林。风水学说解释为“塘之蓄水，足以荫地脉，养真气”[1]。聚落还广泛采用太极图、八卦图、镇山海及其他符镇图案与文字进行心理补偿。高要地区的“八卦”形态聚落充分体现了刻意与堪舆文化趋同的意图。

7.5 多神崇拜与民间神祇

西江流域聚落内外多宗教建筑，信仰的神祇众多，有泛神倾向，是典型的多神崇拜族群，祖先、儒释道诸教神祇、各自然神、历史人物等皆可成为其崇拜的对象，且包容性极强，不同的信仰可以和谐共存。例如，广东肇庆地区祖堂内多供奉有观音，与供奉祖先并行。当地居民信奉观音菩萨可送子、保平安，认为观音信仰与家族繁衍生息有最重要的关系。

西江流域聚落的民间信仰极其丰富，不可一一尽述，仅举几个特色案例作为代表。

（1）黔东南、桂西北侗族村寨的“圣祖母”信仰

“圣祖母”是侗族社会至高无上的、无所不知无所不能的、保佑一方的女神，是侗族人民虔诚崇拜的女英雄。“圣祖母”侗族称萨玛、萨岁、萨柄、萨堂，各地方叫法不一，以萨玛较为普遍。在贵州、广西等侗族地区每个村寨都设坛供奉萨玛，有的盖有房屋安设神位，称萨岁、萨柄；有的在村寨中央或村头寨尾设上坛供奉，称萨堂、萨坛。而设坛祭祀切不可少之物是一棵青年的黄杨树——千年矮，这是萨玛的化身，是吉祥之物（图 7-9）。设坛祭祀是为了保佑本村本寨，因之在人们头脑中认为萨玛是本寨利益的捍卫者。萨玛这位女神在整个侗族地方都在敬俸，它是全民族性的神。

图 7-9　贵州黔东南苗族侗族自治州黎平县茅贡乡流芳村萨坛

资料来源：周彝馨摄

① 引自林牧《阳宅会心集》上卷中的《开塘说》。

通常每月初一、十五，侗族聚落都会打扫萨堂，敬供香茶。农历正月有一年一度的隆重的萨玛节祭萨活动，聚落请专门的祭师主持祭祀仪式。

（2）贵州安顺屯堡村寨的“汪公”信仰

迎汪公是安顺屯堡最具特色的活动。传说汪公叫汪华，系安徽歙州休宁人氏，隋时为徽州地方官，后率部归唐，被封为越国公，因随唐太宗李世民征战有功，改封九官太守，死后谥为徽州府越国公忠烈汪王，遗骨归葬子歙州城北岚山之上。由于安顺屯堡人多有安徽来者，他们把故地习俗也随之带入。正月十六这天，屯堡人要把汪公从平日香火侍奉的汪庙中请出来放在红色的轿子里，由村中德高望重者为前引，鸣锣开道进行游乡，轿过的每一家都要烧香鸣炮奉迎，整个过程大约需要一天一夜的时间。

（3）广西贺州市富川瑶族自治县朝东镇福溪村马楚大王信仰

福溪村有全国唯一的马楚大王信仰。村中有一座马殷庙和两座马楚大王庙（图 7-10）。

马殷庙又名为灵溪庙或百柱庙。初建于唐末宋初，村民为纪念五代十国时南楚国的开国君王马殷[①]大王剿灭匪寇、建立地方政权、开拓福地使民众安居乐业等功德而建。原来规模较小，直到明永乐十一年（1413 年）才拆除小庙，增制增容，在原地重新扩建。明弘治十二年（1499 年）吏民筹资备料，请来名寺僧人，湘桂能工巧匠，展其殿宇，扩其建制，将灵溪庙改建成寺庙与戏台相对应的、木质柱抬飘檐体的殿堂式庙宇，因其规模恢宏，台柱过百，人们称为百柱庙。清康熙十五年（1676 年）重修，清嘉庆十一年（1806 年）修葺，清同治六年（1867 年）扩建南北两侧穿斗式耳房，庙周围增设柱栅。庙占地一亩多，坐东朝西，面阔 20.86 米，进深 21.94 米，高 6.13 米，由 76 根高为 2~5.6 米、直径为 20~38 厘米的粗大圆木柱和 44 根吊柱、托柱支撑而成。76 根主柱全部用莲花石

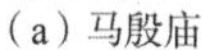

（a）马殷庙

（b）马楚大王庙

图 7-10　福溪村马楚大王信仰

资料来源：周彝馨摄

①马殷，字霸图，许州鄢陵（今河南省鄢陵县）人，唐宣宗大中六年（852 年）前后出生，后唐长兴元年（930 年）去世，五代十国时期楚国的开国君王，马姓第一位帝王。

墩托离地面，主柱和托柱刚好是120根。百柱庙就坐落于灵溪河畔，所以人们又称为灵溪庙。福溪村村民又在距庙前30米处和150米处的濂溪河畔、河中分别建起了戏台和濂溪风雨桥，使马殷庙与古戏台、濂溪风雨桥犄角遥望，相互辉映。

聚落入口处另有两座并排的马楚大王庙，庙前有大型广场、古井和戏台，是聚落中重要的信仰空间。

（4）粤西的地脉龙神信仰

地脉龙神即“地主公”，起源于古代的中溜[1]崇拜，以崇德报功。相传“地主公”管理朝天宫大小事务。因为“地主公”非正神、主神，而是土地神，所以一般奉祀在主神龛下的凹洞或桌下。图7-11为新江一村的地脉龙神神位和新江二村的龙神、财神神位。

图7-11　新江一村的地脉龙神神位和新江二村的龙神、财神神位

资料来源：吕唐军摄

7.6　神物信仰

（1）广西红水河流域“蛙婆”信仰

西江流域内多水田，适于青蛙生长活动。青蛙能感知雨水到来，发出阵阵叫声，古越人视之为神，奉为图腾崇拜。于是在桂西红水河一带，流行“蛙婆节”，并衍生出许多与青蛙相关的婚嫁故事，渗入民间的文学主题。

（2）广西贺州市富川瑶族自治县朝东镇福溪村生根石

福溪村中随处可见立于村寨中央的各种形状、大小不一的岩石，村民称为生根石。这

①古代五祀所祭对象之一，即后土之神。

些生根石原先就生长在村寨里，先人在建村立寨时，尽量不破坏这些天然的石头。在石板街旁边，在民居建筑里，甚至就立于屋脚或墙缝里，搁置在天井或房间中，都没有损坏它们。在灵溪庙的厅堂里，也保留了几块凸出地面很高的石头，其中有一根就作为木柱的柱础（图 7-12）。

在风雨桥的东端，几块与人一样高的生根石参差不齐地立于桥头，行人都要避让几分。在破四旧的年月里，有人想用炸药炸掉这些石头，却遭到古代先人的极力反对。老人说："炸石惊神灵，全寨人要遭殃！"他们蹲在大石头边，决不允许破坏古代先人一直保存下来的生根石。

图 7-12　遍布福溪村的生根石

资料来源：周彝馨摄

（3）粤西的石狗信仰

崇拜石狗是粤西古老的民间风俗。狗是原始社会图腾崇拜的物象之一，岭南地区原为古越族的俚、瑶、僮等少数民族的聚居地，这些部族的名字原为狸、猺、獞，带有其本族图腾崇拜的标志，存在着对狗的原始崇拜。古老的习俗遗留了下来并衍化成石狗崇拜。灵石崇拜亦由来已久，如汉《淮南子·万毕术》有云："凡石宅四隅，则鬼无能殃也。"所以当地人把石狗摆在城门村口（图 7-13）、窗边井旁、屋顶飘梁，其目的在于镇煞、飘煞，其功能与泰山"石敢当"相类似。

图 7-13　长坑村石狗

资料来源：吕唐军摄

7.7 仪　　式

仪式是信仰的重要环节，各个族群、各种信仰都有其独特的仪式相配，这是重要的非物质遗产。仪式也是随时代、地域传播、变化的，内涵非常复杂，在此仅举一两个仪式案例以说明。

（1）侗族、苗族聚落踩歌堂

侗族和苗族有踩歌堂习俗，踩歌堂侗话为“多耶”，是一种集体性、祭祀性的舞蹈，据说参加跳这个舞能消灾祈福、保佑平安。每逢节日，侗寨欢聚于鼓楼歌坪举行热情洋溢的“踩歌堂”“抬官人”等各种活动（图 7-14）。

图 7-14 贵州黔东南苗族侗族自治州榕江县寨蒿镇高扒侗寨踩歌堂

（2）贵州安顺市屯堡聚落地戏

地戏又称“跳神”，是盛行于安顺屯堡区域的一种民间戏曲，主要分布在以安顺市西秀区为中心，包括临近的平坝、普定、镇宁、关岭、紫云、清镇、长顺、广顺、贵阳等地的村寨中。安顺市所属的各区、县有 300 堂，仅西秀区就有 192 堂。地戏的产生与延续离不开屯堡人。屯堡人保存了地戏，而地戏又增强了屯堡人的依托感和内聚力。屯堡人定居黔土后，虽说有黔中地平土肥的天然优势，有明王朝对屯田戍边的优惠条件，但“草创开辟之后，人民习于安逸，积之既久，武事渐废，太平岂能长保？识者忧之，于是乃有跳神戏之举，借以演习武事，不使生疏，含有寓兵于农之深意。”正因如此，来自江南的屯堡人将源于江南农村的“傩舞”和“嗔拳”假面戏，借黔中相对封闭的态势，借屯堡人怀乡恋土的心理情愫，以及演武增威、神灵护佑的需要，在安顺这一块古夜郎的领地扎下了根，年复一年传承至今。

地戏演出时间一般为两个节令。一是稻谷扬花时节，以农事为主的屯堡人为了祈求一年的辛劳能获得好收成，也为了缅怀祭祀祖先，在农历七月十五日中元节期间开箱跳“米花神”，时间为 3~7 天。二是一年一度的春节，为了欢庆一年的辛劳所获得的丰收，为了祈祷求得来年风调雨顺村寨平安家家康乐，在新春到来之际，地戏班会“鸣锣击鼓，以唱神歌”。

一个地戏剧本就是一部书，就是讲唱一个完整的征战故事。其表现的内容是征南而来的屯兵熟悉的军旅生活，所表现的人物是屯堡村民所喜爱的薛家将、杨家将、岳家将、狄家将、三国英雄、瓦岗好汉、封神将军等，可以说是一部部屯堡人景仰、倾慕、效法的英雄人物的赞诗篇。地戏剧本的内容比较单一，既没有谈情说爱的才子佳人戏，也没有抒臆心怀的清官公案戏。它只有与屯堡人生活紧密相关的反映军旅生活的金戈铁马征战戏，只有赞美忠义、颂扬报国的忠臣良将戏。在30余部剧目中，所反映的内容都是明清时代脍炙人口的演义说部，都是经过艰苦卓绝的奋斗一举成名光宗耀祖的家将书，如《三国演义》《说唐》《杨家将》《岳传》等，却没有同为群众喜闻乐见的说妖道怪的《西游记》和抗暴安良的《水浒传》。

地戏在其戏剧本体中就包含着诸多的祭祀因子。当剧中人物被罩上“神”的光晕后，崇尚多神信奉的屯堡人在把地戏看作娱人娱己的艺术样式时，更把剧中人物赋予神性而视为自身命运的主宰者。稼禾的丰歉、村寨的平安、人畜的兴旺等既靠自身，也依赖神灵的保佑。如此，祈福纳吉的祭祀仪式就自然成为地戏演出中的一部分（图7-15）。

图7-15　安顺地戏

（3）干旱地区的求雨仪式

在干旱地区，或雨水失时，无法耕稼，求雨成为一种官民出动的文化现象。求雨仪式场面浩大，冀求感动上苍，普降甘露。许多地区有雨神庙、雷神庙，即为求雨而设。

8 西江流域传统聚落防灾史启示

8.1 区域主动型防灾方略与聚落被动型应灾策略的关系

对聚落防灾而言，最重要、最有效的防线依然是区域主动型防灾方略。但区域主动型防灾方略均规模大、历时长、耗资巨大、技术要求高、效果显著，却非一村一镇、一朝一代能完全实现。在技术、人力、物力相对落后的古代，区域主动型防灾方略均未能完全实施并控制灾害影响。在这种情况下应对灾害的最后一道防线只有聚落被动型应灾策略。

区域主动型防灾方略与聚落被动型应灾策略综合运用，相互补充，才能发挥最大的防灾功能，最大限度地保障聚落的安全。这是一种此消彼长的发展关系，当区域防灾系统不完善时，越来越多的聚落会承继聚落被动型应灾策略。例如，“八卦”形态聚落之间就有很多迁移、承继关系，如雅瑶与罗勒、新江二村和新江一村等。而当区域防灾系统完善时，“八卦”形态聚落的被动防洪模式会逐渐瓦解，形态亦因之改变。

高要地区众多的“八卦”形态聚落就是一个典型的案例，表明区域主动型防灾方略与聚落被动型应灾策略互为补充、此消彼长的发展态势。在区域主动型防灾方略不能完全实施的时代，聚落被动型应灾策略作为区域主动型防灾方略的重要补充，形成了聚落的特殊防灾形态；而在区域主动型防灾方略基本实现，有效保护聚落不受洪涝灾害影响的今天，聚落被动型应灾策略的存在意义大为减弱，加上当前对聚落防灾的轻视心态，导致了聚落形态的重大变化。区域防洪问题解决后，大量聚落进行了扩张，聚落为了寻求更方便的交通、更好的生活条件，不断地向低洼地区延伸，与当初的聚落被动型应灾策略已经背道而驰。部分聚落的“八卦”形态正被改变或解体。这是聚落形态演变的一个重要动因。

“八卦”形态聚落的分布很有地域特点，全部分布于西江之南，西江之北未见。西江之南除南岸街道为高要市城区所在，并无自然村外，其余镇区皆有“八卦”形态聚落（图 8-1）。

高要地区的地势西北高、东南低，“八卦”形态聚落全部位于西江南面，并位于海拔较低的地区，海拔较高的地区没有此种类型聚落。将高要地区 1915 年洪水[①]淹浸

① 1915 年 6 月、7 月发生流域性罕见特大洪水，为西江有记录以来的最大洪水，梧州站洪峰流量达 54 500m^3/s，为历史最高纪录，西江堤围几乎全部溃决，死伤无数，灾情惨重。《补修高要县民国志》记录：“夏，霪雨匝月，西潦暴涨，县属堤围全决（景福围等三十五围）。自清道光甲辰以后此次灾情最重。全城淹没，城内亦水深数尺。是年景福围崩决，波及广州出现水患。”

区示意图与高要地区“八卦”形态聚落分布图叠加，即得高要地区 1915 年洪水淹浸区与“八卦”形态聚落分布关系示意图（图 8-2），可发现除 1 个“八卦”形态聚落位于洪水淹浸区以外（此聚落位于河谷地区），其余所有“八卦”形态聚落均位于洪水淹浸区以内。

图 8-1　高要地区“八卦”形态聚落分布与地形关系图

资料来源：周彝馨制作，浅色部分是平原洼地地区，深色部分是山地地区

把高要地区历代堤防示意图与高要地区“八卦”形态聚落分布示意图叠合，可得到高要地区“八卦”形态聚落分布与历代成堤地区关系图（图 8-3~ 图 8-6）。从这些叠合图可看出，高要地区“八卦”形态聚落的分布范围，与成堤范围存在有趣的同构关系。除金利镇、蚬岗镇的全部 8 个“八卦”形态聚落与新桥镇的 1 个“八卦”形态聚落位于明代成堤范围以内，其余的 26 个“八卦”形态聚落均位于明代成堤范围以外（图 8-3）。所有“八卦”形态聚落都位于当代成堤范围以内（图 8-6），高要地区的“八卦”形态聚落的分布区域与当代成堤范围基本一致。

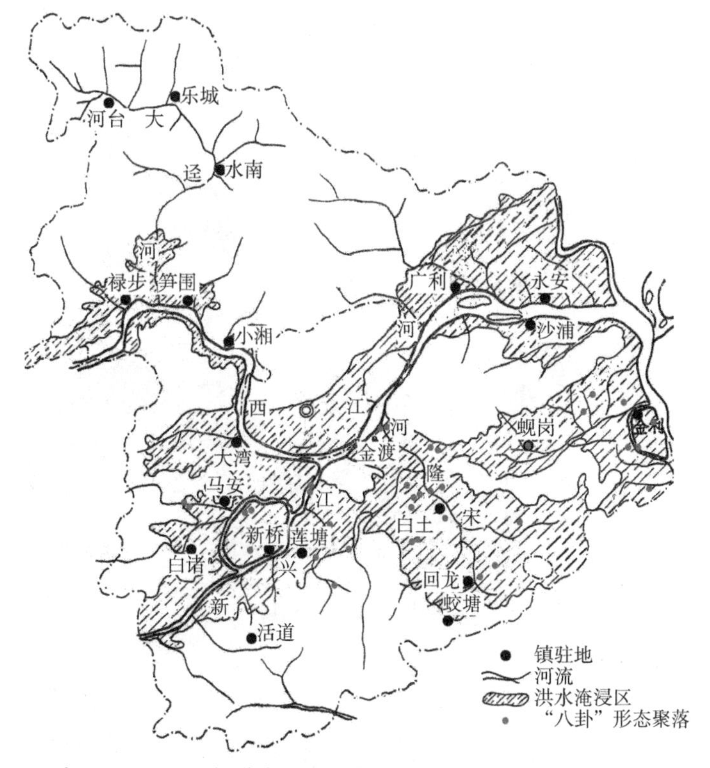

图 8-2　高要地区 1915 年洪水淹浸区与“八卦”形态聚落分布关系示意图

资料来源：周彝馨绘，参考广东省高要县水利水电局 1990 年编写的《高要县水利志》中高要地区 1915 年洪水淹浸区示意图

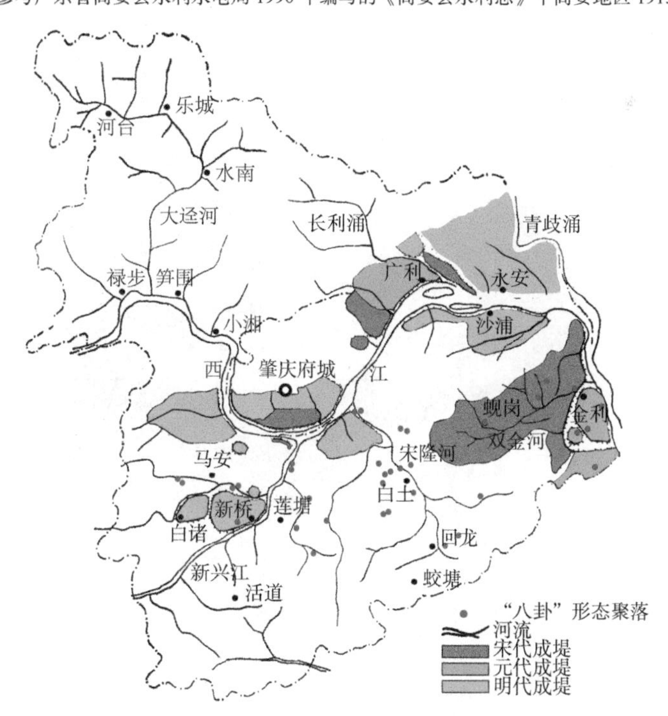

图 8-3　高要“八卦”形态聚落分布与明代成堤地区关系图

资料来源：周彝馨绘，参考广东省高要县水利水电局 1990 年编写的《高要县堤防志》中高要县明代以前成堤示意图

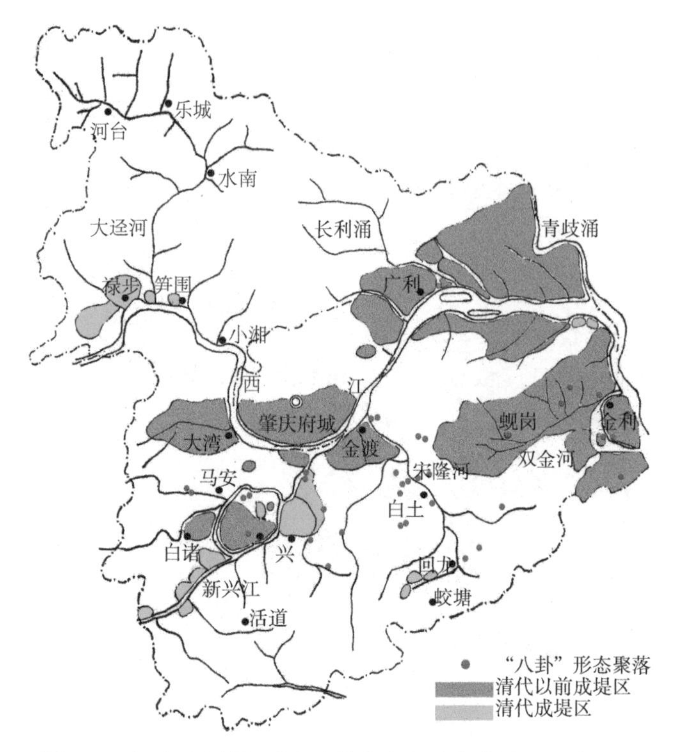

图 8-4　高要“八卦”形态聚落分布与清代成堤地区关系图

资料来源：周彝馨绘，参考广东省高要县水利水电局 1990 年编写的《高要县堤防志》中高要县清代成堤示意图

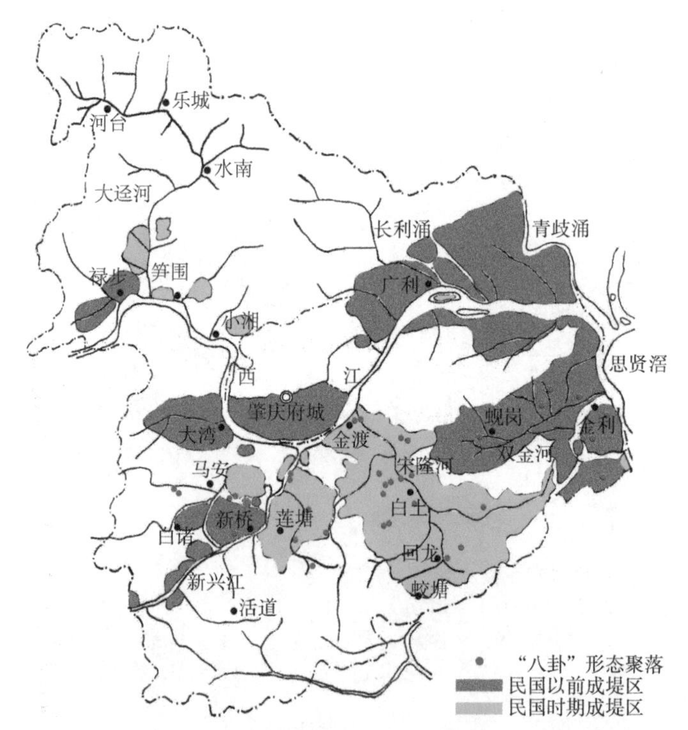

图 8-5　高要“八卦”形态聚落分布与民国时期成堤地区关系图

资料来源：周彝馨绘，参考广东省高要县水利水电局 1990 年编写的《高要县堤防志》中高要县民国时期成堤示意图

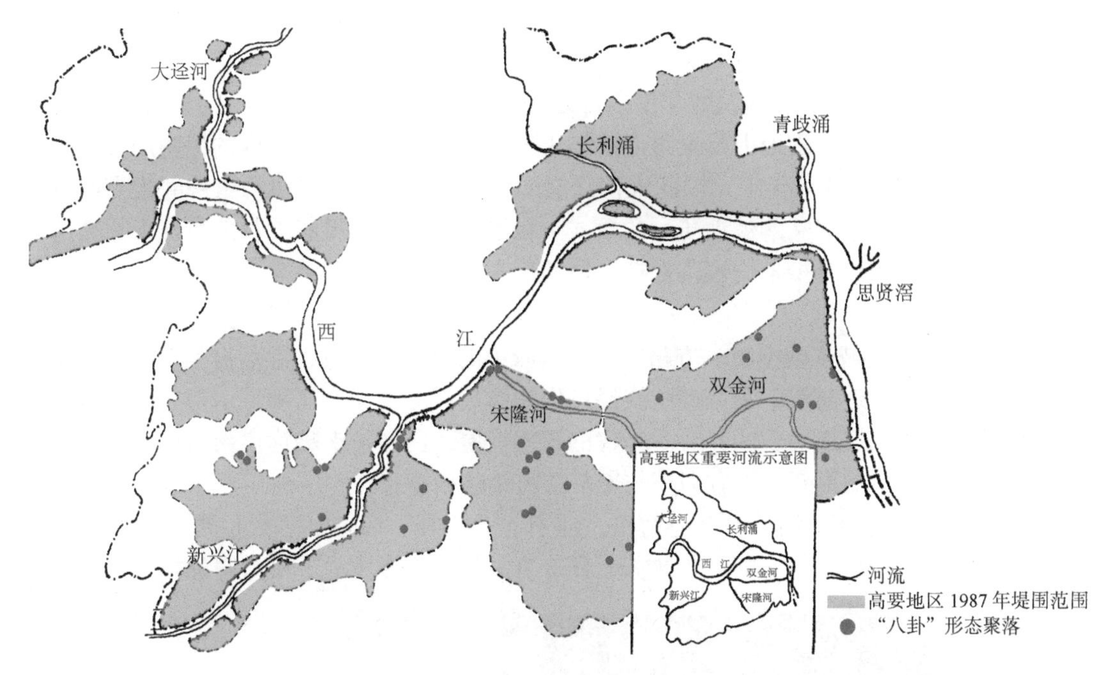

图 8-6　高要“八卦”形态聚落分布与当代堤防工程范围关系图

资料来源：周彝馨绘，参考广东省高要县水利水电局 1990 年编写的《高要县堤防志》中 1987 年堤防工程示意图

高要地区地形北高南低，西江河流弯曲处横跨高要地区，从三榕峡到羚羊峡一段南面为凹岸，因此西江南岸的三榕峡下游区域（“八卦”形态聚落所在区域）成为洪灾最严重的区域。根据《中国古城防洪研究》的观点，在河流的凸岸建城，城址可少受洪水冲刷，因此肇庆府城为避免洪患选址于西江北岸凸岸处。西江北岸作为肇庆府州府所在，宋代已修筑了堤防，且历代不断增修，至明代堤防已较完善，防洪能力较强，建于北岸的聚落防洪较有保障。而西江南岸却一直到民国以后堤防才比较完善，明清两代白土镇、回龙镇等地区虽属低涝地区却几乎没有堤防系统。因此西江南岸大部分地区基本没有抵御洪水的能力，建于南岸的聚落必须着重考虑防洪问题。由于有“八卦”形态聚落防洪的经验，多个聚落间亦有迁移承继等关系，大量的聚落就采用了“八卦”形态聚落进行防洪。这可以解释为何高要地区的“八卦”形态聚落全部集中在西江南岸地区。因北岸受灾较轻，并且有较为可靠的堤防作战略性防护，所以北岸聚落没有呈现出明确的防洪形态；南岸则恰好相反。

明代堤防布置的覆盖面明显不足，多个洪水灾害高发镇区都位于堤防范围以外。如前所述，“八卦”形态是最优的聚落防洪形态，在堤防体系未完善的区域，“八卦”形态聚落发挥了其优越的防洪功能，保障了聚落免受洪涝侵害。这些地区的堤防直到近现代才得以完善，所以该种聚落被动防洪的模式一直沿用至今，大量特殊形态的聚落亦得以保留。

高要地区民国时期成立了督办广东治河事宜处后，才开始以系统方法筹划建设西江水利堤防，直到 20 世纪 80 年代后才基本完成堤防建设。图 8-5 与图 8-6 可以说明，“八卦”形态聚落的方位与高要地区民国以来的区域防洪思路是吻合的。

那为何在宋、元两代堤防范围内的金利、蚬岗等镇仍有聚落采用“八卦”形态呢？根据高要地区历史，唐代开始有中原移民进入高要地区，最早的移民定居于西江下游（金利镇、蚬岗镇等地区）。随着移民数量增多，元、明之后才开始迁向上游。因此下游地区（金利镇、蚬岗镇等地区）理论上是聚落形成早于宋代的地区。而高要地区的堤防历史最早可上溯至宋至道二年（996 年），因此宋代以前形成于金利镇与蚬岗镇的聚落并没有区域性堤防的保护，只能采取聚落被动防洪的模式。在漫长的历史中可能大量的特殊形态聚落已被重建或改建，但仍有少量的聚落保持了原始形态。因此在金利镇与蚬岗镇尚有 7 个“八卦”形态聚落。

由此可见，区域主动型防洪方略实为聚落防灾的第一道防线，聚落被动型应灾策略则是聚落防灾的第二道防线。第一道防线经过历朝历代逐渐完善，而第二道防线则有因为第一道防线的加强而逐渐减弱的趋势。当代的聚落发展，已经越来越远离聚落应灾策略的核心，甚至很多聚落的更新发展方向还与聚落应灾策略相违背。

近现代高要地区防洪问题渐趋解决，亦引起“八卦”形态聚落的重要变化。1949 年以来广东肇庆高要思福村不断往外扩张，图 8-7 中黄色部分显示了聚落向外扩张的区域。

图 8-7　思福村扩张示意图

资料来源：周彝馨制作

可见，当代聚落的扩张已无顾及基地的相对高度问题。聚落原范围都在小山岗上，最低处（聚落入口门楼）还加以 2 米以上的高台阶，即聚落原建筑基底至少比周边基地高出 2 米以上。但从当前扩张的范围看，聚落已经向低洼地发展，采取见缝插针的增建方式，完全不顾及洪涝影响。某些扩建区域甚至位于水塘周边低洼地区。这种扩张实质上是非理性、无序性的扩张。

广东肇庆高要罗勒村，在 2009~2010 年新增了两块低洼建设用地（图 8-8 黄色部分）。这种发展危害极大，违反了先人科学的防灾策略，放弃了聚落被动型应灾策略的补充作用，完全依赖于区域主动型防洪方略。虽然近现代的区域防洪系统比较完善，水患灾害大为减少，但并无杜绝，且近年来极端气候与地理灾害影响广泛，防患意识更不应薄弱。例如，1998 年的特大洪水，西江流域亦不能幸免。

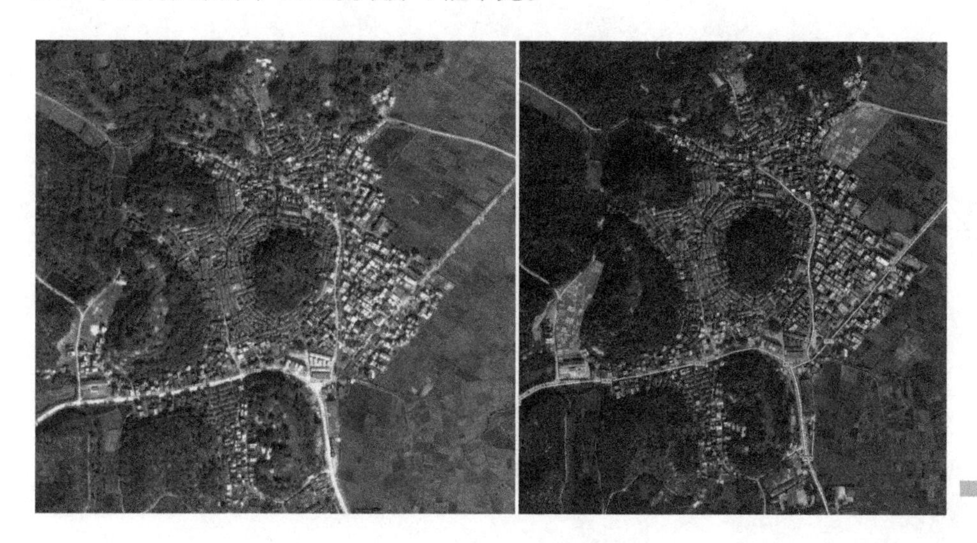

图 8-8　2009~2010 年罗勒村扩张示意图

资料来源：周彝馨制作

众多区域防灾方略得以实施后，很多聚落布局的控制力量不复存在，大量聚落呈现无序延伸的趋势。聚落的发展欠理性规划，交通、防火、公共设施等都发展相对滞后。图 8-9 是广东肇庆高要新江一村的扩张示意图。可见，聚落正以低密度的方式不断扩张，其扩张的面积已经超越了聚落的原有面积，并且这种扩张是无序的，没有防灾规划考虑，道路网建设亦变得无序，导致了交通、防火、公共设施等建设的不到位。

8.2　西江流域传统聚落的防灾策略

综上所述，西江流域传统聚落的防灾策略分为 5 个层面。各个聚落依据先天与后天不同的环境和条件，综合运用数种防灾策略，形成了特色鲜明的各种聚落防灾模式。

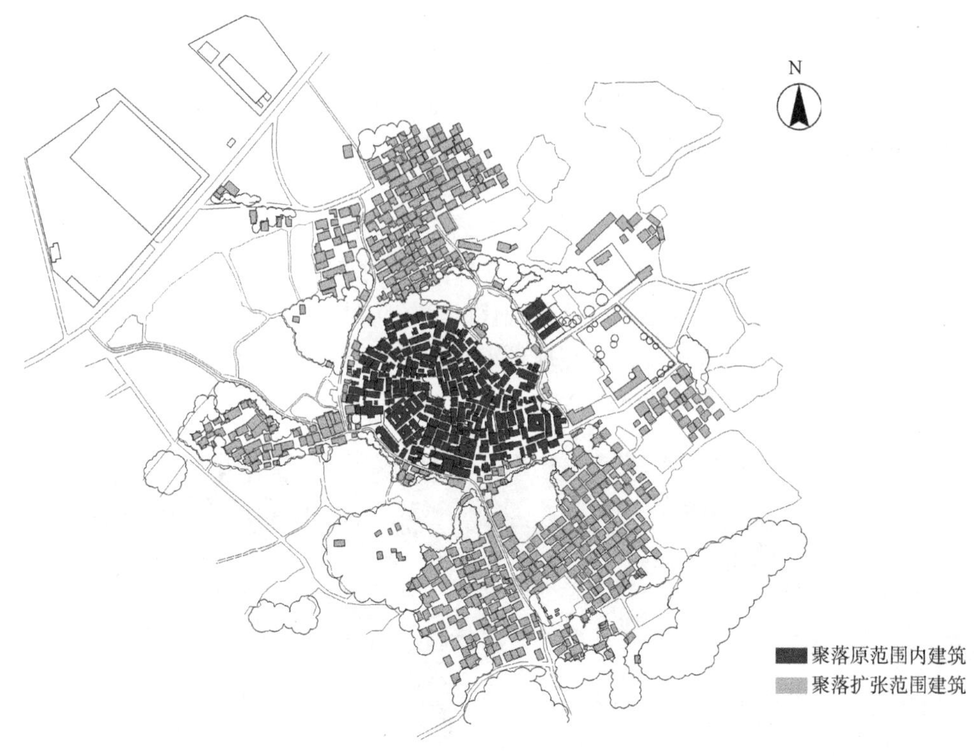

图 8-9 新江一村扩张示意图

资料来源：周彝馨绘

8.2.1 选址充分利用地形先天优势

西江流域传统聚落在选址方面分为宏观选址与微观选址两个层面。

（1）宏观选址

宏观上，西江流域可分为 3 个地貌区：云贵高原区、黔桂高原斜坡区、桂粤中低山丘陵和盆地区。云贵高原地形破碎，山川分割，交通不便，尤其贵州，旧有“地无三分平”之说，虽然在各小河流域或坝子中有适于人类生存与文明发育的条件，但交通不便，并不适于人类生存。黔桂高原斜坡区山脉走向多变，地貌景观以峰林、峰丛、溶洼等为主，多为岩溶（喀斯特）地貌。桂粤中低山丘陵和盆地区中，盆地和谷地沿河分布，河流众多，水量充沛，是人类早期开发利用的土地，阡陌纵横，聚落连绵。

若以人口分布与地形地貌来分析，桂粤中低山丘陵和盆地区人口最多，云贵高原区人口次之，黔桂高原斜坡区人口最少；若以民族分布与地形地貌来分析，则汉族多居住于云贵高原区、桂粤中低山丘陵和盆地区，壮族多居住于桂粤中低山丘陵和盆地区，少数民族多居住于黔桂高原斜坡区。

究其原因，3 个地貌区的生存适应度是有区别的。汉族与壮族，作为西江流域最强盛的民族，占据了最有生存优势的两个地貌区。其他少数民族则因为人力物力的缺乏，主要定居范围退到了生存优势相对较差的黔桂高原斜坡区。

桂粤中低山丘陵和盆地区，是主要农耕文化区之一。该地貌区的平原一般分布于河流中下游，河谷丘陵沿江展布连续数百公里。西江谷地平原（冲积平原）是珠江流域延续最长的河谷平原，其中桂平至平南浔江两岸的冲积平原是珠江流域面积最大的一片河谷平原，梧州以下进入广东河段直至三水思贤滘的冲积平原也是一片较大的河谷平原。该地区可耕种土地最多，水源充沛，交通方便，是西江流域最适宜生存的地貌区。

云贵高原区有很多山间盆地小平原广泛分布，被称为坝子，南盘江流域沾曲盆地的坝子是云南东部和西江流域西部最重要的农业生产基地。宜良高平原在云贵高原宜良附近，地势平坦，田畴阡陌一望无际，南盘江流经宜良高平原。该地区可耕种的土地与水源都比不上桂粤中低山丘陵和盆地区，交通也多有不便。但相对黔桂高原斜坡区来说，众多的坝子仍然具有适宜定居的优势。

黔桂高原斜坡区岩溶（喀斯特）地貌比例很大，连片分布，包括石林、峰林、峰丛、洼地、孤峰、溶原、残丘等。岩溶是影响流域自然环境的重要因素之一。西江流域的石灰岩山地，特别是峰丛山地，自然环境险恶，给农业生产和交通事业的发展带来许多困难。该地区可耕种的土地较少，且石灰岩地区水土流失严重，用水很困难，属于不适宜生存之地。

（2）微观选址

聚落选址在宏观地貌区上有规律可循，在微观局部地形中有更加具体的选址技巧以应对防灾问题。

第一是背靠山地，以山地和密林作为聚落背部的屏障。聚落宏观选址虽倾向于平原、盆地、谷地等区域，但聚落建设依托的具体地块却重视背靠山地，后有山地、密林等屏障。岭南地区的聚落选址强调后有靠山，为四灵地之势。聚落的总体朝向会顺应山地的朝向，即使是梳式聚落，朝向也可以多变以适应所在山地区域。聚落后山是重点保养之地，通常有“后土”祭祀，后山之密林不可砍伐，后山一般不开大路。除了各种堪舆和实际原因以外，加强聚落背部的屏障和防御也是最重要的原因之一。

第二是前临水体。西江流域地区水系密布，江河、湖泊、池塘、河涌众多。聚落选择以水体为重要因素，其方位、朝向皆与水体直接相关。广府地区的聚落形式代表——梳式聚落、客家地区的聚落形式代表——围龙式聚落，皆以水体作为聚落入口门面，并将门面前的水塘称为风水塘。在水系密集的西江流域地区，聚落往往被众多水系（包括河涌和池塘等）和山体完全包围，仅留少量的出入口，是绝佳的天然屏障。水体与聚落之间多留有一定的空间，植树、开井作为阳埕（即小广场），此举也可以缓解水文灾害的影响。贵州黔东南增冲侗寨、郎德上寨、岩门司城、柳基古城，云南红河泸西城子村，广西百色那劳村，广东肇庆黎槎村、蚬岗镇等都是典型的以前临水体作为屏障的聚落选址案例。

（3）堪舆文化与聚落防灾的内在关联

岭南地区传统聚落重视堪舆文化，并与聚落防灾理念有内在的一致性。

《说文解字》认为“堪，天道；舆，地道。”堪舆的本意，就是天地间的规律。东晋葛洪《抱朴子》认为“天下有生地，一州有生地，一郡有生地，一县有生地，一乡有生地，一里有生地”，而堪舆学说，就是找出最适合生存之“生地”。朴素的堪舆理论，其根本首先是防灾与生存。

觅龙 、察砂、观水、点穴、择向是堪舆的地理五诀。龙要真、砂要秀、水要抱、穴要的、向要吉。觅龙就是指宏观选址，要寻找山脉、水脉的走势，以选择宏观的大环境、地貌区，并顺势而为。察砂指微观选址中的山地选择，观水则指微观选址中的水体选择。察砂观水的理想之地为山环水抱之势，这明显是防御性良好，并且适于生存之地。客家围龙屋的“蝠鼠吊花篮”亦为此理。点穴是选定聚落或建筑的中心，择向是选择最好的朝向。点穴与择向其实均受到察砂、观水的直接影响，点穴之处一般位于山环水抱的盘地、谷地的中心，既为防御性、生存性优越之地，又平坦择中适于建设。择向则为与水体、山体相互呼应之朝向，背向山体、面朝水体或山谷，在防御方面即背倚屏障，朝向地形低洼之处，整个聚落成俯瞰之势控制周边环境，对防御最有利。在调研过程中，发现西江流域的传统聚落朝向多样，并不拘泥于南北朝向的问题，各向选择的比例差异不大，并且同属于坐北朝南的聚落其精确的方位角度仍然是多样的。在风水堪舆术盛行的古代岭南地区，对方位和朝向的判定不可能不精准。这充分说明，在西江流域的传统聚落的择向过程中，影响最大的因素是山体、水体的方位和形势，太阳、季风等因素则退居其次。

西江流域传统聚落的选址讲究“枕山、环水、面屏”，恰好就是一围合环抱的自然环境格局。风水宝地的环抱之势，与聚落安全和人的安全感息息相关。聚落的选址一般依山脉走势，周边环山面水，呈抱负之势。“左青龙，右白虎，前朱雀，后玄武”的风水格局极为频繁地出现在聚落的风水意象中。图 8-10 为广西桂林市兴安县白石乡水源头村风水格局分析，水源头村的选址意向就遵循了堪舆文化，也同时满足了聚落防灾的内在要求。

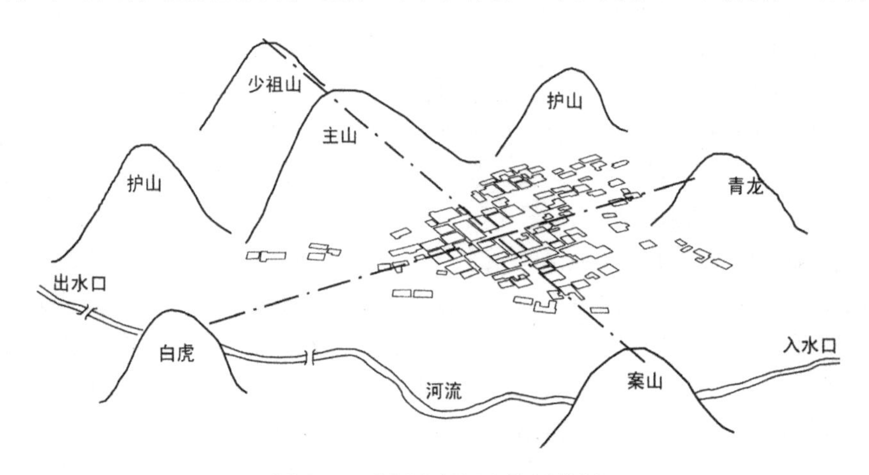

图 8-10 水源头村风水格局分析

资料来源：《水源头村规划设计方案》，桂林市城市规划设计院，2015

8.2.2 人工改造自然地形作为屏障

古代堪舆择址有“形局不全”之说。西江流域各地貌区的自然资源不同，平原、丘陵地区缺乏山体，山地、高原地区则缺乏水体。平原地带的传统聚落，少有能以山脉作为选址的参照物，从选址上说属形局不全的情形。聚落在开基过程中常对自然地形进行改造，如堆小土堆、种植大片树林在村后以为玄武，稍有突出地面的小丘、堤岸都可被改造为风水中的“靠山”，或在村前和周边引水成塘、挖塘蓄水等。广东肇庆市高要区的黎槎村、蚬岗镇、新江一村、牛渡头村等都是引水成塘、挖塘蓄水的典型案例。高要地区地势平坦，土地肥沃，无天险可守，多数“八卦”形态聚落附近无大山大河。这些聚落充分利用该地区水资源充沛的特点，在聚落周边大量开挖池塘，形成聚落四周的池塘群，仅留池塘之间的小路作为出入口，经过人工改造形成了聚落的屏障。

8.2.3 军事防御原理指导聚落建设

西江流域传统聚落的建设或多或少地运用了军事防御的原理，部分卫城和屯堡聚落更是直接模仿了军事城堡形态和防御机制，最为突出的是贵州地区遗留的卫城和贵州安顺地区的屯堡聚落。贵州黔东南岩门司城、柳基古城、隆里古城（隆里所城）和贵阳青岩镇都是典型的卫城，贵州安顺云山屯、本寨和鲍家屯等则是典型的屯堡聚落。

军事防御型聚落通常有 5 个特点：

1）握守交通要冲。军事防御型聚落通常位于水路、陆路的必经之地，扼守通道空间的要冲。在陆路上通常占据了地形的狭长通道的咽喉，如隆里古城（隆里所城）。在水路上通常占据控制江河或者船只停泊之地的位置。例如，岩门司城前临清水江，是附近唯一有开阔地的河岸，也是附近唯一适合船运靠岸的地方；又如，柳基古城（柳基村）前临清水江的支流汇聚之地，城墙上有多个炮台面向河流来路，不仅可以控制船运的靠岸，更可以控制清水江的来路。

2）占据利于防守的地形。军事防御型聚落通常倚靠险峻的山体，以保障其后不受侵袭。例如，岩门司城和柳基古城均背靠峻岭，其城墙走势陡峭，后部山体难以逾越，聚落后部有天然可靠的地形防御。两座古城均前临清水江，俯瞰前方一览无遗，又有江河相隔，确是“一夫当关，万夫莫开”。云山屯则是左右有两座大山“关拦”夹峙，形成了狭长的山谷通道，聚落利用这一有利地形，封锁两边出入口，形成了山体包围的带状聚落空间。

3）以军事城堡为蓝本进行建设，有城垣、护城河、瓮城、城门、炮台、碉楼等多种军事设施。军事防御型聚落善于学习中原和西南地区军事防御设施的建设方法，如南京的聚宝门（今中华门）瓮城原理、各种城垣垛口、炮台等都可以在这些聚落中找到。

4）内部多为迷宫式道路与丁字形道路。迷宫式道路可迷惑外敌，使聚落核心与重要建筑不易被破。丁字形道路与射击点配合，最符合防守的原理，这在隆里古城多有体现。

5）内部配套齐全，水源、储水、排水、储粮等考虑周到。例如，隆里古城 72 口水井分布于各街巷和宅院，这充分考虑到军事上的需要。天井内还放有青石制成的防火缸，内有暗沟以便排水。

8.2.4 集聚、围蔽、迷宫等原理并用

西江流域聚落善于运用集聚、围蔽、迷宫变化等原理来增强聚落的防御性。

集聚型聚落建筑密集，道路狭窄，以密集方式作为防御的基础。外人无法大量同时进入，进入者处于弱势状态。周边的建筑多为 2 层或 3 层，居高临下，并有窗口、射击孔等

防御设施，利于战防。广西贺州市富川县东水村、福溪村，云南红河哈尼族彝族自治州元阳县箐口村，广东云浮市云城区增村等聚落，都是典型的集聚型聚落。

围蔽原理是学习了城垣的原理，聚落外围以建筑或城垣围蔽起来，建筑的外围不开窗或者仅开高窗，出入口建有门楼控制，形成了城堡型的外观形态。贵州安顺西秀区云山屯、广东肇庆市高要区黎槎村、思福村，广西贺州市钟山县龙道村等聚落都是运用了围蔽原理的典型聚落。

迷宫型聚落以迷宫原理为指导思想，从入口到聚落中心的路径纷繁多变，没有直通的路径，每条路径均方向多变，多三岔路、十字路，多死胡同，以迷惑外来入村者。迷宫原理使外来之人很难找到从其内部到达出入口或从入口到达中心的道路，并且每条关键路径和每个关键节点均有军事防御措施，如射击孔、箭洞、观察孔、门闸等，处处设防，步步为营。广西贺州市钟山县龙道村、广西桂林市灵川县江头村和广东肇庆市高要区的众多“八卦”形态聚落，都是典型的迷宫型聚落。

8.2.5 功能完整，补给可靠

西江流域传统聚落在发展的过程中，不断完善功能，用众多的技术、方法来提升补给的可靠性。很多聚落中生产、生活、存储、商业、排灌等各种功能的建筑一应俱全，谷仓、禾仓、水井、水源等补给设施充足，时刻准备好非常时期的供给。

8.2.6 物质防御与精神防御并用

西江流域传统聚落除了物质上有充分的防御措施外，在精神上亦有多层次的配合。

西江流域是多神信仰的典型区域，社稷、儒释道信仰、民间神祇等遍布各地，并且有强大的兼容性，和谐共存。每个神祇都有专长保护的方面，提醒了人们时刻要防御各种灾害，并给予人们防御灾害的信心。

聚落中有多种心理补偿的方式，如西江流域传统聚落中常见的石敢当和各种辟邪的神物，就是先人对对冲空间的敬畏与崇拜的表达。堪舆学说还广泛采用太极图、八卦图、镇山海及其他符镇图案与文字来进行心理补偿。

西江流域传统聚落选址往往注重风水堪舆，将精神方面的功能需求尽量发挥出来，目的是让全体族人都相信，他们的村落具有最好的风水位置和超自然的力量，能够保佑其子孙兴旺。聚落亦在方位、数理、物象上趋同于理想的风水格局，纳“生气”以致族群繁荣。

致　谢

一直潜心于岭南地区传统聚落之研究，数载寒暑更替而不自知。如果说日晒雨淋、十年如一日的踏查过程艰辛，莫不如说苦思冥想、豁然开朗的领悟让人振奋。

期间得益于国家自然科学基金项目、教育部人文社会科学研究规划基金项目、广东省普通高校人文社会科学重点项目、广东省普通高校“服务乡村振兴计划”重点领域专项等的大力支持和资助，终得以成稿。岭南传统聚落的文化博大精深，今天之研究尚待深入，研究之路仍漫漫，抵达彼岸仍需时日。

从调研、构思开始，在漫长而艰辛的研究道路上，众多师长、专家学者、亲人、朋友及对岭南传统聚落有深厚感情的人都给予了我们最无私的帮助，使我们在踯躅前进的道路上不再孤单和犹疑。

在研究阶段得到众多专家学者的珍贵指点。承蒙华中科技大学、华南理工大学、华南农业大学、北京大学、中国文化遗产研究院、清华大学、广东省社会科学界联合会多位教授、专家的教导，使我们聆听到许多弥足珍贵的教诲。特别是我的导师李晓峰教授、胡正凡教授、何镜堂院士，还有丛沛桐院长、徐怡涛教授、詹长法院长、查群总工、张复合教授、林有能主席、陈忠烈研究员、吴彦勤教授等的指导，令我们的研究不再停留于浅层。

深深感谢在写作过程中受访的多位专家学者、工匠和居民，他们为本研究提供了大量翔实的资料。感谢所有的前辈同行，你们艰苦卓绝的研究工作奠定了我们的研究基础，你们的劳动成果永远值得我们尊敬和学习。

感谢周彝馨广府古建筑技能大师工作室（广东省技能大师工作室）团队大量扎实的工作。感谢工作过程中，我们的队友吕唐军博士、廖鸿生工程师、张入方老师、黄钊文博士、曾艳萍老师、吴玉仪老师、谢超博士、张凤娟研究员等的支持配合，感谢我们的学生陈文滨、沈镜鸿、朱玉进、骆琪、欧阳奇立、陈佳琳、陈晓冰、张舒颜、陈桂涛、陈光恒、陈旭升、陈阳阳、张文素、谢泽芳、柯楚凡、谭海霞、杨凯媚、李岚、郭思侠、郑乃山、刘育焕、马泽桐、黄守彪、谢龙交、陈惠容、陈纯子、杨育东、林瑞森、叶达权、王彦祺、巫民杰、梁雄、张清楷、王捷达、吴桂阳、毛梅倩、马桂梅、曹爱芳、黄耀凤、田俐、邓敏华、文亚玲、丘小圆、林燿安、杨贵林、黄俊杰、吴茂枢、张欢、王立妍等同学的扎实工作。

感谢家人对我们无言的支持，特别感谢周学斌先生、傅绮皓女士、吕宝生先生对我们的帮助。

曾经帮助我们的志同道合者数之不尽，在此不一一列举。最后，最诚挚地向所有关心和帮助过我们的师长、前辈、亲人、朋友、学生表示由衷的谢意与敬意！

周彝馨

2019年秋于华南农业大学